Erregung von Schwingungssystemen

- durch zeitabhängige Bindungen und

- durch Kräfte

Horst J. Klepp

Vorwort

In diesem Lehrbuch werden für mechanische Modelle die Bewegungen verglichen, welche durch zeitabhängige (rheonome) Bindungen und durch Kräfte erregt werden. Die mechanischen Modelle sind mit zwei Freiheitsgraden und sind Körper, die als Massenpunkte angenommen werden. Diese Körper sind elastisch mit Rahmen in geradliniger Translation oder Rotation verbunden. Auf die Rahmen wirken Erregerkräfte oder Erregermomente.

Es werden lineare Systeme sowie nichtlineare Systeme, deren Federkennlinien quadratische oder kubische Glieder enthalten, untersucht. Durch die Vorgabe der Zeitgesetze für die Koordinate, welche die Führungsbewegung beschreibt, und einer "zeitabhängigen (rheonomen) Bindung" entspricht, wird das System "kinematisch erregt". Es werden die Bewegungsgesetze für die Koordinate, welche die Relativbewegung des Körpers beschreibt, bestimmt und die Kraft- bzw. Momentengesetze ermittelt, welche diese Zeitgesetze erzeugen würden. Durch Kräfte oder Momente mit ähnlichen Zeitgesetzen wie die zeitabhängigen Bindungen, welche auf den Rahmen wirken, wird das System "dynamisch erregt".

Die Bewegungsgesetze, die Eigenkreisfrequenzen, die Resonanzkurven und die mechanischen Energien werden verglichen und auf die unterschiedlichen Ergebnisse wegen der verschiedenen Modelle für die Erregung, kinematisch oder dynamisch, wird hingewiesen.

Diese Unterschiede haben Auswirkungen auf den Einfluss der Systemparameter auf die Berechnung der Parameter der erzwungenen Bewegungen. Mit Bilanzgleichungen (Energie und Arbeit) für die Relativbewegungen der Körper und für die absoluten Bewegungen der Systeme werden die Ergebnisse überprüft.

Der Inhalt dieses Lehrbuches ist eine Überarbeitung und mit Kommentaren und Erläuterungen ergänztes Kap. 1 des Buches AUFGABEN, ISBN 978-3-96409-003-4, Pro Business Verlag Berlin 2018.

Mein besonderer Dank gilt Herrn Dr.-Ing. Albert Meyers für die Hilfe bei der Erstellung des Manuskriptes dieses Buches.

Zielgruppe des Lehrbuches sind Studierende ingenieurwissenschaftlicher Fakultäten von Hochschulen und Universitäten.

Für Hinweise auf Fehler und Verbesserungsvorschläge bin ich sehr dankbar.

Der Autor

Excitation of vibration systems

- by time dependent constraints and
- by forces

Summary

The mechanical interaction between bodies of systems is in general considered by forces. As well the relative motion can be used for taken into account the reciprocal action between connected bodies.

These different models have influence on the differential equations of motion, on the prediction possibilities of the solutions as well as on the investigation of the influence of variations of structural paramters on the systems behaviour.

These aspects are investigated with the help of systems with two degrees-of-fredom.

One of the generalized coordinates describes the relative motion and the other describes the guidance motion of a body elastically connected to a frame in rectilinear translation or rotation. On the frames act external forces or moments.

A given time law for the coordinate describing the guidance motion is considered as a time dependent (rheonomic) constraint. The relative motion law is computed with one of the differential equations of motion. The time law of the applied force or moment, which would generate these motions, is computed with the other differential equation.

The motions imposed by the rheonomic constraint are uniform and uniform accelerated rectilinear translations, uniform rotations and harmonic oscillations of linear and nonlinear vibration systems.

This kind of excitation is named "kinematic excitation".

The solutions for kinematic excitation are compared with the results for the assumption of "dynamic excitation", if the systems are excited by forces ore moments with time laws similar to the rheonomic constraints.

Balance equations for the absolute motion of the systems and for the relative motion of the connected bodies, established from the differential equations of motion, are used for checking the results.

The investigation points out differences in the responses of the systems if kinematic ore dynamic excitation are assumed.

If the purpose of a mechanical model is numerical simulation for prediction of the influence of structural parameter variations on the parameters of the responses, as amplitudes of motion and forces and in particular on the eigenfrequencies, than these two kinds of excitation deliver different results.

Inhaltsverzeichnis

Einleitung 1
  Bewegungsdifferentialgleichungen und Bilanzgleichungen
    in Bezug auf ein Trägheitssystem 1
  Bewegungsdifferentialgleichungen und Bilanzgleichungen
    in Bezug auf ein bewegtes Koordinatensystem 4
  Lagrange'sche Gleichungen zweiter Art 9
  Zeitabhängige Bindungen 9

1 Lineare Schwingungssysteme   **13**
  1.1 Rahmen in gleichförmiger Translation und konstante Kraft . 13
    1.1.1 Bestimmung der Bewegungsdifferentialgleichungen . . 14
    1.1.2 Bilanzgleichungen und Arbeitssatz 17
    1.1.3 Rahmen in gleichförmiger Translation 18
      1.1.3.1 Relativbewegung und Kraftgesetz 18
      1.1.3.2 Bilanzgleichungen 20
    1.1.4 Rahmen mit konstanter Kraft 22
      1.1.4.1 Bewegungsgesetze 22
      1.1.4.2 Bilanzgleichungen 25
    1.1.5 Vergleich der Eigenkreisfrequenzen 27
  1.2 Rahmen in beschleunigter Translation und konstante Kraft . 29
    1.2.1 Bestimmung der Bewegungsdifferentialgleichungen . . 29
    1.2.2 Bilanzgleichungen und Arbeitssatz 32
    1.2.3 Rahmen in beschleunigter Translation 34
      1.2.3.1 Relativbewegung und Kraftgesetz 34

1.2.3.2 Bilanzgleichungen 36

1.2.4 Rahmen mit konstanter Kraft 39

    1.2.4.1 Bewegungsgesetze 39

    1.2.4.2 Bilanzgleichungen 42

1.2.5 Kontrolle der Ergebnisse 45

1.2.6 Vergleich der Ergebnisse 48

1.3 Rahmen mit harmonischer Erregung 51

1.3.1 Bestimmung der Bewegungsdifferentialgleichungen . . 51

1.3.2 Bilanzgleichungen und Arbeitssatz 54

1.3.3 Erregung durch zeitabhängige Bindung 56

    1.3.3.1 Relativbewegung und Kraftgesetz 56

    1.3.3.2 Bilanzgleichungen 59

    1.3.3.3 Kontrolle der Ergebnisse 63

1.3.4 Erregung durch harmonische Kraft 66

    1.3.4.1 Bewegungsgesetze 66

1.3.5 Vergleich der Eigenkreisfrequenzen 70

1.3.6 Vergleich der Resonanzkurven 71

1.3.7 Vergleich der erzwungenen Amplituden bei Veränderungen der Systemparameter 72

1.4 System mit zwei Freiheitsgraden und harmonische Erregung 74

1.4.1 Bestimmung der Bewegungsdifferentialgleichungen . . 74

1.4.2 Bilanzgleichungen und Arbeitssatz 76

1.4.3 Bestimmung der Eigenkreisfrequenzen 78

1.4.4 Kinematische Erregung 79

    1.4.4.1 Bewegungsgesetz und Kraftgesetz 79

    1.4.4.2 Bilanzgleichungen 84

    1.4.4.3 Arbeitssatz 89

    1.4.4.4 Kontrolle der Ergebnisse 92

1.4.5 Krafterregung 93

    1.4.5.1 Bewegungsgesetze 93

1.4.6 Vergleich der erzwungenen Amplituden und der Eigenkreisfrequenzen 95

1.5 Elastisch befestigter Rahmen 97

1.5.1 Bestimmung der Bewegungsdifferentialgleichungen . . 97

1.5.2 Bilanzgleichung und Arbeitssatz 100

1.5.3 Bestimmung der Eigenkreisfrequenzen 102

1.5.4 Kinematische Erregung 103

    1.5.4.1 Bewegungsgesetz und Kraftgesetz 103

    1.5.4.2 Bilanzgleichung für die Relativbewegung . . 107

    1.5.4.3 Kontrolle der Ergebnisse 111

    1.5.4.4 Arbeitssatz 113

    1.5.4.5 Kontrolle der Ergebnisse 115

1.5.5 Erregung durch harmonische Kraft 117

1.5.6 Vergleich der Ergebnisse 119

1.6 Körper im Rohr mit Antriebsmoment 120

1.6.1 Bestimmung der Bewegungsdifferentialgleichungen . . 121

1.6.2 Bilanzgleichungen und Arbeitssatz 123

1.6.3 Rohr in gleichförmiger Drehung 125

1.6.4 Körper im Rohr ohne Dämpfung 128

    1.6.4.1 Bewegungsgesetz und Momentengesetz . . . 128

    1.6.4.2 Bilanzgleichung für die Relativbewegung . 131

    1.6.4.3 Arbeitssatz 134

1.7 Körper in Drehscheibe mit Antriebsmoment 137

1.7.1 Bestimmung der Bewegungsdifferentialgleichungen . . 138

1.7.2 Bilanzgleichungen und Arbeitssatz 141

1.7.3 Scheibe in gleichförmiger Drehung 143

1.7.4 Stationärer Zustand für $\dot\varphi = \Omega$ und $b_\eta = 0$ 146

    1.7.4.1 Bilanzgleichung für die Relativbewegung . 150

    1.7.4.2 Arbeitssatz 153

1.8 Drehsystem aus Scheibe und Stab mit Antriebsmoment . . . 157

1.8.1 Bestimmung der Bewegungsdifferentialgleichungen . . 157

1.8.2 Bilanzgleichungen und Arbeitssatz 159

1.8.3 Bestimmung der Eigenkreisfrequenzen 161

1.8.4 Erregung durch zeitabhängige Bindung 162

    1.8.4.1 Bilanzgleichung für die Relativbewegung . 165

    1.8.4.2 Arbeitssatz 170

1.8.5   Erregung durch harmonisches Moment 174

1.8.6   Vergleich der Ergebnisse 176

2   Nichtlineare Schwingungssysteme   177

2.1   Symmetrische Kennlinie und harmonische Erregung 177

     2.1.1   Bestimmung der Bewegungsdifferentialgleichungen . 178

     2.1.2   Näherungskennlinie $c_e q_2 + \gamma_3 q_2^3$ 181

     2.1.3   Bilanzgleichungen und Arbeitssatz 183

     2.1.4   Erregung durch zeitabhängige Bindung 185

         2.1.4.1   Näherungslösung mit Galerkin 186

         2.1.4.2   Lösung mit dem linearisierten System . . . 187

         2.1.4.3   Kraftgesetz 188

         2.1.4.4   Bilanzgleichung für die Relativbewegung . . 189

         2.1.4.5   Arbeitssatz 191

     2.1.5   Erregung durch harmonische Kraft 193

     2.1.6   Vergleich der Bewegungsgesetze 194

     2.1.7   Vergleich der Eigenkreisfrequenzen 195

2.2   Unsymmetrische Kennlinie und harmonische Erregung . . . 197

     2.2.1   Bestimmung der Bewegungsdifferentialgleichungen . . 197

     2.2.2   Näherungskennlinie $c_e q_2 + \gamma_2 q_2^2$ 202

     2.2.3   Bilanzgleichungen und Arbeitssatz 203

     2.2.4   Erregung durch zeitabhängige Bindung 205

         2.2.4.1   Näherungslösung mit Galerkin 206

         2.2.4.2   Lösung mit dem linearisierten System . . . 207

         2.2.4.3   Kraftgesetz 208

         2.2.4.4   Bilanzgleichung für die Relativbewegung . . 209

         2.2.4.5   Arbeitssatz 212

     2.2.5   Erregung durch harmonische Kraft 214

     2.2.6   Vergleich der Bewegungsgesetze 215

     2.2.7   Vergleich der Eigenkreisfrequenzen 216

Ergänzende Literaturhinweise 219

Index 221

Einleitung

Bei der Bildung mechanischer Modelle für technische Systeme werden in der Regel die Wechselwirkungen zwischen den Körpern mit Hilfe von Kräften berücksichtigt. Die Erregung eines Schwingungssystems durch Kräfte ist eine *"dynamische" Erregung.*

Vereinfachend wird auch angenommen, einige der Wechselwirkungen zwischen den Körpern in der Form von vorgegebenen Zeitgesetzen für eine Koordinate zu simulieren. Diese vorgegebenen Zeitgesetze sind zeitabhängige (rheonome) Bindungen. Diese Art der Erregung ist eine *" kinematische Erregung".*

Hier wird untersucht, welche Unterschiede bestehen, wenn ein System durch eine zeitabhängige Bindung oder durch eine Kraft erregt wird.

Diese Unterschiede beziehen sich auf die Bewegungsdifferentialgleichungen, auf die Bilanzgleichungen und auf den Arbeitssatz sowie auf die Abhängigkeit der Parameter der erzwungenen Bewegungen von den Strukturparametern.

Bewegungsdifferentialgleichungen und Bilanzgleichungen in Bezug auf ein Trägheitssystem (Inertialsystem)

Ein Koordinatensystem, das fest mit der Erde verbunden ist, kann als *Trägheitssystem* angenommen werden. Die Bewegung in Bezug auf ein Trägheitssystem wird als *absolute Bewegung* bezeichnet.

Die Abbildung 1 zeigt einen Massenpunkt P in einem Trägheitssystem $O_1 x_1 y_1 z_1$ mit den Einsvektoren $\vec{e}_{x_1}$, $\vec{e}_{y_1}$ und $\vec{e}_{z_1}$.

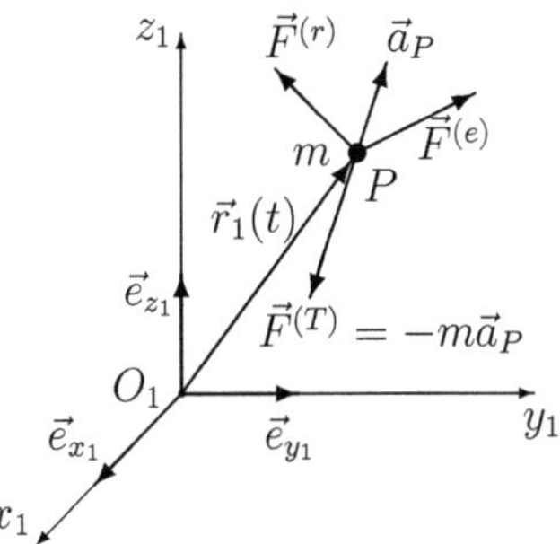

Abbildung 1: Trägheitssystem (absolutes Koordinatensystem)

In Bezug auf dieses Koordinatensystem hat der Punkt P die Koordinaten (x_1, y_1, z_1) und es gilt für den Ortsvektor $\overrightarrow{O_1 P} = \vec{r}_1$, für die Geschwindigkeit $\vec{v}_P$ und für die Beschleunigung $\vec{a}_P$:

$$\vec{r}_1 = x_1 \vec{e}_{x_1} + y_1 \vec{e}_{y_1} + z_1 \vec{e}_{z_1},$$

$$\vec{v}_P = \frac{d\vec{r}_1}{dt} = \frac{dx_1}{dt}\vec{e}_{x_1} + \frac{dy_1}{dt}\vec{e}_{y_1} + \frac{dz_1}{dt}\vec{e}_{z_1} \text{ oder } \vec{v}_P = \dot{\vec{r}}_1 = \dot{x}_1\vec{e}_{x_1} + \dot{y}_1\vec{e}_{y_1} + \dot{z}_1\vec{e}_{z_1},$$

$$\vec{a}_P = \frac{d^2\vec{r}_1}{dt^2} = \frac{d^2 x_1}{dt^2}\vec{e}_{x_1} + \frac{d^2 y_1}{dt^2}\vec{e}_{y_1} + \frac{d^2 z_1}{dt^2}\vec{e}_{z_1} \text{ oder } \vec{a}_P = \ddot{\vec{r}}_1 = \ddot{x}_1\vec{e}_{x_1} + \ddot{y}_1\vec{e}_{y_1} + \ddot{z}_1\vec{e}_{z_1}.$$

Auf einen Körper können folgende Arten von Kräften wirken:

- *eingeprägte Kräfte*, das sind gegebene Kräfte, Kräfte nach physikalischen Gesetzen, wie die Gewichtskräfte, Federkräfte und Gleitreibungskräfte, und
- *Reaktionskräfte (Bindungskräfte)* in den Bindungen, das sind Normalreaktionen und Reaktionen in Drehgelenken sowie Haftreibungskräfte.

Ein starrer Körper in einer *Translationsbewegung*, der also keine Eigenrotation durchführt, kann als *Massenpunkt* betrachtet werden.

Alle Punkte eines Körpers in Translation beschreiben gleiche Bahnen und die Geschwindigkeiten und Beschleunigungen sind gleich.

Auf einen Körper von der Masse m, der als Massenpunkt angenommen wird, und sich in der Abbildung 1 in der Lage P befindet, wirken die Resultierende der eingeprägten Kräfte $\vec{F}^{(e)}$ und die Resultierende der Reaktionskräfte $\vec{F}^{(r)}$.

Mit der Beschleunigung $\vec{a}_P$ in Bezug auf das Inertialsystem $O_1 x_1 y_1 z_1$ gilt der *Impulssatz (Newton'sches Gesetz)* in der Form

$$m\vec{a}_P = \vec{F}^{(e)} + \vec{F}^{(r)}. \tag{1}$$

Mit Hilfe des Begriffes *Trägheitskraft* $\vec{F}^{(T)} = -m\vec{a}_P$ kann das Gesetz (1) als Gleichgewichtsbedingung geschrieben werden,

$$\vec{F}^{(T)} + \vec{F}^{(e)} + \vec{F}^{(r)} = 0. \tag{2}$$

Das ist die *d'Alembert'sche Form des Impulssatzes*. Durch Integration wird die Lösung bestimmt und durch das Einsetzen der Lösung in diese Differentialgleichung kann die Lösung überprüft werden. Die von null verschiedenen skalaren Komponenten des *Residuums* $\vec{\mathcal{R}}(t)$ dieser Gleichgewichtsbedingung,

$$\vec{\mathcal{R}}(t) = \vec{F}^{(T)} + \vec{F}^{(e)} + \vec{F}^{(r)}, \tag{3}$$

geben Hinweise über die Verwendbarkeit der Lösung.

Die skalare Multiplikation der Gleichung (2) mit der infinitesimalen Verschiebung $d\vec{r}_1 = \dot{\vec{r}}_1 dt = \vec{v}_P dt$ führt auf die *Bilanzgleichung*

$$\vec{F}^{(T)} \cdot d\vec{r}_1 + \vec{F}^{(e)} \cdot d\vec{r}_1 + \vec{F}^{(r)} \cdot d\vec{r}_1 = 0. \tag{4}$$

Die Glieder dieser Gleichung können wie folgt interpretiert werden.

Das erste Glied ist

$$\vec{F}^{(T)} \cdot d\vec{r}_1 = -m\vec{a}_P \cdot d\vec{r}_1$$

$$= -m\frac{d\vec{v}_P}{dt} \cdot \vec{v}_P dt = -m d\vec{v}_P \cdot \vec{v}_P = -\frac{1}{2}d\big(m\vec{v}_P^2\big) = -d\big(\frac{1}{2}mv_P^2\big).$$

Hier ist $E_k = \frac{1}{2}mv_P^2$ die kinetischen Energie des Massenpunktes.

Das Glied $\vec{F}^{(e)} \cdot d\vec{r}_1$ ist die infinitesimale Arbeit der Resultierenden der eingeprägten Kräfte.

Die Resultierende der eingeprägten Kräfte besteht aus konservativen Komponenten mit der Resultierenden $\vec{F}_k^{(e)}$ und aus nichtkonservativen Komponenten mit der Resultierenden $\vec{F}_{nk}^{(e)}$, $\vec{F}^{(e)} = \vec{F}_k^{(e)} + \vec{F}_{nk}^{(e)}$.

Für die konservativen Komponenten werden Potentiale definiert, deren Summe gleich ist mit E_p und es gilt $\vec{F}_k^{(e)} \cdot d\vec{r}_1 = -d(E_p)$.

Die infinitesimale Arbeit der eingeprägten nichtkonservativen Kräfte wird mit $\vec{F}_{nk}^{(e)} \cdot d\vec{r}_1$ bezeichnet.

Das dritte Glied in der Gleichung (4) ist die infinitesimale Arbeit der Reaktionskräfte für Verschiebunge, die mit den Bindungen kompatibel sind. Die Normalreaktionen sind senkrecht auf diese Verschiebungen und verrichten somit keine Arbeit. Die Reaktionskräfte in den Drehgelenken leisten bei Drehungen um diese Gelenke auch keine Arbeit.

Daraus folgt, dass die *Arbeit der Reaktionskräfte* gleich ist mit null.

Somit lautet die Bilanzgleichung (4)

$$d(E_k + E_p) - \vec{F}_{nk}^{(e)} \cdot d\vec{r}_1 = 0.$$

Die Integration zwischen dem Anfangszeitpunkt $t = 0$ und einem Zeitpunkt t führt auf die Bilanzgleichung

$$\int_0^t d(E_k + E_p) - \int_0^t \vec{F}_{nk}^{(e)} \cdot d\vec{r}_1 = 0$$

$$\rightarrow \quad E_k(t) + E_p(t) - [E_k(0) + E_p(0)] - \int_0^t \vec{F}_{nk}^{(e)} \cdot d\vec{r}_1 = 0. \tag{5}$$

Die Lösung kann durch einsetzen in diese Bilanzgleichung überprüft werden. Die *Abweichungen* $\mathcal{B}(t)$ von null dieser Bilanzgleichung,

$$\mathcal{B}(t) = E_k(t) + E_p(t) - [E_k(0) + E_p(0)] - \int_0^t \vec{F}_{nk}^{(e)} \cdot d\vec{r}_1, \tag{6}$$

geben Hinweise über die Verwendbarkeit der Lösung.
In der Form

$$E_k(t) + E_p(t) - [E_k(0) + E_p(0)] = \int_0^t \vec{F}_{nk}^{(e)} \cdot d\vec{r}_1. \tag{7}$$

ist die Gleichung (5) die Integralform des *Arbeitssatzes* der besagt, dass *die Veränderung der mechanischen Energie $E_m = E_k + E_p$ in Bezug auf ein Trägheitssystem gleich ist mit der Arbeit der nichtkonservativen eingeprägten Kräfte.*

Bewegungsdifferentialgleichungen und Bilanzgleichungen in Bezug auf ein bewegtes Koordinatensystem

Die Abbildung 2 zeigt ein Inertialsystem $O_1 x_1 y_1 z_1$ (absolutes Koordinatensystem) und ein bewegtes Koordinatensystem $Oxyz$ (relatives Koordinatensystem), dessen Bewegung in Bezug auf das Inertialsystem durch die Geschwindigkeit $\vec{v}_O$ und durch die Winkelgeschwindigkeit $\vec{\omega}$ gegeben sind.
Die Einsvektoren des relativen Koordinatensystems sind $\vec{e}_x$, $\vec{e}_y$, $\vec{e}_z$ und die Ableitungen nach der Zeit dieser Vektoren ist

$$\dot{\vec{e}}_x = \vec{\omega} \times \vec{e}_x, \qquad \dot{\vec{e}}_y = \vec{\omega} \times \vec{e}_y, \qquad \dot{\vec{e}}_z = \vec{\omega} \times \vec{e}_z. \tag{8}$$

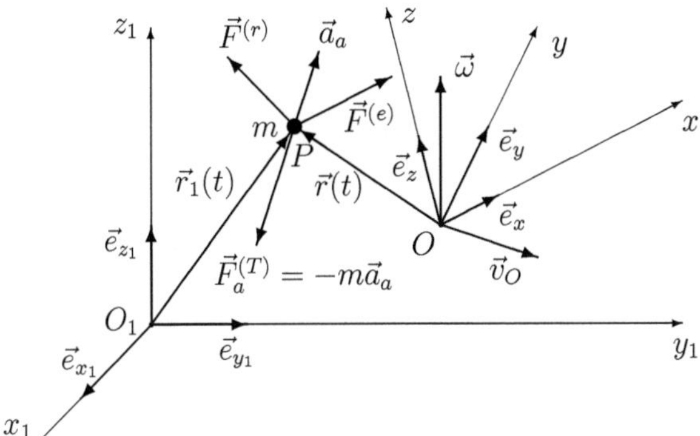

Abbildung 2: Absolutes und relatives Koordinatensystem

Ein Körper von der Masse m, der als Massenpunkt betrachtet wird, befindet sich in der Lage P. Der Ortsvektor $\vec{r}_1$ in Bezug auf das absolute Koordinatensystem beschreibt die *absolute Bewegung*. Der Ortsvektor $\vec{r}$ in Bezug auf das relative Koordinatensystem beschreibt die *relative Bewegung*. Die Koordinaten in Bezug auf das bewegliche Koordinatensystem sind x, y, z und es gilt: $\overrightarrow{OP} = \vec{r} = x\vec{e}_x + y\vec{e}_y + z\vec{e}_z$,

Relativgeschwindigkeit: $\vec{v}_r = \dot{x}\vec{e}_x + \dot{y}\vec{e}_y + \dot{z}\vec{e}_z = \frac{dx}{dt}\vec{e}_x + \frac{dy}{dt}\vec{e}_y + \frac{dz}{dt}\vec{e}_z$,

Relativbeschleunigung: $\vec{a}_r = \ddot{x}\vec{e}_x + \ddot{y}\vec{e}_y + \ddot{z}\vec{e}_z = \frac{d^2x}{dt^2}\vec{e}_x + \frac{d^2y}{dt^2}\vec{e}_y + \frac{d^2z}{dt^2}\vec{e}_z$.

Die Koordinaten von P in Bezug auf das absolute Koordinatensystem sind x_1, y_1, z_1 und es gilt: $\overrightarrow{O_1P} = \vec{r}_1 = x_1\vec{e}_{x_1} + y_1\vec{e}_{y_1} + z_1\vec{e}_{z_1}$,

absolute Geschwindigkeit: $\vec{v}_a = \dot{\vec{r}}_1 = \dot{x}_1\vec{e}_{x_1} + \dot{y}_1\vec{e}_{y_1} + \dot{z}_1\vec{e}_{z_1}$,

absolute Beschleunigung: $\vec{a}_a = \dot{\vec{v}}_a = \ddot{\vec{r}}_1 = \ddot{x}_1\vec{e}_{x_1} + \ddot{y}_1\vec{e}_{y_1} + \ddot{z}_1\vec{e}_{z_1}$.

Aus dem Zusammenhang

$$\vec{r}_1 = \overrightarrow{O_1O} + \vec{r} = \overrightarrow{O_1O} + x\vec{e}_x + y\vec{e}_y + z\vec{e}_z$$

erhält man durch Ableitung nach der Zeit und Berücksichtigung der Gleichungen (8) sowie von $\vec{v}_O = \dot{\overrightarrow{O_1O}}$

$$\dot{\vec{r}}_1 = \dot{\overrightarrow{O_1O}} + \dot{x}\vec{e}_x + \dot{y}\vec{e}_y + \dot{z}\vec{e}_z + x\vec{\omega} \times \vec{e}_x + y\vec{\omega} \times \vec{e}_y + z\vec{\omega} \times \vec{e}_z$$

$$= \vec{v}_O + \dot{x}\vec{e}_x + \dot{y}\vec{e}_y + \dot{z}\vec{e}_z + \vec{\omega} \times (x\vec{e}_x + y\vec{e}_y + z\vec{e}_z) = \vec{v}_O + \vec{v}_r + \vec{\omega} \times \vec{r}$$

$$\rightarrow \qquad \vec{v}_a = \vec{v}_r + \vec{v}_O + \vec{\omega} \times \vec{r}.$$

Hier sind $\vec{v}_a$ die *absolute Geschwindigkeit des Massenpunktes*, $\vec{v}_r$ die Relativgeschwindigkeit des Massenpunktes und $\vec{v}_f = \vec{v}_O + \vec{\omega} \times \vec{r}$ ist die Geschwindigkeit des Punktes im bewegten Koordinatensystems, in welchem sich der Massenpunkt befindet, und wird *Führungsgeschwindigkeit* genannt.

Es gilt $\vec{v}_a = \vec{v}_r + \vec{v}_f$.

Die nochmalige Ableitung nach der Zeit und die Berücksichtigung von $\vec{a}_O = \dot{\vec{v}}_O$ führen auf

$$\ddot{\vec{r}}_1 = \dot{\vec{v}}_O + \ddot{x}\vec{e}_x + \ddot{y}\vec{e}_y + \ddot{z}\vec{e}_z + \dot{x}\vec{\omega} \times \vec{e}_x + \dot{y}\vec{\omega} \times \vec{e}_y + \dot{z}\vec{\omega} \times \vec{e}_z$$

$$+ \dot{\vec{\omega}} \times \left(x\vec{e}_x + y\vec{e}_y + z\vec{e}_z \right) + \vec{\omega} \times \left(\dot{x}\vec{e}_x + \dot{y}\vec{e}_y + \dot{z}\vec{e}_z + x\vec{\omega} \times \vec{e}_x + y\vec{\omega} \times \vec{e}_y + z\vec{\omega} \times \vec{e}_z \right)$$

$$= \vec{a}_O + \vec{a}_r + \vec{\omega} \times \vec{v}_r + \dot{\vec{\omega}} \times \vec{r} + \vec{\omega} \times \vec{v}_r + \vec{\omega} \times (\vec{\omega} \times \vec{r}).$$

$$\rightarrow \qquad \vec{a}_a = \vec{a}_r + \vec{a}_O + \dot{\vec{\omega}} \times \vec{r} + \vec{\omega} \times (\vec{\omega} \times \vec{r}) + 2\vec{\omega} \times \vec{v}_r.$$

Hier sind $\vec{a}_a$ die *absolute Beschleunigung des Massenpunktes*,

$$\vec{a}_r = \ddot{x}\vec{e}_x + \ddot{y}\vec{e}_y + \ddot{z}\vec{e}_z \tag{9}$$

ist die *relative Beschleunigung* des Massenpunktes,

$$\vec{a}_f = \vec{a}_O + \dot{\vec{\omega}} \times \vec{r} + \vec{\omega} \times (\vec{\omega} \times \vec{r}) \tag{10}$$

ist die Beschleunigung des Punktes im bewegten Koordinatensystem, in welchem sich der Massenpunkt befindet, und wird *Führungsbeschleunigung* genannt, und das Glied

$$\vec{a}_C = 2\vec{\omega} \times \vec{v}_r \tag{11}$$

ist die *Coriolisbeschleunigung*. Somit gilt

$$\vec{a}_a = \vec{a}_r + \vec{a}_f + \vec{a}_C. \tag{12}$$

Wenn das Ziel der Untersuchung die Bestimmung der Relativbewegung des Massenpunktes ist, wird $\vec{a}_a$ durch $\vec{a}_a = \vec{a}_r + \vec{a}_f + \vec{a}_C$ ersetzt und das Newton'sche Gesetz, Gleichunng (1), wird wie folgt geschrieben

$$m\vec{a}_r = \vec{F}^{(e)} + \vec{F}^{(r)} + (-m\vec{a}_f) + (-m\vec{a}_C). \tag{13}$$

Mit Hilfe der Begriffe:

- *Trägheitskraft durch die Relativbewegung* $\vec{F}_r^{(T)} = -m\vec{a}_r$,
- *Trägheitskraft durch die Führungsbewegung* $\vec{F}_f^{(T)} = -m\vec{a}_f$ und
- *Trägheitskraft durch* $\vec{a}_C$ (*Corioliskraft*) $\vec{F}_C^{(T)} = -m\vec{a}_C$

kann das Gesetz (13) als Gleichgewichtsbedingung geschrieben werden,

$$\vec{F}_r^{(T)} + \vec{F}_f^{(T)} + \vec{F}_C^{(T)} + \vec{F}^{(e)} + \vec{F}^{(r)} = 0. \tag{14}$$

Die Relativ-, Führungs- und Coriolisbeschleunigungen werden mit den Gleichungen (9), (10) und (11) ermittelt.

Die Gleichung (14) ist die *d'Alembert'sche Form des Impulssatzes für Relativbewegungen*.

Die skalaren Gleichungen zur Bestimmung der Relativbeschleunigung und der Reaktionskräfte erhält man in der Regel durch die Projektion dieser Gleichgewichtsbedingung auf die Achsen des beweglichen Koordinatensystems.

Durch einsetzen in die Differentialgleichung (14) kann die Lösung überprüft werden. Die von null verschiedenen skalaren Komponenten des *Residuums* $\vec{\mathcal{R}}(t)$ dieser Gleichgewichtsbedingung,

$$\vec{\mathcal{R}}(t) = \vec{F}_r^{(T)} + \vec{F}_f^{(T)} + \vec{F}_C^{(T)} + \vec{F}^{(e)} + \vec{F}^{(r)}, \tag{15}$$

geben Hinweise über die Verwendbarkeit der Lösung.

Die skalare Multiplikation der Gleichung (14) mit der infinitesimalen relativen Verschiebung $dx\vec{e}_x + dy\vec{e}_y + dz\vec{e}_z = \vec{v}_r dt$ führt auf die *Bilanzgleichung für die Relativbewegung*

$$\vec{F}_r^{(T)} \cdot \vec{v}_r dt + \vec{F}_f^{(T)} \cdot \vec{v}_r dt + \vec{F}_C^{(T)} \cdot \vec{v}_r dt + \vec{F}^{(e)} \cdot \vec{v}_r dt + \vec{F}^{(r)} \cdot \vec{v}_r dt = 0. \tag{16}$$

Die Glieder dieser Gleichung können wie folgt interpretiert werden.

Das erste Glied ist

$$\vec{F}_r^{(T)} \cdot \vec{v}_r dt = -m\vec{a}_r \cdot \left(dx\vec{e}_x + dy\vec{e}_y + dz\vec{e}_z\right)$$

$$= -m\left(\frac{d\dot{x}}{dt}\vec{e}_x + \frac{d\dot{y}}{dt}\vec{e}_y + \frac{d\dot{z}}{dt}\vec{e}_z\right) \cdot \left(dx\vec{e}_x + dy\vec{e}_y + dz\vec{e}_z\right)$$

$$= -m\left(\frac{d\dot{x}}{dt} \cdot dx + \frac{d\dot{y}}{dt} \cdot dy + \frac{d\dot{z}}{dt} \cdot dz\right) = -m\left(d\dot{x} \cdot \frac{dx}{dt} + d\dot{y} \cdot \frac{dy}{dt} + d\dot{z} \cdot \frac{dz}{dt}\right)$$

$$= -m\big(d\dot{x} \cdot \dot{x} + d\dot{y} \cdot \dot{y} + d\dot{z} \cdot \dot{z}\big) = -\frac{1}{2}md\big(\dot{x}^2 + \dot{y}^2 + \dot{z}^2\big) = -d\Big(\frac{1}{2}mv_r^2\Big).$$

Hier ist $\frac{1}{2}mv_r^2 = E_{kr}$ der Anteil an der kinetischen Energie des Massenpunktes durch die Relativbewegung.

Das Glied $\vec{F}_f^{(T)} \cdot (dx\vec{e}_x + dy\vec{e}_y + dz\vec{e}_z)$ ist die Arbeit der Trägheitskraft durch die Führungsbewegung bei der infinitesimalen relativen Verschiebung (dx, dy, dz).

Das Glied $\vec{F}_C^{(T)} \cdot \vec{v}_r dt$ ist die Arbeit der Trägheitskraft durch die Coriolisbeschleunigung $\vec{a}_C = 2\vec{\omega} \times \vec{v}_r$ bei der infinitesimalen relativen Verschiebung $\vec{v}_r dt$ und es gilt

$$\vec{F}_C^{(T)} \cdot \vec{v}_r dt = -m\vec{a}_C \cdot \vec{v}_r dt = -2m(\vec{\omega} \times \vec{v}_r) \cdot \vec{v}_r dt = 0.$$

Das Glied $\vec{F}^{(e)} \cdot \vec{v}_r dt$ ist die Arbeit der Resultierenden der eingeprägten Kräfte bei der infinitesimalen relativen Verschiebung $\vec{v}_r dt$.

Das Glied $\vec{F}^{(r)} \cdot \vec{v}_r dt$ ist die Arbeit der Reaktionskräfte bei der infinitesimalen relativen Verschiebung (dx, dy, dz) und ist gleich mit null.

Somit lautet die Bilanzgleichung (16)

$$d(E_{kr}) - \vec{F}_f^{(T)} \cdot d\vec{v}_r dt - \vec{F}^{(e)} \cdot d\vec{v}_r dt = 0.$$

Die Integration zwischen dem Anfangszeitpunkt $t = 0$ und einem Zeitpunkt t führt auf

$$\int_0^t d(E_{kr}) - \int_0^t \vec{F}_f^{(T)} \cdot d\vec{v}_r dt - \int_0^t \vec{F}^{(e)} \cdot d\vec{v}_r dt = 0$$

$$\rightarrow \quad E_{kr}(t) - E_{kr}(0) - \int_0^t \vec{F}_f^{(T)} \cdot d\vec{v}_r dt - \int_0^t \vec{F}^{(e)} \cdot d\vec{v}_r dt = 0. \qquad (17)$$

Die Lösung kann durch einsetzen in diese Bilanzgleichung überprüft werden. Die *Abweichungen* $\mathcal{B}_r(t)$ von null dieser Bilanzgleichung,

$$\mathcal{B}_r(t) = E_k(t) - E_k(0) - \int_0^t \vec{F}_f^{(T)} \cdot d\vec{v}_r dt - \int_0^t \vec{F}^{(e)} \cdot d\vec{v}_r dt, \qquad (18)$$

geben Hinweise über die Verwendbarkeit der Lösung.

In der Form

$$E_{kr}(t) - E_{kr}(0) = \int_0^t \vec{F}_f^{(T)} \cdot d\vec{v}_r dt + \int_0^t \vec{F}^{(e)} \cdot d\vec{v}_r dt \qquad (19)$$

besagt diese Gleichung, dass *die Veränderung der kinetischen Energie der Relativbewegung gleich ist mit den mechanischen Arbeiten der Trägheitskraft durch die Führungsbewegung und der eingeprägten Kräfte durch die Relativbewegung.*

Lagrange'sche Gleichungen zweiter Art

Für ein Systeme mit zwei Freiheitsgraden und den verallgemeinerten Koordinaten q_1 und q_2 sind die *Lagrange'schen Gleichungen*

$$\frac{d}{dt}\Big(\frac{\partial E_k}{\partial \dot{q}_i}\Big) - \frac{\partial E_k}{\partial q_i} + \frac{\partial E_p}{\partial q_i} - Q_i^{(nk)} = 0, \quad i = 1, 2.$$

Hier sind E_k die kinetische Energie des Körpers in der absoluten Bewegung, E_p ist das Potential der eingeprägten konservativen Kräfte und $Q_i^{(nk)}$, $i = 1, 2$ sind die verallgemeinerten nichtkonservativen Kräfte.

Zeitabhängige (rheonome) Bindungen

Es werden Systeme mit zwei Freiheitsgraden betrachtet.

Die Bewegungsdifferentialgleichungen werden mit dem Impuls- und Drallsatz in der Form von D'Alembert sowie mit den Lagrange'schen Gleichungen zweiter Art bestimmt.

Eine der verallgemeinerten Koordinaten beschreibt die Relativbewegung eines Körpers, welcher elastisch mit einem Rahmen verbunden ist. Die andere verallgemeinerte Koordinate beschreibt die Bewegung des Rahmens und ist auch die Führungsbewegung des Körpers. Auf den Rahmen wirkt eine Kraft oder ein Moment.

Es wird angenommen, dass die Führungsbewegung sich nach einem gegebenen Zeitgesetz verändert, also als zeitabhängige Bindung vorgegeben wird. Das ist eine *"kinematische" Erregung.*

Das Bewegungsgesetz der Relativbewegung wird durch Integration aus der entsprechenden Bewegungsdifferentialgleichung berechnet.

Aus der Bewegungsdifferentialgleichung für die verallgemeinerte Koordinate, welche als zeitabhängige Bindung angenommen wurde, wird dann die zugehörige verallgemeinerte Kraft ermittelt, welche diese Bewegungen bewirken würde.

Diese verallgemeinerte Kraft ist die *kinetische Gleichung der zeitabhängigen (rheonomen) Bindung.*

Wenn das System durch diese verallgemeinerte Kraft erregt wird, gelten sowohl das gegebene Zeitgesetz für die Führungsbewegung als auch das berechnete Zeitgesetz für die Relativbewegung.

Die Ergebnisse für Systeme mit zeitabhängiger Bindung (*kinematische Erregung*) werden verglichen mit den Bewegungsgesetzen für den Fall einer *dynamischen Erregung*, wenn das System durch eine Kraft oder durch ein Moment erregt wird, die sich nach einem ähnlichen Zeitgesetz wie die zeitabhängige Bindung verändern.

Mit den Bewegungsdifferentialgleichungen werden Bilanzgleichungen für Energie und Arbeit und der Arbeitssatz bestimmt, die auch zur Überprüfung der Rechenergebnisse dienen.

Aus diesen Gleichungen werden die Veränderungen der Anteile der mechanischen Energie, welche den jeweiligen verallgemeinerten Koordinaten entsprechen, und die Veränderung der mechanischen Energie des Systems ermittelt und mit den mechanischen Arbeiten der Trägheitskräfte durch die Führungsbewegung sowie der eingeprägten Kräfte (Erregerkräfte und Dämpfungskräfte) korreliert.

Bei der Annahme eines vorgegebenen Bewegungsgesetzes für den Rahmen, also bei kinematischer Erregung, bleibt die Wechselwirkung zwischen Körper und Rahmen unberücksichtigt.

An Beispielen mit zeitabhängigen Bindungen durch gleichförmiger, gleichförmig beschleunigter und harmonischer Erregung wird auf die Unterschiede hingewiesen, welche durch die unterschiedlichen Modelle für die Erregung entstehen.

Bei schwingungsfähigen linearen Systemen, welche durch eine harmonische Bewegung oder durch eine harmonische Kraft erregt werden, sind in beiden Fällen die erzwungenen Bewegungen harmonisch. Diese Modelle unterscheiden sich aber durch die entsprechenden Eigenkreisfrequenzen und somit auch durch unterschiedlichen Einfluss der Systemparameter auf die Parameter der erzwungenen Bewegungen.

Wenn der Zweck eines mechanischen Modells darin besteht, den Einfluss
der Veränderungen der nummerischen Werte der Systemparameter auf den
Zustand des Systems zu untersuchen, dann gibt es wesentlich unterschiedliche Ergebnisse für die Annahmen der Erregung durch eine zeitabhängige
Bindung oder durch eine zeitabhängige Kraft oder Moment.

Für Systeme, bei welchen die als zeitabhängige Bindung gegebene verallgemeinerte Koordinate die Führungsbewegung ist und die andere zu berech-
nende verallgemeinerte Koordinate die Relativbewegung beschreibt, wird
die Veränderung der kinetischen Energie der Relativbewegung durch die
mechanische Arbeiten der eingeprägten Kräfte und der Trägheitskräfte,
welche durch die Führungsbeschleunigung entstehen, bestimmt.

Bei schwingungsfähigen Systemen mit nichtlinearen Federkennlinien werden mit der Galerkin'schen Methode Näherungslösungen ermittelt, deren
Güte durch die Residuen der Bewegungsdifferentialgleichungen sowie durch
die Abweichungen in den Bilanzgleichungen und im Arbeitssatz bestimmt
wird.

Anmerkung

Wenn Reibung zwischne den Körpern und den Bindungen berücksichtigt
wird, dann wirken auch die *Gleitreibungskräfte* als *eingeprägte nichtkonservative Kräfte* und leisten mechanische Arbeit.

In solchen Fällen sind auch die Normalreaktionen in den Bindungen zu berechnen, weil die Gleitreibungskräfte auch von den Reaktionen abhängen.
Siehe, z. B., **Technische Mechanik, Gleichgewichtsbereiche mechanischer Systeme durch Reibung**, Abschnitte 2.6 und 2.9, **Verlag
tredition**, Berlin 2018, ISBN 978-3-7497-2489-5.

Kapitel 1

Lineare Schwingungssysteme

1.1 Körper in einem Rahmen in geradliniger gleichförmiger Translation und mit konstanter Kraft

Das System in der Abb. 1.1 besteht aus einem Rahmen von der Masse m_1 und dem Schwerpunkt in S_1, der sich reibungs- und dämpfungsfrei auf einer schiefen Ebene bewegt. In A wirkt die Kraft F parallel zur schiefen Ebene, die den Winkel α mit der horizontalen Richtung bildet. Die Lage des Rahmens ist durch die Länge q_1 bestimmt.

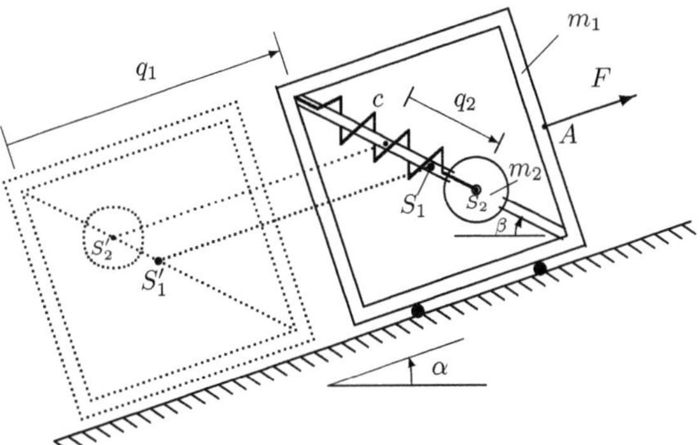

Abbildung 1.1: Rahmen in geradliniger gleichförmiger Translation

13

Innerhalb des Rahmens befindet sich ein Stab, welcher den Winkel β mit der horizontalen Richtung bildet. Entlang des Stabes kann sich ein Körper von der Masse m_2 reibungs- und dämpfungsfrei bewegen und betätigt dabei eine Feder mit der Federkonstanten c, die in der Lage $q_2 = 0$ unverformt ist.

1.1.1 Bestimmung der Bewegungsdifferentialgleichungen

Die *Bewegungsdifferentialgleichungen* werden zuerst aus den Gleichgewichtsbedingungen der eingeprägten Kräfte, der Reaktionen und der Trägheitskräfte ermittelt (*Impulssatz in der d'Alembert'schen Form*).

Die Abb. 1.2 zeigt die Kräfte, die zu berücksichtigen sind.

Als äußere eingeprägte Kräfte wirken auf das System das Gewicht $m_1 g$ des Rahmens im Schwerpunkt S_1, das Gewicht $m_2 g$ des Körpers im Schwerpunkt S_2 und in A die Kraft F. Die äußeren Reaktionen zwischen dem Rahmen und der Unterlage sind N_{11} und N_{12}.

Die Lage des Körpers auf dem Stab ist durch die Länge q_2 bestimmt, die auch gleich ist mit der Verformung der Feder.

Für den freigeschnittenen Körper mit der Masse m_2 sind im Schwerpunkt S_2 das Gewicht $m_2 g$, die innere Federkraft $F_e = c q_2$ und die innere Reaktion N zwischen Körper und Stab zu berücksichtigen.

Die Körper beschreiben geradlinige Translationsbewegungen. Die absolute Beschleunigung des Rahmens ist $\ddot{q}_1$ und die entsprechende Trägheitskraft ist $m_1 \ddot{q}_1$ und wirkt in S_1.

Die absolute Beschleunigung des Körpers mit der Masse m_2 hat die Komponenten $\ddot{q}_1$ und $\ddot{q}_2$. Die entsprechenden Komponenten der Trägheitskraft sind $m_2 \ddot{q}_1$ und $m_2 \ddot{q}_2$ und wirken in S_2.

Die Gleichgewichtsbedingungen dieser Kräfte in Richtung der Achsen q_1 und q_2 ergeben die *Bewegungsdifferentialgleichungen*

$$\sum F_{iq_1} = F - m_1 \ddot{q}_1 - m_2 \ddot{q}_1 - m_2 \ddot{q}_2 \cos(\alpha + \beta) - m_1 g \sin(\alpha) - m_2 g \sin(\alpha) = 0$$

$$\rightarrow \quad (m_1 + m_2)\ddot{q}_1 + m_2 \cos(\alpha + \beta)\,\ddot{q}_2 + (m_1 + m_2)g \sin(\alpha) - F = 0, \quad (1.1)$$

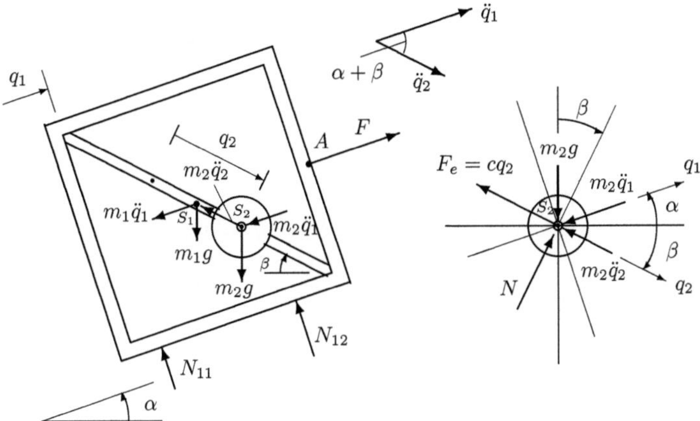

Abbildung 1.2: Kräfte, die auf das fregeschnittene System und auf die freigeschnittene Masse m_2 wirken

$$\sum F_{iq_2} = m_2 g \sin(\beta) - cq_2 - m_2\ddot{q}_1 \cos(\alpha + \beta) - m_2\ddot{q}_2 = 0$$

$$\rightarrow \quad m_2 \cos(\alpha + \beta)\,\ddot{q}_1 + m_2\ddot{q}_2 + cq_2 - m_2 g \sin(\beta) = 0. \qquad (1.2)$$

Die Bewegunfsdifferentialgleichungen (1.1) und (1.2) können auch mit den *Lagrange'schen Gleichungen zweiter Art* bestimmt werden. Diese sind

$$\frac{d}{dt}\left(\frac{\partial E_k}{\partial \dot{q}_i}\right) - \frac{\partial E_k}{\partial q_i} + \frac{\partial E_p}{\partial q_i} - Q_i^{(nk)} = 0, \quad i = 1, 2.$$

Die absolute Geschwindigkeit des Rahmens ist $v_1 = \dot{q}_1$ und die des Körpers mit der Masse m_2 ist $v_2^2 = \dot{q}_1^2 + \dot{q}_2^2 + 2\dot{q}_1\dot{q}_2 \cos(\alpha+\beta)$ (Abb. 1.3). Die kinetische Energie E_k des Systems ist

$$E_k = \frac{1}{2}m_1 v_1^2 + \frac{1}{2}m_2 v_2^2 = \frac{1}{2}(m_1 + m_2)\dot{q}_1^2 + m_2 \cos(\alpha + \beta)\dot{q}_1\dot{q}_2 + \frac{1}{2}m_2\dot{q}_2^2.$$

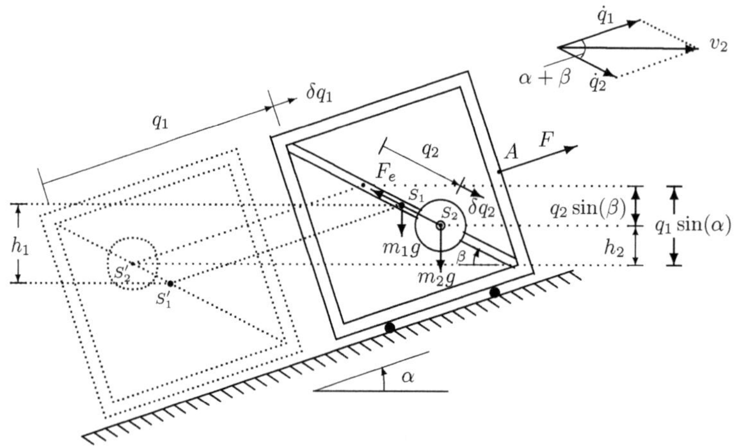

Abbildung 1.3: Geschwindigkeiten und eingeprägte Kräfte

Die Abb. 1.3 zeigt auch die eingeprägten Kräfte, die auf das System wirken. Das sind die Gewichtskräfte $m_1 g$ und $m_2 g$, die Federkraft F_e und die Kraft F in A.

Für die konservativen Kräfte $m_1 g$, $m_2 g$ und $F_e = c q_2$ werden Potentiale definiert.

Das Potential der Gewichtskraft $m_1 g$, deren Angriffspunkt sich parallel zur schiefen Ebene verschiebt, ist gleich mit $m_1 g h_1 = m_1 g q_1 \sin(\alpha)$.

Das Potential der Gewichtskraft $m_2 g$ ist $m_2 g h_2 = m_2 g [q_1 \sin(\alpha) - q_2 \sin(\beta)]$.

Das Potential der Federkraft $F_e = c q_2$ ist $\frac{1}{2} c q_2^2$.

Somit ist das Potential E_p des Systems

$$E_p = (m_1 + m_2) g q_1 \sin(\alpha) - m_2 g q_2 \sin(\beta) + \frac{1}{2} c q_2^2.$$

Die Ableitungen zur Bildung der Lagrange'schen Gleichungen sind

$$\frac{\partial E_k}{\partial q_1} = 0, \qquad \frac{\partial E_k}{\partial \dot{q}_1} = (m_1 + m_2)\dot{q}_1 + m_2 \cos(\alpha + \beta)\dot{q}_2,$$

$$\frac{d}{dt}\left(\frac{\partial E_k}{\partial \dot{q}_1}\right) = (m_1 + m_2)\ddot{q}_1 + m_2 \cos(\alpha + \beta)\ddot{q}_2,$$

$$\frac{\partial E_k}{\partial q_2} = 0, \qquad \frac{\partial E_k}{\partial \dot{q}_2} = m_2 \cos(\alpha + \beta)\dot{q}_1 + m_2\dot{q}_2,$$

$$\frac{d}{dt}\left(\frac{\partial E_k}{\partial \dot{q}_2}\right) = m_2 \cos(\alpha + \beta)\ddot{q}_1 + m_2\ddot{q}_2,$$

$$\frac{\partial E_p}{\partial q_1} = (m_1 + m_2)g\sin(\alpha), \qquad \frac{\partial E_p}{\partial q_2} = -m_2 g\sin(\beta) + cq_2.$$

Die eingeprägte nichtkonservative Kraft ist F. Die virtuelle Arbeit $\delta A^{(nk)}$ dieser Kraft bei der virtuellen Verschiebung des Systems mit δq_1 und δq_2 ist

$$\delta A^{(nk)} = F \cdot \delta q_1 = Q_1^{(nk)}\delta q_1 + Q_2^{(nk)}\delta q_2 \quad \rightarrow \quad Q_1^{(nk)} = F, \quad Q_2^{(nk)} = 0.$$

Wenn diese Werte in die Lagrange'schen Gleichungen eingesetzt werden, dann erhält man die gleichen Bewegungsdifferentialgleichungen

$$(m_1 + m_2)\ddot{q}_1 + m_2 \cos(\alpha + \beta)\,\ddot{q}_2 + (m_1 + m_2)g\sin(\alpha) - F = 0,$$

$$m_2 \cos(\alpha + \beta)\,\ddot{q}_1 + m_2\ddot{q}_2 + cq_2 - m_2 g\sin(\beta) = 0.$$

1.1.2 Bestimmung der Bilanzgleichungen und des Arbeitssatzes

Um die Bilanzgleichungen zu ermitteln, wird die Gleichung (1.1) mit dq_1 und die Gleichung (1.2) mit dq_2 multipliziert. Man erhält

$$(m_1 + m_2)\ddot{q}_1 dq_1 + m_2 \cos(\alpha + \beta)\,\ddot{q}_2 dq_1 + (m_1 + m_2)g\sin(\alpha)dq_1 - F dq_1 = 0,$$

$$m_2 \cos(\alpha + \beta)\,\ddot{q}_1 dq_2 + m_2\ddot{q}_2 dq_2 + cq_2 dq_2 - m_2 g\sin(\beta)dq_2 = 0.$$

Die folgenden Umformungen werden berücksichtigt

$$\ddot{q}_i \cdot dq_i = \frac{d\dot{q}_i}{dt} \cdot dq_i = d\dot{q}_i \cdot \frac{dq_i}{dt} = d\dot{q}_i \cdot \dot{q}_i = d\left(\frac{1}{2}\dot{q}_i^2\right), \quad i = 1,2,$$

$$q_2 \cdot dq_2 = d\left(\frac{1}{2}q_2^2\right),$$

$$\ddot{q}_2 \cdot dq_1 = \frac{d\dot{q}_2}{dt} \cdot dq_1 = d\dot{q}_2 \cdot \frac{dq_1}{dt} = d\dot{q}_2 \cdot \dot{q}_1 = d(\dot{q}_1\dot{q}_2) - d\dot{q}_1 \cdot \dot{q}_2$$

$$= d(\dot{q}_1\dot{q}_2) - d\dot{q}_1 \cdot \frac{dq_2}{dt} = d(\dot{q}_1\dot{q}_2) - \frac{d\dot{q}_1}{dt} \cdot dq_2 = d(\dot{q}_1\dot{q}_2) - \ddot{q}_1 \cdot dq_2.$$

Das führt auf die Bilanzgleichungen für die Koordinaten q_1 und q_2 in Differentialform

$$d\left[\frac{1}{2}(m_1 + m_2)\dot{q}_1^2 + m_2\cos(\alpha + \beta)\,\dot{q}_1\dot{q}_2\right] + d\left[(m_1 + m_2)g\sin(\alpha)q_1\right]$$

$$-m_2\cos(\alpha + \beta)\,\ddot{q}_1 dq_2 - F dq_1 = 0, \tag{1.3}$$

$$m_2\cos(\alpha + \beta)\,\ddot{q}_1 dq_2 + d\left(\frac{1}{2}m_2\dot{q}_2^2\right) + d\left[\frac{1}{2}cq_2^2 - m_2 g\sin(\beta)q_2\right] = 0. \tag{1.4}$$

Die Addition dieser Gleichungen ergibt

$$d\left[\frac{1}{2}(m_1 + m_2)\dot{q}_1^2 + m_2\cos(\alpha + \beta)\,\dot{q}_1\dot{q}_2 + \frac{1}{2}m_2\dot{q}_2^2\right]$$

$$+d\left[(m_1 + m_2)g\sin(\alpha)q_1 + \frac{1}{2}cq_2^2 - m_2 g\sin(\beta)q_2\right] - F dq_1 = 0. \tag{1.5}$$

Das ist die Differentialform der Bilanzgleichung für das System.

Die Integration zwischen dem Anfangszeitpunkt $t = 0$ und dem Zwischenzeitpunkt t führt auf

$$\left[\frac{1}{2}(m_1 + m_2)\dot{q}_1^2 + m_2\cos(\alpha + \beta)\,\dot{q}_1\dot{q}_2 + \frac{1}{2}m_2\dot{q}_2^2\right]_0^t$$

$$+\left[(m_1 + m_2)g\sin(\alpha)q_1 + \frac{1}{2}cq_2^2 - m_2 g\sin(\beta)q_2\right]_0^t - \int_0^t F dq_1 = 0. \tag{1.6}$$

Das ist die Integralform der Bilanzgleichung für das System.

Diese Gleichung kann auch wie folgt geschrieben werden

$$E_k(t) + E_p(t) - [E_k(0) + E_p(0)] = \int_0^t F \cdot dq_1. \tag{1.7}$$

Das ist der Arbeitssatz für das System der besagt, dass die Veränderung der mechanischen Energie $E_m = E_k + E_p$ des Systems gleich ist mit der mechanischen Arbeit der nichtkonservativen Kräfte.

1.1.3   Rahmen in geradliniger gleichförmiger Translation

1.1.3.1   Relativbewegung $q_2(t)$ und Kraftgesetz $F(t)$ für eine gleichförmige Translation $q_1 = s = v_0 t$ des Rahmens

Es wird die Bewegung $q_1 = q_1(t)$ des Rahmens als zeitabhänginge Bindung $s = s(t)$ vorgegeben.

In diesem Fall ist $q_1 = v_0t$ die *Führungsbewegung* des Körpers mit der Masse m_2 und das Bewegungsgesetz $q_2 = q_2(t)$ ist seine Relativbewegung. Diese wird aus der Bewegungsdifferentialgleichung (1.2)

$$m_2\ddot{q}_2 + cq_2 - m_2 g \sin(\beta) = -m_2 \cos(\alpha + \beta)\, \ddot{s}$$

berechnet.

Aus der Gleichung (1.1) wird die Kraft $F = F(t)$ ermittelt, welche auf den Rahmen wirkt und die Bewegungen $q_1 = s(t)$ und $q_2 = q_2(t)$ erzeugt,

$$F = (m_1 + m_2)\ddot{s} + m_2 \cos(\alpha + \beta)\, \ddot{q}_2 + (m_1 + m_2)g \sin(\alpha).$$

Für die Annahme einer gleichförmigen geradlinigen Translationsbewegung des Rahmens $s = v_0t$, $\dot{s} = v_0$ und $\ddot{s} = 0$ sind diese Gleichungen

$$m_2\ddot{q}_2 + cq_2 - m_2 g \sin(\beta) = 0, \tag{1.8}$$

$$F = m_2 \cos(\alpha + \beta)\, \ddot{q}_2 + (m_1 + m_2)g \sin(\alpha). \tag{1.9}$$

Mit den Anfangsbedingungen $q_2(0) \neq 0$ und $\dot{q}_2(0) = 0$ erhält man aus der Gl. (1.8) das *Bewegungsgesetz der Relativbewegung*

$$q_2 = q_{2s} + [q_2(0) - q_{2s}] \cos(p_0t), \quad p_0 = \sqrt{\frac{c}{m_2}}, \quad q_{2s} = \frac{1}{c}m_2 g \sin(\beta), \tag{1.10}$$

und daraus durch Ableitung das Geschwindigkeits- und Beschleunigungsgesetz

$$\dot{q}_2 = -p_0[q_2(0) - q_{2s}] \sin(p_0t), \qquad \ddot{q}_2 = -p_0^2[q_2(0) - q_{2s}] \cos(p_0t) \tag{1.11}$$

Aus der Gl. (1.9) folgt das *Kraftgesetz* $F = F_0 - \hat{F} \cos(p_0t)$ mit

$$F_0 = (m_1 + m_2)g \sin(\alpha), \quad \hat{F} = c[q_2(0) - q_{2s}] \cos(\alpha + \beta). \tag{1.12}$$

In der Abb. 1.4 sind die Funktionen $q_1 = v_0 t$, $q_2 = q_2(t)$ und $F = F(t)$ qualitativ dargestellt.

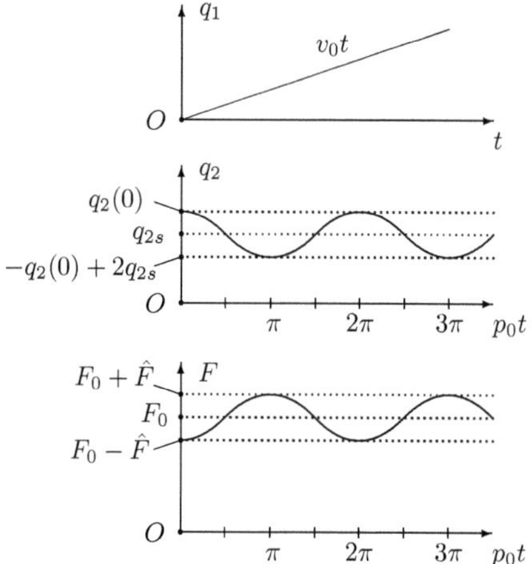

Abbildung 1.4: Bewegungsgesetze $q_1(t)$, $q_2(t)$ und Kraftgesetz $F(t)$

Die Masse m_2 bewegt sich harmonisch um die Lage q_{2s} und die Kraft F verändert sich auch harmonisch um einen konstanten Wert F_0.

1.1.3.2   Bilanzgleichungen

Für die Erregung durch eine gleichförmige Bewegung des Rahmens $q_1 = v_0 t$ ist wegen $\ddot{q}_1 = 0$ die Bilanzgleichung (1.4) für die Koordinate $q_2(t)$ gleich mit

$$d\Big[\frac{1}{2}m_2\dot{q}_2^2 + \frac{1}{2}cq_2^2 - m_2 g \sin(\beta) \cdot q_2\Big] = 0.$$

Durch Integration mit den Anfangsbedingungen $q_2(0) \neq 0$ m und $\dot{q}_2(0) = 0$ folgt die Bilanzgleichung in Integralform

$$\frac{1}{2}m_2\dot{q}_2^2 + \frac{1}{2}cq_2^2 - m_2 g \sin(\beta) \cdot q_2 - \Big[\frac{1}{2}cq_2^2(0) - m_2 g \sin(\beta) \cdot q_2(0)\Big] = 0.$$

Das ist ein *Erhaltungsgesetz*.

Das Glied $\frac{1}{2}m_2\dot{q}_2^2$ ist die kinetische Energie E_{kr} der Relativbewegung und die Glieder $\frac{1}{2}cq_2^2 - m_2g\sin(\beta)\cdot q_2$ sind das Potential E_{pr} durch die Relativbewegung.

Dieses Erhaltungsgesetz bezieht sich auf die mechanische Energie der Relativbewegung $E_{mr}(t) = E_{kr}(t) + E_{pr}(t)$ und besagt, dass diese sich nicht verändert,

$$E_{kr}(t) + E_{pr}(t) = E_{kr}(0) + E_{pr}(0) = konst.$$

In diesem Fall gilt das Erhaltungsgesetz der mechanischen Energie der Relativbewegung, $E_{mr}(t) = E_{kr}(t) + E_{pr}(t)$ in der Form $E_{mr} = E_{mr}(0) = konst$, weil die Bewegung des Rahmens, also die Führungsbewegung $q_1 = s(t) = v_0t$, eine geradlinige gleichförmige Translation ist.

Der Rahmen ist deshalb ein Inertialsystem und für die Bewegung der Masse m_2 in Bezug auf den Rahmen gelten die Gesetze der Mechanik für Inertialsysteme.

Mit $dq_1 = v_0dt$ erhält man die Arbeit der Kraft F, Gleichung (1.12), welche diese Bewegungen erzeugt

$$\int_0^t F\cdot dq_1 = \int_0^t [F_0 - \hat{F}\cos(p_ot)]\cdot v_0dt = F_0v_0t - \frac{1}{p_0}\hat{F}v_0\sin(p_0t).$$

Der Arbeitssatz (1.7) ist für diesen Sonderfall und mit $\dot{q}_2(0) = 0$

$$E_k(t) + E_p(t) - [E_k(0) + E_p(0)] = F_0v_0t - \frac{1}{p_0}\hat{F}v_0\sin(p_0t),$$

mit

$$E_k(t) + E_p(t) = \frac{1}{2}(m_1 + m_2)v_0^2 + m_2v_0\dot{q}_2\cos(\alpha + \beta) + \frac{1}{2}m_2\dot{q}_2^2$$

$$+(m_1 + m_2)g\sin(\alpha)\cdot v_0t - m_2gq_2\sin(\beta) + \frac{1}{2}cq_2^2,$$

$$E_k(0) + E_p(0) = \frac{1}{2}(m_1 + m_2)v_0^2 - m_2gq_2(0)\cdot\sin(\beta) + \frac{1}{2}cq_2^2(0).$$

Der Arbeitssatz (1.7) ist mit den analytischen Lösungen identisch erfüllt. Aus dem Arbeitsatz (1.7) kann die Veränderung ΔE_m der mechanischen Energie $E_m = E_k + E_p$ des Systems bestimmt werden, welche durch die

Arbeit der Kraft F ausgeglichen wird,

$$\Delta E_m = E_m(t) - E_m(0) = \frac{F_0 v_0}{p_0}\left[p_0 t - \frac{\hat{F}}{F_0}\sin(p_0 t)\right].$$

Diese Funktion ist in der Abb. 1.5 im Bereich $p_0 t \in [0, 2\pi]$ qualitativ dargestellt.

Die *Veränderung der mechanischen Energie des Systems* hat einen Anteil, der linear mit der Zeit ansteigt, und einen oszillatorischen Anteil, dessen Kreisfrequenz gleich ist mit der Eigenkreisfrequenz der Masse m_2.

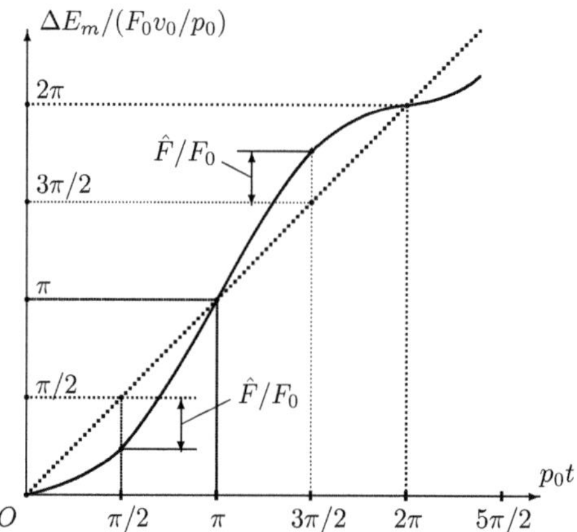

Abbildung 1.5: Veränderung der mechanischen Energie ΔE_m

1.1.4 Körper in einem Rahmen mit konstanter Kraft F_0

1.1.4.1 Bewegungsgesetze

Für die Annahme, dass auf den Rahmen die Kraft $F = F_0 = (m_1 + m_2)g\sin(\alpha)$ wirkt, folgt aus der Gleichung (1.1), dass die Resultierende in Bewegungsrichtung der äußeren eingeprägten Kräften gleich ist mit null.
Mit den Anfangsbedingungen $q_1(0) = 0$, $\dot{q}_1(0) = v_0$, $q_2(0) \neq 0$ und $\dot{q}_2(0) = 0$ werden die Bewegungsgesetze $q_1 = q_1(t)$ und $q_2 = q_2(t)$ bestimmt.

Die Bewegungsdifferentialgleichung (1.1) für diesen Sonderfall ist

$$(m_1 + m_2)\ddot{q}_1 + m_2\cos(\alpha + \beta)\,\ddot{q}_2 = 0 \quad \rightarrow \quad \ddot{q}_1 = -\ddot{q}_2\frac{m_2\cos(\alpha + \beta)}{m_1 + m_2}. \quad (1.13)$$

Wenn $\ddot{q}_1$ in die Bewegungsdifferentialgleichung (1.2) eingesetzt wird, erhält man zur Berechnung von $q_2 = q_2(t)$ die Bewegungsdifferentialgleichung

$$m_{2e}\ddot{q}_2 + cq_2 = m_2 g\sin(\beta), \qquad m_{2e} = \frac{m_2[m_1 + m_2\sin^2(\alpha + \beta)]}{m_1 + m_2}. \quad (1.14)$$

Mit den Anfangsbedingungen $q_2(0) \neq 0$ und $\dot{q}_2(0) = 0$ erhält man das *Bewegungs-, Geschwindigkeits- und Beschleunigungsgesetz der Relativbewegung*

$$q_2 = q_{2s} + [q_2(0) - q_{2s}]\cos(p_1 t), \qquad p_1 = \sqrt{\frac{c}{m_{2e}}}, \quad q_{2s} = \frac{1}{c}m_2 g\sin(\beta)$$

$$\dot{q}_2 = -p_1[q_2(0) - q_{2s}]\sin(p_1 t), \qquad \ddot{q}_2 = -p_1^2[q_2(0) - q_{2s}]\cos(p_1 t).$$

Dieses Bewegungsgesetz unterscheidet sich von der Relativbewegung $q_2(t)$ für die Annahme einer kinematischen Erregung, welches durch die Gleichung (1.10) ausgedrückt ist, durch die Eigenkreisfrequenz p_1, die auch von der Masse m_1 des Rahmens und von den Winkeln α und β abhängt. In (1.13) eingesetzt erhält man zur Berechnung von $q_1(t)$ die Gleichung

$$\ddot{q}_1 = \hat{q}_1 p_1^2\cos(p_1 t), \qquad \hat{q}_1 = \frac{m_2\cos(\alpha + \beta)[q_2(0) - q_{2s}]}{m_1 + m_2}.$$

Durch Integration und Berücksichtigung der Anfangsbedingungen $q_1(0) = 0$ und $\dot{q}_1(0) = v_0$ erhält man das *Geschwindigkeits-* und *Bewegungsgesetz*

$$\dot{q}_1 = v_0 + \hat{q}_1 p_1\sin(p_1 t), \qquad q_1 = v_0 t + \hat{q}_1[1 - \cos(p_1 t)].$$

Die Bewegung des Rahmens ist in diesem Fall die Überlagerung einer gleichförmigen Translation und einer harmonischen Schwingung mit der Kreisfrequenz p_1.

In der Abb. 1.6 sind die Funktionen $F = F_0$, $q_2 = q_2(t)$ und $q_1 = q_1(t)$ für $\dot{q}_1(0) = v_0 \neq 0$ qualitativ dargestellt.

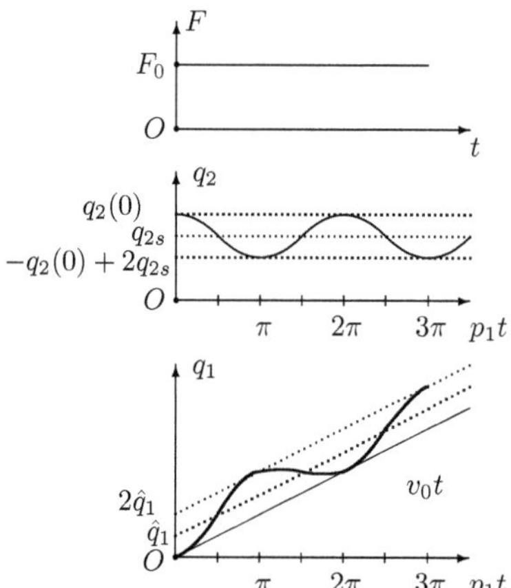

Abbildung 1.6: Bewegungsgesetze $q_1(t)$ und $q_2(t)$ für $F = F_0$ und $v_0 \neq 0$

Für die Annahme $\dot{q}_1(0) = v_0 = 0$ zeigt die Abb. 1.7 die Funktionen $q_2 = q_2(t)$ und $q_1 = q_1(t)$. Der Rahmen und die Masse m_2 bewegen sich harmonisch und in Gegenphase.

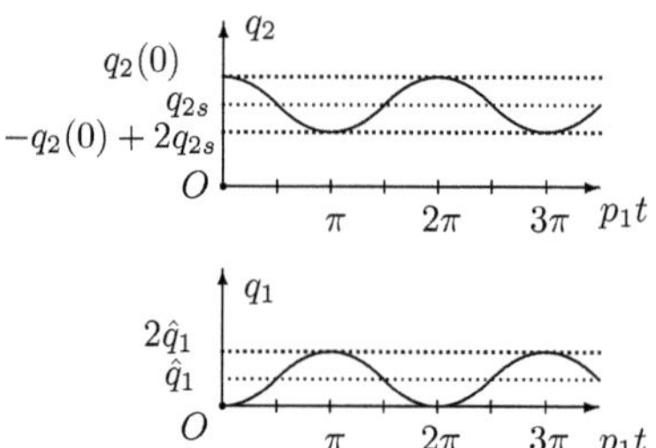

Abbildung 1.7: Bewegungsgesetze $q_1(t)$ und $q_2(t)$ für $F = F_0$ und $v_0 = 0$

1.1.4.2 Bilanzgleichungen

Die Multiplikation der Gleichung (1.13) mit dt und die Berücksichtgung der Umformungen $\ddot{q}_i \cdot dt = \frac{d\dot{q}_i}{dt} \cdot dt = d\dot{q}_i$, $i = 1, 2$ führt auf

$$d[(m_1 + m_2)\dot{q}_1 + m_2 \cos(\alpha + \beta)\dot{q}_2] = 0.$$

Der Ausdruck in der Klammer ist der verallgemeinerte Impuls

$$\partial E_k / \partial \dot{q}_1 = (m_1 + m_2)\dot{q}_1 + m_2 \cos(\alpha + \beta)\dot{q}_2.$$

Durch Integration und Berücksichtigung der Anfangsbedingungen $\dot{q}_1(0) = v_0$ und $\dot{q}_2(0)=0$ folgt das *Erhaltungsgesetz des verallgemeinerten Impulses*

$$(m_1 + m_2)\dot{q}_1 + m_2 \cos(\alpha + \beta)\dot{q}_2 - (m_1 + m_2)v_0 = 0. \qquad (1.15)$$

Eine nochmalige Integration mit den Anfangssbedingungen $q_1(0) = 0$ und $q_2(0) \neq 0$ ergibt eine *Bilanzgleichung für die Verschiebungen*

$$(m_1 + m_2)q_1 + m_2 \cos(\alpha + \beta)q_2 - (m_1 + m_2)v_0 t - m_2 \cos(\alpha + \beta)q_2(0) = 0. \qquad (1.16)$$

Die Gleichung (1.14) wird mit dq_2 multipliziert,

$$m_{2e}\ddot{q}_2 dq_2 + cq_2 dq_2 - m_2 g \sin(\beta)dq_2 = 0,$$

und die folgenden Umformungen werden berücksichtigt,

$$\ddot{q}_2 \cdot dq_2 = \frac{d\dot{q}_2}{dt} \cdot dq_2 = d\dot{q}_2 \cdot \frac{dq_2}{dt} = d\dot{q}_2 \cdot \dot{q}_2 = d\left(\frac{1}{2}\dot{q}_2^2\right),$$

$$q_2 \cdot dq_2 = d\left(\frac{1}{2}q_2^2\right).$$

Man erhält die Bilanzgleichung in Differentialform

$$d\left[\frac{1}{2}m_{2e}\dot{q}_2^2 + \frac{1}{2}cq_2^2 - m_2 g \sin(\beta) \cdot q_2\right] = 0.$$

Durch Integration zwichen dem Anfangszeitpunkt $t = 0$ und dem Zeitpunkt t folgt das Erhaltungsgesetz

$$\frac{1}{2}m_{2e}\dot{q}_2^2 + \frac{1}{2}cq_2^2 - m_2 g \sin(\beta) \cdot q_2 - \left[\frac{1}{2}cq_2^2(0) - m_2 g \sin(\beta) \cdot q_2(0)\right] = 0. \qquad (1.17)$$

Das Glied $\frac{1}{2}m_{2e}\dot{q}_2^2$ ist wegen $m_{2e} \neq m_2$ nicht die kinetische Energie der Relativbewegung. Die Glieder $\frac{1}{2}cq_2^2 - m_2g\sin(\beta)\cdot q_2$ sind das Potential E_{pr} durch die Relativbewegung $q_2(t)$.

Weil die Führungsbewegung $q_1 = v_0t + \hat{q}_1[1 - \cos(p_1t)]$ keine gleichförmige Translation ist, ist der Rahmen kein Inertialsystem für die Bewegung der Masse m_2.

Die Arbeit der Kraft $F = F_0$ ist mit $q_1(t) = v_0t + \hat{q}[1 - \cos(p_1t)]$ und $q_1(0) = 0$

$$\int_0^t F_0\cdot dq_1 = F_0 \int_0^t dq_1 = F_0[q_1(t)-q_1(0)] = F_0\cdot q_1(t) = F_0\{v_0t+\hat{q}[1-\cos(p_1t)]\}$$

oder

$$\int_0^t F_0 \cdot dq_1 = \frac{F_0v_0}{p_1}\Big\{p_1t + \frac{\hat{q}_1p_1}{v_0}\big[1 - \cos(p_1t)\big]\Big\}.$$

Der *Arbeitssatz* (1.7) ist für diesen Sonderfall

$$E_k(t)+E_p(t)-[E_k(0)+E_p(0)]-\frac{F_0v_0}{p_1}\Big\{p_1t+\frac{\hat{q}_1p_1}{v_0}\big[1-\cos(p_1t)\big]\Big\} = 0. \quad (1.18)$$

Aus dem Arbeitssatz (1.18) kann die Veränderung ΔE_m der mechanischen Energie $E_m = E_k + E_p$ des Systems berechnet werden.
Man erhält

$$\Delta E_m = E_m(t) - E_m(0) = \frac{F_0v_0}{p_1}\Big\{p_1t + \frac{\hat{q}_1p_1}{v_0}\big[1 - \cos(p_1t)\big]\Big\}.$$

In der Abb. 1.8 ist diese Funktion im Bereich $p_1t \in [0, 2\pi]$ qualitativ dargestellt.

Auch in diesem Fall besteht die *Veränderung der mechanischen Energie* aus einem Anteil, welcher linear mit der Zeit größer wird, und aus einem oszillatorischen Anteil mit der Kreisfrequenz p_1 der Bewegungen $q_1(t)$ und $q_2(t)$.

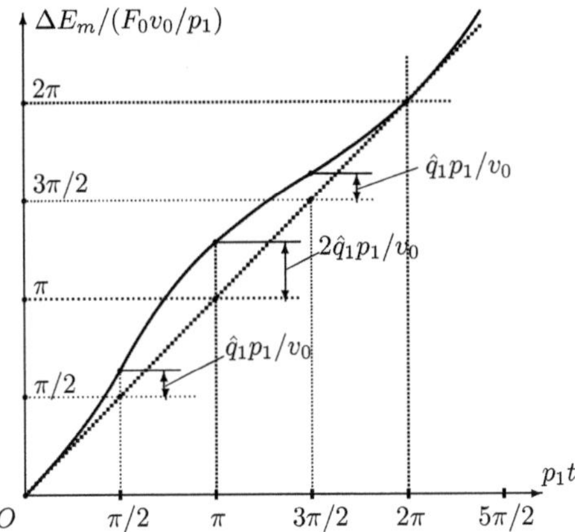

Abbildung 1.8: Veränderung ΔE_m der mechanischen Energie

1.1.5 Vergleich der Eigenkreisfrequenzen

Der Vergleich der Bewegungen $q_2(t)$ der Masse m_2 zeigt, dass für beide Annahmen die Bewegungen $q_2(t)$ harmonische Schwingungen sind.

Für die Annahme einer kinematischen Erregung durch eine zeitabhängige Bindung wird die Bewegung $q_2(t)$ von der Masse m_1 des erregenden Körpes nicht beeinflusst. Die Eigenkreisfrequenz ist $p_0 = \sqrt{c/m_2}$.

Bei der Krafterregung ist die Eigenkreisfrequenz

$$p_1 = \sqrt{\frac{c}{m_{2e}}} = \sqrt{\frac{c}{m_2}\frac{m_1 + m_2}{m_1 + m_2 \sin^2(\alpha + \beta)}} = p_0\sqrt{\frac{m_1 + m_2}{m_1 + m_2 \sin^2(\alpha + \beta)}}.$$

Für $m_1 = 25$ kg, $m_2 = 35$ kg, $\alpha + \beta = 50^0$ ist das *Verhältnis der Eigenkreisfrequenzen* p_1/p_0 in der Abb. 1.9 dargestell.

Mit steigenden Werte von m_1/m_2 strebt das Verhältnis p_1/p_0 zu 1.

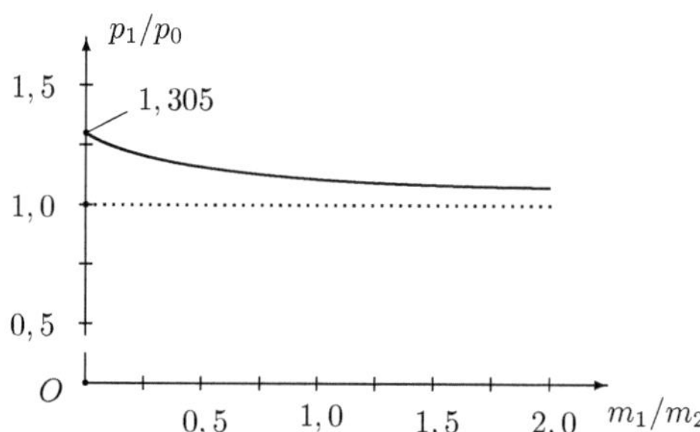

Abbildung 1.9: Verhältnis der Eigenkreisfrequenzen p_1 bei Erregung durch konstante Kraft und p_0 durch gleichförmige Translation

Je größer das Verhältnis zwischen der Masse m_1 des Rahmens und der Masse m_2 des Schwingungssystems ist, umso kleiner ist der Unterschied zwischen den Eigenkreisfrequenzen p_0 und p_1 für die kinematische und dynamische Erregung.

1.2 Körper im Rahmen in geradliniger gleichförmig beschleunigter Translation und mit konstanter Kraft

Das System in der Abb. 1.10 besteht aus einem Rahmen von der Masse m_1 und dem Schwerpunkt in S_1, der sich reibungs- und dämpfungsfrei auf einer horizontalen Ebene bewegt. Seine Lage ist durch die Länge q_1 bestimmt. Innerhalb des Rahmens befindet sich ein Stab mit der Neigung α. Entlang des Stabes kann sich ein Körper von der Masse m_2 reibungs- und dämpfungsfrei bewegen und betätigt dabei eine Feder mit der Federkonstanten c. Die Lage des Körpers auf dem Stab ist durch die Länge q_2 bestimmt, die auch gleich ist mit der Verformung der Feder. Auf den Rahmen wirkt in A die horizontale Kraft F.

Nummerische Anwendung: $m_1 = 25$ kg, $m_2 = 35$ kg, $\alpha = 30^0$, $c = 500$ N, $a = 1,5$ m/s^2, $F_0 = (m_1 + m_2)a = 90$ N, $q_2(0) = 0,600$ m.

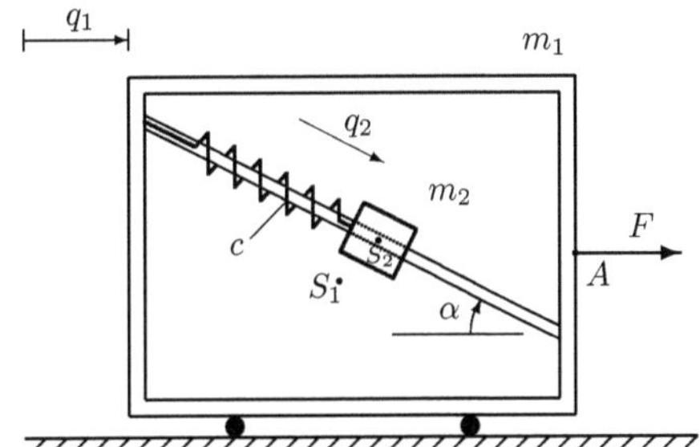

Abbildung 1.10: Rahmen in beschleunigter Translation

1.2.1 Bestimmung der Bewegungsdifferentialgleichungen

Die Bewegungsdifferentailgleichungen werden zuerst mit dem *Impulssatz in der d'Alembert'schen Form*, das sind die Gleichgewichtsbedingungen der eingeprägten Kräfte, der Reaktionen und der Trägheitskräfte, ermittelt.
Die Abb. 1.11 zeigt die Kräfte, die auf das System und auf den freigeschnittenen Körper mit der Masse m_2 wirken, und die zu berücksichtigen sind.

Als äußere eingeprägte Kräfte wirken im Schwerpunkt S_1 das Gewicht $m_1 g$, im Schwerpunkt S_2 das Gewicht $m_2 g$ und in A die horizontale Kraft F.

Die äußeren Reaktionen sind N_{11} und N_{12}.

Für den freigeschnittenen Körper mit der Masse m_2 sind das Gewicht $m_2 g$, die innere Federkraft $F_e = cq_2$ und die innere Reaktion N_2 zwischen Stab und Körper zu berücksichtigen.

Die Körper beschreiben geradlinige Translationsbewegungen.

Die absolute Beschleunigung des Rahmens ist $\ddot{q}_1$ und die entsprechende Trägheitskraft ist $m_1 \ddot{q}_1$ und wirkt in S_1.

Die absolute Beschleunigung des Körpers mit der Masse m_2 hat die Komponenten $\ddot{q}_1$ und $\ddot{q}_2$. Die entsprechenden Komponenten der Trägheitskraft sind $m_2 \ddot{q}_1$ und $m_2 \ddot{q}_2$ und wirken in S_2.

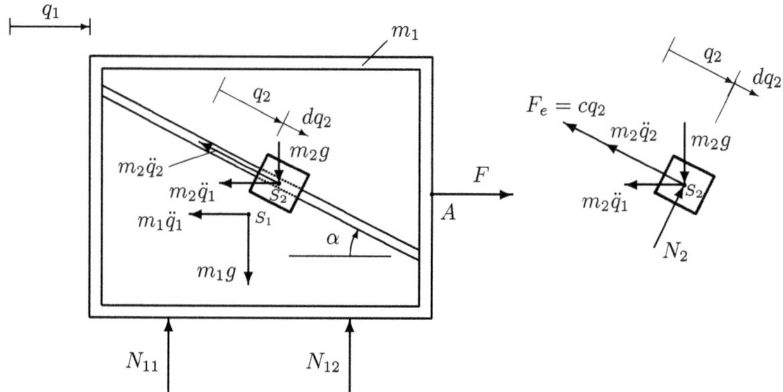

Abbildung 1.11: Kräfte, die auf das System wirken

Die Gleichgewichtsbedingungen dieser Kräfte in Richtung der Achsen q_1 und q_2 ergeben die *Bewegungsdifferentialgleichungen*

$$\sum F_{iq_1} = F - m_1 \ddot{q}_1 - m_2 \ddot{q}_1 - m_2 \ddot{q}_2 \cos(\alpha) = 0$$

$$\rightarrow \quad (m_1 + m_2)\ddot{q}_1 + m_2 \cos(\alpha)\, \ddot{q}_2 - F = 0, \qquad (1.19)$$

$$\sum F_{iq_2} = m_2 g \sin(\alpha) - cq_2 - m_2 \ddot{q}_1 \cos(\alpha) - m_2 \ddot{q}_2 = 0$$

$$\rightarrow \quad m_2 \cos(\alpha)\, \ddot{q}_1 + m_2 \ddot{q}_2 + cq_2 - m_2 g \sin(\alpha) = 0. \qquad (1.20)$$

Die Bewegunfsdifferentialgleichungen (1.19) und (1.20) können auch mit den *Lagrange'schen Gleichungen zweiter Art* bestimmt werden. Diese sind

$$\frac{d}{dt}\left(\frac{\partial E_k}{\partial \dot{q}_i}\right) - \frac{\partial E_k}{\partial q_i} + \frac{\partial E_p}{\partial q_i} - Q_i^{(nk)} = 0, \quad i = 1, 2.$$

Mit den Geschwindigkeiten $v_1 = \dot{q}_1$ und $v_2^2 = \dot{q}_1^2 + \dot{q}_2^2 + 2\cos(\alpha)\dot{q}_1\dot{q}_2$ (Abb. 1.12) ist die kinetische Energie E_k des Systems gleich mit

$$E_k = \frac{1}{2}m_1 v_1^2 + \frac{1}{2}m_2 v_2^2 = \frac{1}{2}(m_1 + m_2)\dot{q}_1^2 + m_2\cos(\alpha)\dot{q}_1\dot{q}_2 + \frac{1}{2}m_2\dot{q}_2^2.$$

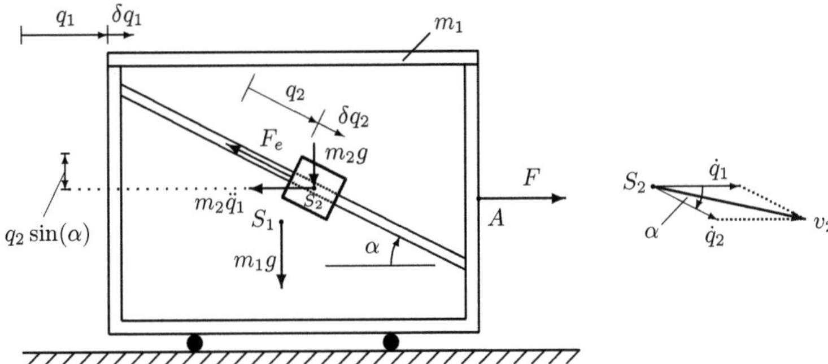

Abbildung 1.12: Geshwindigkeiten, eingeprägte und Trägheitskräfte des Systems

Die Abb. 1.12 zeigt auch die eingeprägten Kräfte, die auf das System wirken.

Für die konservativen Kräfte $m_1 g$, $m_2 g$ und $F_e = cq_2$ werden Potentiale definiert.

Das Potential der Gewichtskraft $m_1 g$, deren Angriffspunkt sich horizontal verschiebt, wird gleich null angenommen.

Das Potential der Gewichtskraft $m_2 g$ ist $-m_2 g q_2 \sin(\alpha)$.

Das Potential der Federkraft $F_e = cq_2$ ist $\frac{1}{2}cq_2^2$.

Somit ist das Potential E_p des Systems

$$E_p = -m_2 g q_2 \sin(\alpha) + \frac{1}{2}cq_2^2.$$

Die Ableitungen zur Bildung der Lagrange'schen Gleichungen sind

$$\frac{\partial E_k}{\partial q_1} = 0, \quad \frac{\partial E_k}{\partial \dot{q}_1} = (m_1 + m_2)\dot{q}_1 + m_2\cos(\alpha)\dot{q}_2,$$

$$\frac{d}{dt}\Big(\frac{\partial E_k}{\partial \dot{q}_1}\Big) = (m_1 + m_2)\ddot{q}_1 + m_2\cos(\alpha)\ddot{q}_2,$$

$$\frac{\partial E_k}{\partial q_2} = 0, \quad \frac{\partial E_k}{\partial \dot{q}_2} = m_2\cos(\alpha)\dot{q}_1 + m_2\dot{q}_2, \quad \frac{d}{dt}\Big(\frac{\partial E_k}{\partial \dot{q}_2}\Big) = m_2\cos(\alpha)\ddot{q}_1 + m_2\ddot{q}_2,$$

$$\frac{\partial E_p}{\partial q_1} = 0, \quad \frac{\partial E_p}{\partial q_2} = -m_2 g\sin(\alpha) + cq_2.$$

Die eingeprägte nichtkonservative Kraft ist F. Die virtuelle Arbeit $\delta A^{(nk)}$ dieser Kraft bei einer virtuellen Verschiebung des Systems mit δq_1 und δq_2 ist

$$\delta A^{(nk)} = F \cdot \delta q_1 = Q_1^{(nk)}\delta q_1 + Q_2^{(nk)}\delta q_2 \quad \rightarrow \quad Q_1^{(nk)} = F, \quad Q_2^{(nk)} = 0.$$

Wenn diese Werte in die Lagrange'schen Gleichungen eingesetzt werden, dann erhält man die gleichen Bewegungsdifferentialgleichungen

$$(m_1 + m_2)\ddot{q}_1 + m_2\cos(\alpha)\,\ddot{q}_2 - F = 0,$$

$$m_2\cos(\alpha)\,\ddot{q}_1 + m_2\ddot{q}_2 + cq_2 - m_2 g\sin(\alpha) = 0.$$

1.2.2 Bestimmung der Bilanzgleichungen und des Arbeitssatzes

Um die Bilanzgleichungen zu bestimmen, wird die Bewegungsdifferentialgleichung (1.19) mit dq_1 und die Bewegungsdifferentialgleichung (1.20) mit dq_2 multipliziert. Man erhält

$$(m_1 + m_2)\ddot{q}_1 \cdot dq_1 + m_2\cos(\alpha)\,\ddot{q}_2 \cdot dq_1 - F \cdot dq_1 = 0,$$

$$m_2\cos(\alpha)\ddot{q}_1 \cdot dq_2 + m_2\ddot{q}_2 \cdot dq_2 + cq_2 \cdot dq_2 - m_2 g\sin(\alpha) \cdot dq_2 = 0.$$

Die folgenden Umformungen werden berücksichtigt:

$$\ddot{q}_i \cdot dq_i = \frac{d\dot{q}_i}{dt} \cdot dq_i = d\dot{q}_i \cdot \frac{dq_i}{dt} = d\dot{q}_i \cdot \dot{q}_i = d\Big(\frac{1}{2}\dot{q}_i^2\Big), \quad i = 1, 2,$$

$$\ddot{q}_2 \cdot dq_1 = \frac{d\dot{q}_2}{dt} \cdot dq_1 = d\dot{q}_2 \cdot \frac{dq_1}{dt} = d\dot{q}_2 \cdot \dot{q}_1 = d(\dot{q}_1 \dot{q}_2) - d\dot{q}_1 \cdot \dot{q}_2$$

$$= d(\dot{q}_1 \dot{q}_2) - d\dot{q}_1 \cdot \frac{dq_2}{dt} = d(\dot{q}_1 \dot{q}_2) - \frac{d\dot{q}_1}{dt} \cdot dq_2 = d(\dot{q}_1 \dot{q}_2) - \ddot{q}_1 \cdot dq_2,$$

$$cq_2 \cdot dq_2 = cd\left(\frac{1}{2}q_2^2\right) = d\left(\frac{1}{2}cq_2^2\right), \quad -m_2 g \sin(\alpha) \cdot dq_2 = d[-m_2 g q_2 \sin(\alpha)].$$

Man erhält

$$d\left[\frac{1}{2}(m_1 + m_2)\dot{q}_1^2 + m_2 \cos(\alpha)\dot{q}_1 \dot{q}_2\right] - m_2 \cos(\alpha)\ddot{q}_1 \cdot dq_2 - F \cdot dq_1 = 0, \quad (1.21)$$

$$m_2 \cos(\alpha)\ddot{q}_1 \cdot dq_2 + d\left(\frac{1}{2}m_2 \dot{q}_2^2\right) + d\left[\frac{1}{2}cq_2^2 - m_2 g \sin(\alpha) \cdot q_2\right] = 0.. \quad (1.22)$$

In der Gleichung (1.22) sind

$$E_{kr} = \frac{1}{2}m_2 \dot{q}_2^2, \qquad E_p = \frac{1}{2}cq_2^2 - m_2 g \sin(\alpha) \cdot q_2$$

die kinetische Energie E_{kr} der Relativbewegung bzw. das Potential E_p durch die Relativbewegung des Körpers mit der Masse m_2.

Das erste Glied berechnet sich aus der Arbeit der Trägheitskraft $m_2 \ddot{q}_1$ des Körpers mit der Masse m_2 durch die Führungsbeschleunigung $\ddot{q}_1(t)$ bei der Verschiebung dieser Masse durch die Relativbewegung dq_2. Diese beiden Vektoren bilden den Winkel $180^0 - \alpha$ (Abb. 1.11) und deshalb ist diese Arbeit gleich mit $m_2 \ddot{q}_1 \cdot dq_2 \cdot \cos(180^0 - \alpha) = -m_2 \cos(\alpha)\ddot{q}_1 \cdot dq_2$.

Durch Integration mit den Anfangsbedingungen $q_2(0) \neq 0$ und $\dot{q}_2(0) = 0$ folgt die *Bilanzgleichung für die Koordinate q_2 in Integralform*

$$\frac{1}{2}m_2 \dot{q}_2^2 + \frac{1}{2}cq_2^2 - m_2 g \sin(\alpha) \cdot q_2 - \left[\frac{1}{2}cq_2^2(0) - m_2 g \sin(\alpha) \cdot q_2(0)\right]$$

$$+ \int_0^t m_2 \cos(\alpha)\ddot{q}_1 \cdot dq_2 = 0 \qquad (1.23)$$

oder

$$E_{kr}(t) + E_p(t) - [E_{kr}(0) + E_p(0)] + \int_0^t m_2 \cos(\alpha)\ddot{q}_1 \cdot dq_2 = 0.$$

Die Addition der Bilanzgleichungen (1.21) und (1.22) ergibt

$$d\left[\frac{1}{2}(m_1 + m_2)\dot{q}_1^2 + m_2 \cos(\alpha)\dot{q}_1 \dot{q}_2 + \frac{1}{2}m_2 \dot{q}_2^2\right] + d\left[\frac{1}{2}cq_2^2 - m_2 g \sin(\alpha) \cdot q_2\right] - F \cdot dq_1 = 0.$$

Das ist die Bilanzgleichung für das System in Differentialform.

Durch Integration erhält man die Integralform der *Bilanzgleichung für das System*

$$E_k(t) + E_p(t) - [E_k(0) + E_p(0)] - \int_0^t F \cdot dq_1 = 0. \qquad (1.24)$$

Hier ist das Integral die Arbeit der eingeprägten Kraft F.

In der Form

$$E_k(t) + E_p(t) - [E_k(0) + E_p(0)] = \int_0^t F \cdot dq_1 \qquad (1.25)$$

ist es die *Integralform des Arbeitssatzes für das System*.

1.2.3 Rahmen in gleichförmig beschleunigter Translation

1.2.3.1 Relativbewegung und Kraftgesetz

Es wird der Fall betrachtet, wenn das System einer *zeitabhängigen Bindung* unterworfen ist. Der Körper mit der Masse m_1 beschreibt die vorgegebene Bewegung $q_1 = s = \frac{1}{2}at^2$. Das ist die *Führungsbewegung* des Körpers m_2.

Mit $a = 1,5$ m/s^2 und $p_0 = \sqrt{c/m_2} = 3,780$ rad/s ist das Bewegungsgesetz der zeitabhängigen Bindung $q_1 = s = \frac{1}{2}at^2 = [a/(2p_0^2)] \cdot (p_0 t)^2 = (0,052\,\text{m})(p_0 t)^2$ in der Abb. 1.13 als Funktion von $p_0 t$ dargestellt.

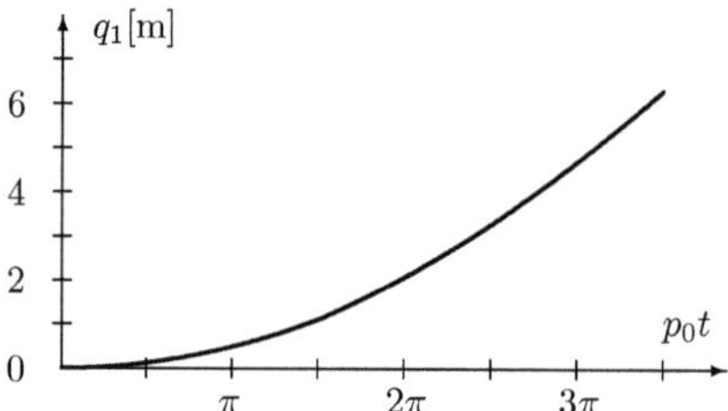

Abbildung 1.13: Gesetz der zeitabhängigen Bindung

Für diese Annahme folgt aus $q_1 = s = \frac{1}{2}at^2$ die Beschleunigung $\ddot{q}_1 = \ddot{s} = a$ und aus der Bewegungsdifferentialgleichung (1.20) erhält man

$$m_2\ddot{q}_2 + cq_2 = m_2 g \sin(\alpha) - m_2 a \cos(\alpha). \qquad (1.26)$$

Mit den Bezeichnungen

$$p_0 = \sqrt{\frac{c}{m_2}}, \qquad q_{2s} = \frac{m_2}{c}\Big[g\sin(\alpha) - a\cos(\alpha)\Big]$$

ist die allgemeine Lösung dieser Differentialgleichung

$$q_2 = q_{2s} + A_1\cos(p_0 t) + A_2\sin(p_0 t), \quad \dot{q}_2 = -p_0 A_1\sin(p_0 t) + p_0 A_2\cos(p_0 t).$$

Mit der Anfangsbedingung $q_2(0) \neq 0$ folgt $A_1 = q_2(0) - q_{2s}$ und aus $\dot{q}_2(0) = 0$ erhält man $A_2 = 0$.

Somit gilt für die *Relativbewegung* $q_2 = q_2(t)$ das Bewegungsgesetz

$$q_2 = q_{2s} + [q_2(0) - q_{2s}]\cos(p_0 t)$$

und

$$\dot{q}_2 = -p_0[q_2(0) - q_{2s}]\sin(p_0 t), \qquad \ddot{q}_2 = -p_0^2[q_2(0) - q_{2s}]\cos(p_0 t).$$

Das ist eine harmonische Schwingung mit der Kreisfrequenz p_0 und der Amplitude $|q_2(0) - q_{2s}|$ um die Lage $q_2 = q_{2s}$.

Mit den nummerischen Werten erhält man $p_0 = 3,780$ rad/s, $q_{2s} = 0,252$ m und $q_2(0) - q_{2s} = 0,348$ m.

Die Abb. 1.14 zeigt für die angenommenen Zahlenwerte das Bewegungsgestz q_2 der Relativbewegung in Abhängigkeit von $p_0 t$.

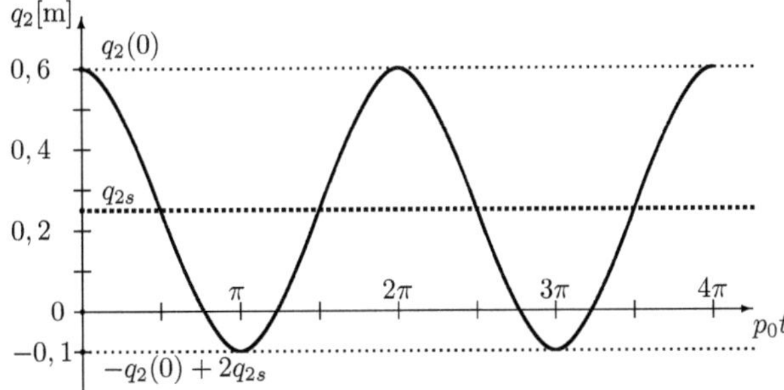

Abbildung 1.14: Bewegungsgesetz der Relativbewegung $q_2(t)$

Aus der Differentialgleichung (1.19) folgt mit $\ddot{q}_1 = a$ das Kraftgesetz

$$F = (m_1+m_2)a+m_2\cos(\alpha)\ddot{q}_2 = (m_1+m_2)a-m_2\cos(\alpha)p_0^2[q_2(0)-q_{2s}]\cos(p_0 t).$$

Mit den Bezeichnungen

$$F_s = (m_1 + m_2)a, \qquad \hat{F} = m_2\cos(\alpha)p_0^2[q_2(0) - q_{2s}] = c[q_2(0) - q_{2s}]\cos(\alpha)$$

erhält man das *Kraftgesetz* $F = F(t)$, welches die Bewegungen $q_1 = \frac{1}{2}at^2$ und $q_2 = q_2(t)$ erzeugt,

$$F = F_s - \hat{F}\cos(p_0 t).$$

Mit den nummerischen Werten erhält man $F_s = 90,000$ N und $\hat{F} = 150,688$ N. Die Abb. 1.15 zeigt die Funktion $F = F(t)$ in Abhängigkeit von $p_0 t$.

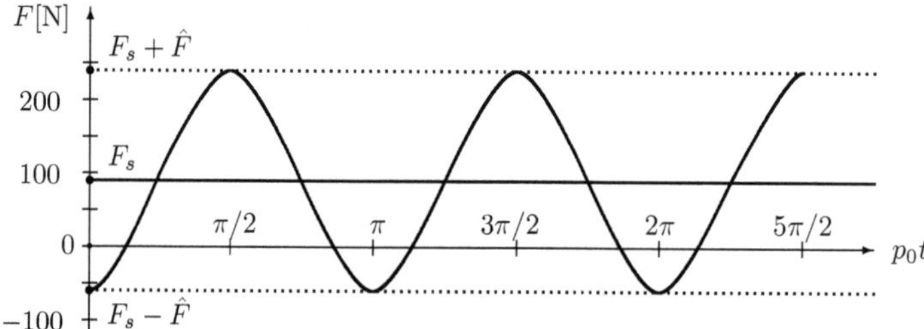

Abbildung 1.15: Kraftgesetz für zeitabhängige Bindung

1.2.3.2 Bilanzgleichungen

Für diesen Sonderfall mit zeitabhängiger Bindung werden die Bilanzgleichung (1.23) und der Arbeitssatz (1.24) bestimmt.

Es wird $\ddot{q}_1 = \ddot{s} = a$ in der Gleichung (1.23) berücksichtigt. Man erhält

$$\int_0^t m_2\cos(\alpha)\ddot{q}_1 \cdot dq_2 = m_2\cos(\alpha)a\int_0^t dq_2 = m_2\cos(\alpha)a[q_2(t) - q_2(0)]$$

$$= -m_2\cos(\alpha)a[q_2(0) - q_2(t)] = -\hat{A}[1 - \cos(p_0 t)]$$

mit $\hat{A} = m_2\cos(\alpha)a[q_2(0) - q_{2s}]$.

Die Bilanzgleichung (1.23) ist für diesen Sonderfall ein *Erhaltungsgesetz*

$$E_{kr} + E_p + m_2\cos(\alpha)aq_2 - [E_{kr}(0) + E_p(0) + m_2\cos(\alpha)aq_2(0)] = 0. \quad (1.27)$$

Aus diesem Erhaltungsgesetz kann die *Veränderung der mechanischen Energie $E_{mr} = E_{kr} + E_p$ der Relativbewegung* der Masse m_2 berechnet werden. Es gilt

$$\Delta E_{mr} = E_{mr}(t) - E_{mr}(0) = \hat{A}[1 - \cos(p_0 t)]$$

mit $E_{mr}(0) = -13,005$ Nm und $\hat{A} = 15,822$ Nm.
Die Abb. 1.16 zeigt die Funktion ΔE_{mr} in Abhängigkeit von $p_0 t$.

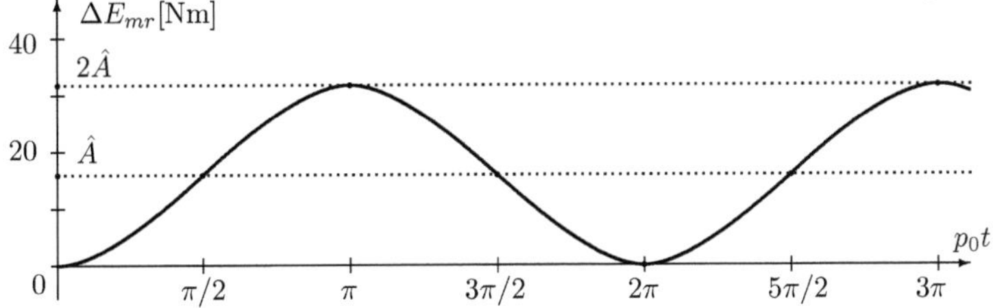

Abbildung 1.16: Veränderung der mechanischen Energie der Relativbewegung

Die Veränderung der mechanischen Energie der Relativbewegung wird durch die Arbeit der Trägheitskraft der Führungsbewegung $m_2\ddot{q}_1$ ausgeglichen. Für das System gilt auch der Arbeitssatz in Integralform (1.24)

$$E_k(t) + E_p(t) - [E_k(0) + E_p(0)] = \int_0^t F \cdot dq_1.$$

Mit $dq_1 = at \cdot dt$ und $F = F_s - \hat{F}\cos(p_0 t)$ folgt für das Arbeitsintegral der Kraft F

$$\int_0^t F \cdot dq_1 = \int_0^t [F_s - \hat{F}\cos(p_0 t)] \cdot at \cdot dt = \frac{1}{2}F_s at^2 - \frac{1}{p_0^2}\hat{F} \cdot a \cdot \int_0^t (p_0 t) \cdot \cos(p_0 t) \cdot d(p_0 t)$$

$$= \frac{a}{p_0^2}\left\{\frac{1}{2}F_s \cdot (p_0 t)^2 - \hat{F} \cdot \left[(p_0 t) \cdot \sin(p_0 t) + \cos(p_0 t) - 1\right]\right\}.$$

Mit den Anfangsbedingungen $q_1(0) = 0$, $\dot{q}_1(0) = 0$, $q_2(0) = 0,600$ m, $\dot{q}_2(0) = 0$ erhält man den *Arbeitssatz*

$$\frac{1}{2}(m_1 + m_2)\dot{q}_1^2 + m_2\cos(\alpha)\dot{q}_1\dot{q}_2 + \frac{1}{2}m_2\dot{q}_2^2 + \frac{1}{2}cq_2^2 - m_2gq_2\sin(\alpha)$$

$$-\left[\frac{1}{2}cq_2(0)^2 - m_2gq_2(0)\sin(\alpha)\right]$$

$$= \frac{a}{p_0^2}\left\{\frac{1}{2}F_s \cdot (p_0t)^2 - \hat{F} \cdot \left[(p_0t)\cdot\sin(p_0t) + \cos(p_0t) - 1\right]\right\}. \qquad (1.28)$$

Aus diesem Arbeitssatz kann die *Veränderung der mechanischen Energie* $E_m = E_k + E_p$ *des Systems* berechnet werden. Es gilt

$$\Delta E_m = E_m(t) - E_m(0) = \frac{a}{p_0^2}\left\{\frac{1}{2}F_s\cdot(p_0t)^2 - \hat{F}\cdot\left[(p_0t)\cdot\sin(p_0t) + \cos(p_0t) - 1\right]\right\}.$$

Für die angenommenen nummerischen Werte erhält man

$$\Delta E_m = (4,724\,\text{Nm}) \cdot (p_0t)^2 + (15,822\,\text{Nm}) \cdot \left[1 - \cos(p_0t) - (p_0t)\cdot\sin(p_0t)\right].$$

Die Abb. 1.17 zeigt die Funktion ΔE_m in Abhängigkeit von p_0t.
Die punktiert eingezeichnete Kurve entspricht dem ersten Glied dieser Funktion.
Die Veränderung der mechanischen Energie des Systems wird durch die Arbeit der eingeprägten Kraft F ausgeglichen.

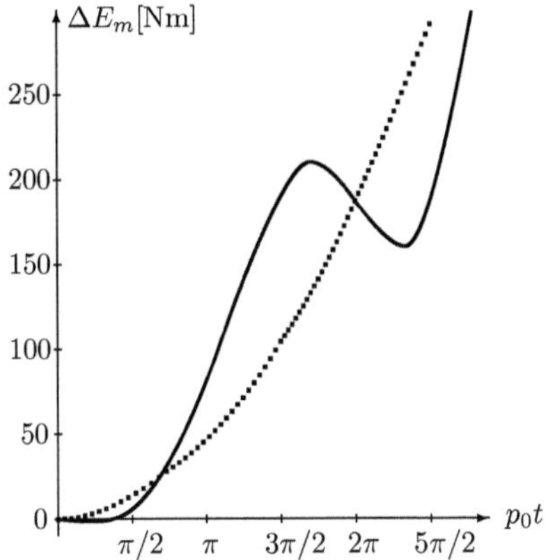

Abbildung 1.17: Veränderung der machanischen Energie des Systems

1.2.4 Rahmen mit konstanter Kraft

1.2.4.1 Bewegungsgesetze

Für die Annahme, dass eine konstante Kraft $F = F_0 = (m_1 + m_2)a$ auf den Rahmen mit der Masse m_1 wirkt, sowie mit den Anfangsbedingungen $q_1(0) = 0$, $\dot{q}_1 = 0$, $q_2(0) \neq 0$ und $\dot{q}_2 = 0$ werden die Bewegungsgesetze $q_1(t)$ und $q_2(t)$ berechnet.

Aus der Gleichung (1.19) folgt mit $F = F_0 = (m_1 + m_2)a$

$$\ddot{q}_1 = \frac{F_0}{m_1 + m_2} - \frac{m_2 \cos(\alpha)}{m_1 + m_2}\ddot{q}_2 = a - \frac{m_2 \cos(\alpha)}{m_1 + m_2}\ddot{q}_2. \tag{1.29}$$

In die Gleichung (1.20) eingesetzt erhält man die Differentialgleichung

$$\frac{[m_1 + m_2 \sin^2(\alpha)] \cdot m_2}{m_1 + m_2}\ddot{q}_2 + cq_2 = m_2[g\sin(\alpha) - a\cos(\alpha)].$$

Mit den Bezeichnungen

$$p_0 = \sqrt{\frac{c}{m_2}}, \qquad p_1 = p_0\sqrt{\frac{m_1 + m_2}{m_1 + m_2 \sin^2(\alpha)}}, \qquad q_{2s} = \frac{m_2}{c}\Big[g\sin(\alpha) - a\cos(\alpha)\Big]$$

ist die Differentialgleichung der Relativbewegung

$$\ddot{q}_2 + p_1^2 q_2 = p_1^2 q_{2s}.$$

Mit den Anfangsbedingungen $q_2(0) \neq 0$ und $\dot{q}_2(0) = 0$ erhält man für die *Relativbewegung* $q_2 = q_2(t)$ das Bewegungsgesetz

$$q_2 = q_{2s} + [q_2(0) - q_{2s}]\cos(p_1 t)$$

sowie

$$\dot{q}_2 = -p_1[q_2(0) - q_{2s}]\sin(p_1 t), \qquad \ddot{q}_2 = -p_1^2[q_2(0) - q_{2s}]\cos(p_1 t).$$

Das ist eine harmonische Schwingung mit der Kreisfrequenz p_1 und der Amplitude $|q_2(0) - q_{2s}|$ um die Lage $q_2 = q_{2s}$.

Für die angenommenen Zahlenwerte gilt p_0=3,780 rad/s, p_1=5,040 rad/s, q_{2s}=0,252 m und $q_2(0) - q_{2s}$=0,348 m.

Der Schwingungsmittelpunkte und die Amplituden der Relativbewegungen $q_2 = q_2(t)$ für die Erregung durch eine gleichförmig beschleunigte Bewegung und die Erregung durch eine konstante Kraft stimmen überein. Die Bewegungen unterscheiden sich aber durch die Kreisfrequenzen p_0 bzw. $p_1 > p_0$. Die Abb. 1.18 zeigt das *Bewegungsgestz der Relativbewegung* q_2 als Funktion von $p_1 t$ für die angenommenen Zahlenwerte.

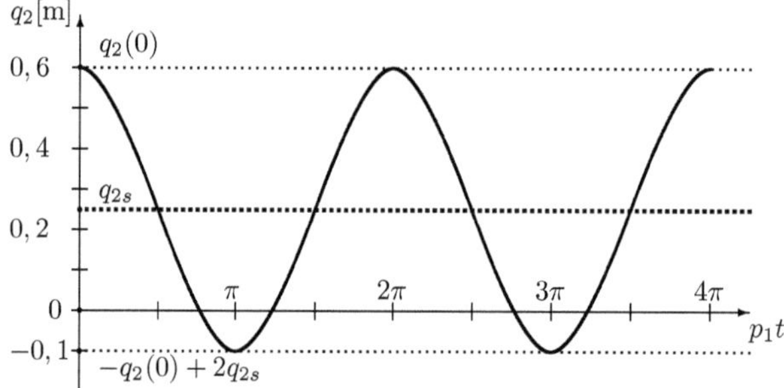

Abbildung 1.18: Relativbewegung bei Krafterreung

Das Bewegungsgesetz $q_1 = q_1(t)$ des Körpers mit der Masse m_1, welches auch das Gesetz der Führungsbewegung des Körpers mit der Masse m_2 ist, folgt aus der Differentialgleichung (1.29) mit $\ddot{q}_2 = -p_1^2[q_2(0) - q_{2s}]\cos(p_1 t)$

$$\ddot{q}_1 = a + \hat{q}_1 p_1^2 \cos(p_1 t) \qquad \text{mit} \qquad \hat{q}_1 = \frac{m_2 \cos(\alpha)}{m_1 + m_2}[q_2(0) - q_{2s}].$$

Durch Integration mit der Anfangsbedingung $\dot{q}_1(0) = 0$ folgt

$$\dot{q}_1 = at + \hat{q}_1 p_1 \sin(p_1 t)$$

und nach nochmaliger Integration mit der Anfangsbedingung $q_1(0) = 0$ erhält man das *Bewegungsgesetz der Führungsbewegung*

$$q_1 = \frac{1}{2}at^2 - \hat{q}_1[\cos(p_1 t) - 1] = \frac{1}{2p_1^2}a(p_1 t)^2 + \hat{q}_1[1 - \cos(p_1 t)].$$

Das ist eine gleichförmig beschleunigte Bewegung mit der Beschleunigung $F_0/(m_1+m_2) =a$, welche überlagert ist von einer harmonischen Schwingung mit der Kreisfrequenz p_1 und der Amplitude $\hat{q}_1$, die in Gegenphase zur Relativbewegung $q_2 = q_2(t)$ der Masse m_2 verläuft.

Für die angenommenen nummerischen Werte gilt $\hat{q}_1 = 0,176$ m und

$$q_1 = (0,030\,\text{m})(p_1 t)^2 + (0,176\,\text{m})[1 - \cos(p_1 t)].$$

Diese Funktion ist in der Abb. 1.19 mit ausgezogener Linie dargestellt. Die punktierte Linie entspricht dem ersten Glied dieses Bewegungsgesetzes.

Dieses Bewegungsgesetz unterscheidet sich von der zeitabhängigen Bindung $q_1 = \frac{1}{2}at^2$ (Abb. 1.13) durch eine oszillatorische Komponente, welche der gleichförmig beschleunigten Bewegung überlagert ist.

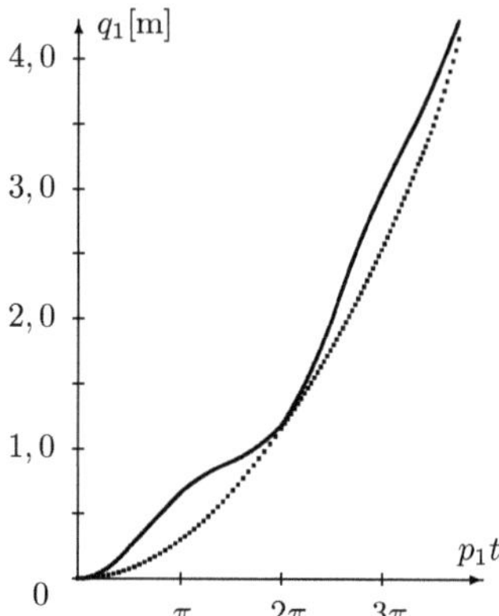

Abbildung 1.19: Bewegungsgesetz der Führungsbewegung $q_1(t)$

1.2.4.2 Bilanzgleichungen

In der Bilanzgleichung (1.23)

$$E_{kr}(t) + E_p(t) - [E_{kr}(0) + E_p(0)] + \int_0^t m_2 \cos(\alpha)\ddot{q}_1 \cdot dq_2 = 0$$

für den Sonderfall der Erregung durch eine konstante Kraft wird im Arbeitsintegral die Beschleunigung $\ddot{q}_1$ aus Gleichung (1.29)

$$\ddot{q}_1 = a - \frac{m_2 \cos(\alpha)}{m_1 + m_2}\ddot{q}_2$$

eingesetzt sowie $dq_2 = \dot{q}_2 dt$ und $\ddot{q}_2 dq_2 = \ddot{q}_2\dot{q}_2 dt = \frac{d\dot{q}_2}{dt} \cdot \dot{q}_2 dt = d\left(\frac{1}{2}\dot{q}_2^2\right)$ berücksichtigt. Man erhält

$$\int_0^t m_2 \cos(\alpha)\ddot{q}_1 \cdot dq_2 = m_2 \cos(\alpha) \int_0^t \left[a\,dq_2 - \frac{m_2 \cos(\alpha)}{m_1 + m_2} d\left(\frac{1}{2}\dot{q}_2^2\right)\right]$$

$$= m_2 \cos(\alpha)a[q_2(t) - q_2(0)] - \frac{1}{2}\frac{[m_2 \cos(\alpha)]^2}{m_1 + m_2}[\dot{q}_2(t)^2 - \dot{q}_2(0)^2]$$

$$= -m_2 \cos(\alpha)a[q_2(0) - q_{2s}][1 - \cos(p_1 t)] - \frac{1}{2}\frac{[m_2 \cos(\alpha)]^2}{m_1 + m_2} p_1^2[q_2(0) - q_{2s}]^2 \sin^2(p_1 t).$$

Mit

$$\hat{A}_1 = m_2 \cos(\alpha) a[q_2(0) - q_{2s}], \qquad \hat{A}_2 = \frac{1}{4} \frac{[m_2 \cos(\alpha)]^2}{m_1 + m_2} p_1^2 [q_2(0) - q_{2s}]^2$$

und $\sin^2(p_1 t) = \frac{1}{2}[1 - \cos(2p_1 t)]$ folgt

$$\int_0^t m_2 \cos(\alpha)\ddot{q}_1 \cdot dq_2 = -\hat{A}_1[1 - \cos(p_1 t)] - \hat{A}_2[1 - \cos(2p_1 t)].$$

Mit den nummerischen Werten ergibt sich $\hat{A}_1 = 15,822$ Nm und $\hat{A}_2 = 11,776$ Nm.

Die *Bilanzgleichung* (1.23) *für die Relativbewegung* ist

$$E_{kr}(t) + E_p(t) - [E_{kr}(0) + E_p(0)]$$

$$-\hat{A}_1[1 - \cos(p_1 t)] - \hat{A}_2[1 - \cos(2p_1 t)] = 0. \qquad (1.30)$$

Aus dieser Gleichung erhält man die *Veränderung der mechanischen Energie der Relativbewegung*

$$\Delta E_{mr} = E_{mr}(t) - E_{mr}(0) = \hat{A}_1[1 - \cos(p_1 t)] + \hat{A}_2[1 - \cos(2p_1 t)]$$

Die Funktion ΔE_{mr} in Abhängigkeit von $p_1 t$ ist mit ausgezogener Linie in der Abb. 1.20 dargestellt. Die punktiert eingezeichnete Linie entspricht dem ersten Glied der rechten Seite.

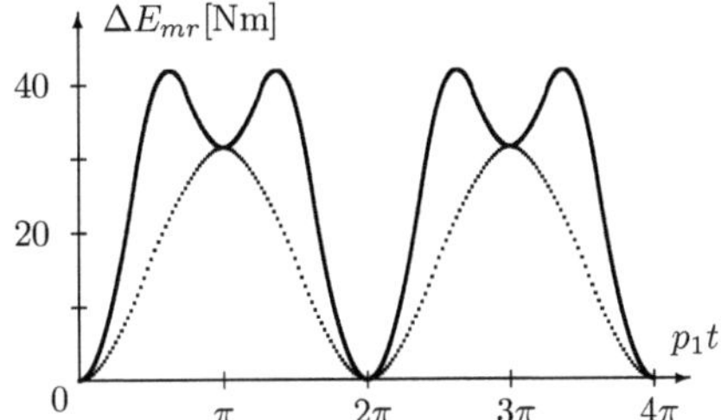

Abbildung 1.20: Veränderung der mechanischen Energie der Relativbewegung

Dieses Veränderungsgesetz unterscheidet sich von dem in Abb. 1.16, welches für den Fall mit kinematischer Erregung entspricht, durch die Kreisfrequenz p_1 bzw. p_0 und einer zusätzlichen harmonischen Komponente mit der Kreisfrequenz $2p_1$.

Die*Bilanzgleichung* (1.24) *für das System* ist

$$E_k(t) + E_p(t) - [E_k(0) + E_p(0)] - \int_0^t F \cdot dq_1 = 0.$$

Für den hier betrachteten Sonderfall der Erregung durch die konstante Kraft $F = F_0 = (m_1 + m_2)a$ erhält man für die mechanische Arbeit dieser Kraft F das Integral

$$\int_0^t F \cdot dq_1 = F_0 \int_0^t dq_1 = F_0 \cdot [q_1(t) - q_1(0)]$$

$$= \frac{1}{2}(m_1 + m_2)(at)^2 + (m_1 + m_2)a\hat{q}_1[1 - \cos(p_1 t)].$$

Die Bilanzgleichung ist für diesen Sonderfall

$$E_k(t) + E_p(t) - [E_k(0) + E_p(0)]$$

$$-\frac{1}{2}(m_1 + m_2)(at)^2 - (m_1 + m_2)a\hat{q}_1[1 - \cos(p_1 t)] = 0. \qquad (1.31)$$

Die *Veränderung der mechanische Energie* $\Delta E_m = E_k(t) + E_p(t) - E_k(0) - E_p(0)$ mit $E_k(0) = 0$ und $E_p(0) = \frac{1}{2}cq_2(0)^2 - mgq_2(0)\sin(\alpha)$ kann aus diesem Gesetz bestimmt werden. Es gilt

$$\Delta E_m = E_m(t) - E_m(0) = \frac{1}{2p_1^2}(m_1 + m_2)a^2(p_1 t)^2 + (m_1 + m_2)a\hat{q}_1[1 - \cos(p_1 t)].$$

Mit den nummerischen Werten erhält man

$$\Delta E_m = \{2,657 \cdot (p_1 t)^2 + 15,840 \cdot [1 - \cos(p_1 t)]\} \, \text{Nm}.$$

Die Abb. 1.21 zeigt mit ausgezogener Linie die Funktion ΔE_m in Abhängigkeit von $p_1 t$. Die punktiert eingezeichnete Linie entspricht dem ersten Glied dieser Funktion.

Auch dieses Veränderungsgesetz unterscheidet sich von dem in Abb. 1.17, welches für den Fall mit kinematischer Erregung entspricht, durch die Kreisfrequenz p_1 bzw. p_0.

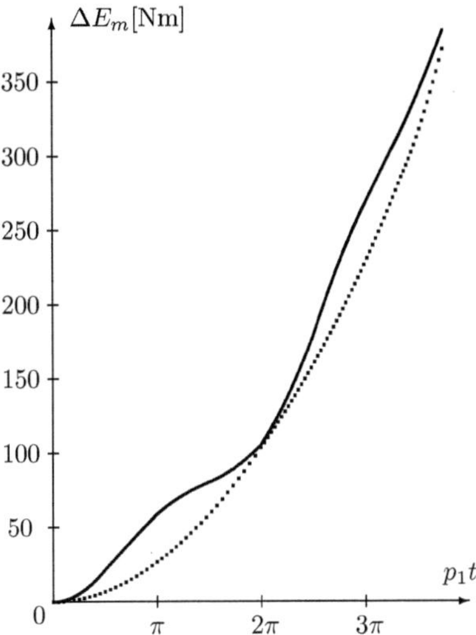

Abbildung 1.21: Veränderungsgesetz der mechanischen Energie des Systems

1.2.5 Kontrolle der Ergebnisse

Als Kontrolle der Ergebnisse werden Abweichungen der Bilanzgleichungen berechnet. Dazu werden die Werte des nummerischen Beispiels verwendet. Diese sind

$$m_1 = 25\,\text{kg}, \quad m_2 = 35\,\text{kg}, \quad \alpha = 30^0, \quad c = 500\,\text{N/m}.$$

Zuerst wird der Sonderfall mit *zeitabhängiger Bindung* betrachtet mit den *Abweichungen* $\mathcal{B}_r(t)$ der Bilanzgleichung für die Relativkoordinate q_2

$$\mathcal{B}_r(t) = \frac{1}{2}m_2\dot{q}_2^2 + \frac{1}{2}cq_2^2 - m_2 g \sin(\alpha) \cdot q_2 - \left[\frac{1}{2}cq_2^2(0) - m_2 g \sin(\alpha) \cdot q_2(0)\right]$$

$$+ \int_0^t m_2 \cos(\alpha)\ddot{q}_1 \cdot dq_2$$

und mit den *Abweichungen* $\mathcal{B}(t)$ der Bilanzgleichung für das System

$$\mathcal{B}(t) = E_k(t) + E_p(t) - [E_k(0) + E_p(0)]$$

$$-\frac{a}{p_0^2}\left\{\frac{1}{2}F_s \cdot (p_0 t_2)^2 - \hat{F} \cdot \left[(p_0 t_2) \cdot \sin(p_0 t_2) + \cos(p_0 t_2) - 1\right]\right\}.$$

Es gelten $a = 1,5\,\mathrm{m/s^2}$, $p_0 = 3,780\,\mathrm{rad/s}$ sowie

$$q_{2s} = 0,252\,\mathrm{m} \quad F_s = 90,000\,\mathrm{N}, \quad \hat{F} = 150,688\,\mathrm{N}.$$

Zum Zeitpunkt $t = 0$ und zum Zeitpunkt einer Viertelperiode $t = t_1 = \pi/(2p_0)$ gelten

$$q_1(0) = 0, \quad \dot{q}_1(0) = 0, \quad q_2(0) = 0,600\,\mathrm{m}, \quad \dot{q}_2(0) = 0, \quad q_1(t_1) = 0,130\,\mathrm{m},$$

$$\dot{q}_1(t_1) = 0,623\,\mathrm{m/s}, \quad q_2(t_1) = 0,252\,\mathrm{m}, \quad \dot{q}_2(t_1) = -1,315\,\mathrm{m/s}.$$

Mit diesen Werten folgt $E_{kr}(0) = 0$,

$$E_p(0) = -13,005\,\mathrm{Nm}, \quad E_{kr}(t_1) = 30,261\,\mathrm{Nm}, \quad E_p(t_1) = -27,386\,\mathrm{Nm}$$

und mit $m_2\cos(\alpha)a[q_2(t_1)-q_2(0)]$=-15,822 Nm erhält man die Abweichung $\mathcal{B}_r(t_1) = 0,058$ Nm.
Weiter gilt $E_k(0) = 0$,

$$E_p(0) = -13,005\,\mathrm{Nm}, \quad E_k(t_1) = 17,073\,\mathrm{Nm}, \quad E_p(t_1) = -27,386\,\mathrm{Nm}$$

und mit

$$\frac{a}{p_0^2}\left\{\frac{1}{2}F_s \cdot (p_0 t_1)^2 - \hat{F} \cdot \left[(p_0 t_1) \cdot \sin(p_0 t_1) + \cos(p_0 t_1) - 1\right]\right\} = 2,627\,\mathrm{Nm}$$

erhält man die Abweichung $\mathcal{B}(t_1) = 0,065$ Nm.
Zum Zeitpunkt einer Halbperiode $t = t_2 = \pi/p_0$ gelten

$$q_1(t_2) = 0,518\,\mathrm{m}, \quad \dot{q}_1(t_2) = 1,247\,\mathrm{m/s}, \quad q_2(t_2) = -0,096\,\mathrm{m}, \quad \dot{q}_2(t_2) = 0.$$

Mit diesen Werten folgt $E_{kr}(t_2) = 0$, $E_p(t_2) = 18,785$ Nm und mit

$$m_2\cos(\alpha)a[q_2(t_2) - q_2(0)] = -31,645\,\mathrm{Nm}$$

erhält man die Abweichung $\mathcal{B}_r(t_2) = 0,145$ Nm.

Weiter gilt $E_k(t_2) = 46,640\,\text{Nm}$, $E_p(t_2) = 18,785\,\text{Nm}$ und mit

$$\frac{a}{p_0^2}\left\{\frac{1}{2}F_s \cdot (p_0 t_2)^2 - \hat{F} \cdot \left[(p_0 t_2) \cdot \sin(p_0 t_2) + \cos(p_0 t_2) - 1\right]\right\} = 78,264\,\text{Nm}$$

erhält man die Abweichung $\mathcal{B}(t_2) = 0,176$ Nm.
Für den Sonderfall mit *konstanter Kraft* gelten

$$F_0 = 90,000\,\text{N}, \quad p_1 = 5,040\,\text{rad/s} \quad q_{2s} = 0,252\,\text{m} \quad \hat{q}_1 = 0,176\,\text{m}$$

$$\hat{A}_1 = 15,822\,\text{Nm}, \quad \hat{A}_2 = 11,776\,\text{Nm}.$$

Für diesen Sonderfall sind die *Abweichungen* $\mathcal{B}_r(t)$ der Bilanzgleichung für die Relativkoordinate q_2

$$\mathcal{B}_r(t) = E_{kr}(t) + E_p(t) - [E_{kr}(0) + E_p(0)]$$

$$-\hat{A}_1[1 - \cos(p_1 t)] - \hat{A}_2[1 - \cos(2p_1 t)].$$

und die *Abweichungen* $\mathcal{B}(t)$ der Bilanzgleichung für das System

$$\mathcal{B}(t) = E_k(t) + E_p(t) - [E_k(0) + E_p(0)]$$

$$-\frac{1}{2}(m_1 + m_2)(at)^2 - (m_1 + m_2)a\hat{q}_1[1 - \cos(p_1 t)].$$

Zum Zeitpunkt $t = 0$ und zum Zeitpunkt einer Viertelperiode $t = t_1 = \pi/(2p_1)$ gelten

$$q_1(0) = 0, \quad \dot{q}_1(0) = 0, \quad q_2(0) = 0,600\,\text{m}, \quad \dot{q}_2(0) = 0, \quad q_1(t_1) = 0,249\,\text{m},$$

$$\dot{q}_1(t_1) = 1,355\,\text{m/s}, \quad q_2(t_1) = 0,252\,\text{m}, \quad \dot{q}_2(t_1) = -1,754\,\text{m/s}.$$

Mit diesen Werten folgt $E_{kr}(0) = 0$,

$$E_p(0) = -13,005\,\text{Nm}, \quad E_{kr}(t_1) = 53,839\,\text{Nm}, \quad E_p(t_1) = -27,386\,\text{Nm}$$

und mit

$$\hat{A}_1[1 - \cos(p_1 t_1)] + \hat{A}_2[1 - \cos(2p_1 t_1)] = 39,374\,\text{Nm}$$

erhält man die Abweichung $\mathcal{B}_r(t_1) = 0,084$ Nm.

Weiter gilt $E_k(0) = 0$,

$$E_p(0) = -13,005\,\text{Nm}, \quad E_k(t_1) = 36,881\,\text{Nm}, \quad E_p(t_1) = -27,386\,\text{Nm}$$

und mit

$$\frac{1}{2}(m_1 + m_2)(at_1)^2 + (m_1 + m_2)a\hat{q}_1[1 - \cos(p_1 t_1)] = 22,397\,\text{Nm}$$

erhält man die Abweichung $\mathcal{B}(t_1) = 0,103$ Nm.

Zum Zeitpunkt einer Halbperiode $t = t_2 = \pi/p_1$ gelten

$$q_1(t_2) = 0,636\,\text{m}, \quad \dot{q}_1(t_2) = 0,935\,\text{m/s}, \quad q_2(t_2) = -0,096\,\text{m}, \quad \dot{q}_2(t_2) = 0.$$

Mit diesen Werten folgt $E_{kr}(t_2) = 0$, $E_p(t_2) = 18,785\,\text{Nm}$ und mit

$$\hat{A}_1[1 - \cos(p_1 t_2)] + \hat{A}_2[1 - \cos(2p_1 t_2)] = 31,644\,\text{Nm}$$

erhält man die Abweichung $\mathcal{B}_r(t_2) = 0,146$ Nm.

Weiter gilt $E_k(t_2) = 26,227\,\text{Nm}$, $E_p(t_2) = 18,785\,\text{Nm}$ und mit

$$\frac{1}{2}(m_1 + m_2)(at_2)^2 + (m_1 + m_2)a\hat{q}_1[1 - \cos(p_1 t_2)] = 57,907\,\text{Nm}$$

erhält man die Abweichung $\mathcal{B}(t_2) = 0,110$ Nm.

1.2.6 Vergleich der Ergebnisse

Der Vergleich der Ergebnisse für die Annahmen einer kinematischen Erregung durch eine zeitabhängig Bindung oder einer Krafterregung zeigt einige Unterschiede.

Bei der Erregung des Systems durch eine gleichförmig beschleunigte Führungsbewegung, die eine zeitabhängigen Bindung ist, hat die Eigenkreisfrequenz der Relativbewegung der Masse m_2 den Wert $p_0 = \sqrt{c/m_2}$ und hängt nicht von der Masse m_1 des Rahmens ab.

Bei der Erregung des Systems durch eine konstante Kraft, welche auf den Rahmen mit der Masse m_1 wirkt, ist die Eigenkreisfrequenz der Relativbewegung der Masse m_2 gleich mit

$$p_1 = \sqrt{\frac{c}{m_2}}\sqrt{\frac{m_1 + m_2}{m_1 + m_2 \sin^2(\alpha)}},$$

die auch von der Masse m_1 und von dem Winkel α abhängt.

Die Abb. 1.22 zeigt das Verhältnis $p_1/p_0 = \sqrt{\frac{m_1+m_2}{m_1+m_2\sin^2(\alpha)}}$ mit $\alpha = 30^0$ und für verschiedene Werte von m_1/m_2 und veranschaulicht den Unterschied der *Eigenkreisfrequenzen* der Relativbewegungen der Masse m_2, wenn unterschiedliche Modelle für die Erregung der Masse m_1 verwendet werden.

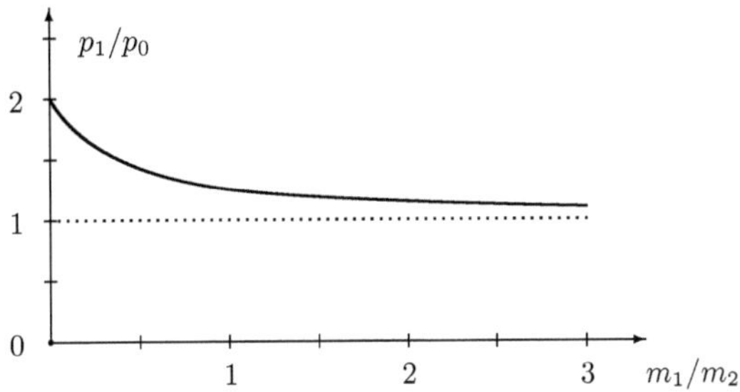

Abbildung 1.22: Vergleich der Eigenkreisfrequenzen

Nur wenn die Masse m_1 des Rahmens, welcher die Führungsbewegung q_1 beschreibt, viel größer ist als die Masse m_2 des Körpers in der Relativbewegung q_2, d. h $m_1 \gg m_2$, dann gilt $p_1 \approx p_0$.

Für eine gleichförmig beschleunigten Führungsbewegung $q_1(t)$ und einer harmonischen Relativbewegung $q_2(t)$ muss auf den Rahmen mit der Masse m_1 eine Kraft $F(t)$ mit einer kontanten und einer harmonischen Komponente wirken.

Bei der Erregung durch eine konstante Kraft F ist die Relativbewegung $q_2(t)$ harmonisch und die Führungsbewegung hat einen gleichförmig beschleunigten und einen harmonischen Anteil.

Auch bei den Veränderungen der mechanischen Energien der Relativbewegungen bestehen Unterschiede. Bei der kinematischen Erregung ist diese Veränderung harmonisch mit der Kreisfrequenz p_0 (Abb. 1.16) und bei der Krafterregung besteht die Veränderung aus harmonischen Komponenten mit den Kreisfrequenzen p_1 und $2p_1$ (Abb. 1.20).

Bei den Veränderungen der mechanischen Energien der Systeme besteht der Unterschied, dass bei kinematischer Erregung diese Veränderung durch ein in der Zeit quadratisches Glied und einem sich harmonisch mit der Kreisfrequenz p_0 veränderlichen Anteil mit einer konstanten und einer von der Zeit linear abhängigen Amplitude ausgedrückt werden kann (Abb. AL.1.17). Bei der Krafterregung fehlt das Glied mit der linear veränderlichen Amplitude (Abb. 1.21).

1.3 Rahmen in harmonischer Bewegung und mit harmonischer Kraft

Das System in Abb. 1.23 besteht aus einem quaderförmigen Körper von der Masse m_1 und mit dem Schwerpunkt S_1, der sich geradlinig sowie reibungs- und dämpfungsfrei auf einer horizontalen Ebene bewegt. Seine Lage ist durch die Länge q_1 bestimmt. Innerhalb des Körpers befindet sich ein Kanal mit der Neigung α. Im Kanal kann sich ein Körper von der Masse m_2 und dem Schwerpunkt in S_2 bewegen und betätigt dabei eine Feder mit der Federkonstanten c und einen viskosen Dämpfer mit der Dämpfungskonstanten b. Die Lage des Körpers im Kanal ist durch die Länge q_2 bestimmt, die auch gleich ist mit der Verformung der Feder. Auf den Körper von der Masse m_1 wirkt die horizontale Kraft F.

Nummerische Anwendung: $m_1 = 35$ kg, $m_2 = 10$ kg, $\alpha = 30^0$, $c = 640$ N/m, $b = 40$ kg/s, $\hat{s} = 0,045$ m und $\nu_0 = 7$ rad/s.

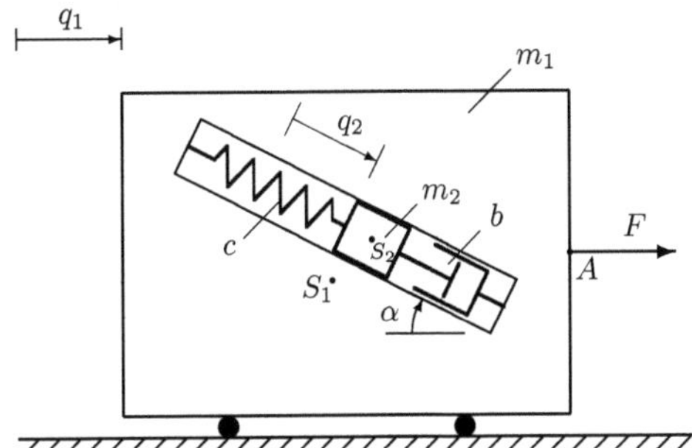

Abbildung 1.23: Schwingungssystem mit harmonischer Erregung

1.3.1 Bestimmung der Bewegungsdifferentialgleichungen

Die Bewegungsdifferentialgleichungen werden mit dem *Impulssatz in der d'Alembertschen Form* bestimmt. Die Abb. 1.24 zeigt die Kräfte, die auf das System und auf den freigeschnittenen Körper mit der Masse m_2 wirken und zu berücksichtigen sind.

Als äußere eingeprägte Kräfte wirken das Gewicht $m_1 g$ im Schwerpunkt S_1, das Gewicht $m_2 g$ im Schwerpunkt S_2 und in A die horizontale Kraft F.

Die äußeren Reaktionen sind N_{11} und N_{12} zwischen dem Quader und der Unterlage.

Auf den freigeschnittenen Körper mit der Masse m_2 wirken das Gewicht $m_2 g$ im Schwerpunkt S_2, die innere Federkraft $c q_2$ und die innere Dämpfungskraft $b\dot{q}_2$.

Als innere Reaktion wirkt N_2 zwischen dem Quader und dem Körper mit der Masse m_2

Die Körper beschreiben geradlinige Translationsbewegungen mit den Beschleunigungen $\ddot{q}_1$ bzw. $\ddot{q}_1$ und $\ddot{q}_2$. Die entsprechenden Trägheitskräfte sind $m_1\ddot{q}_1$ in S_1 sowie $m_2\ddot{q}_1$ und $m_2\ddot{q}_2$ in S_2.

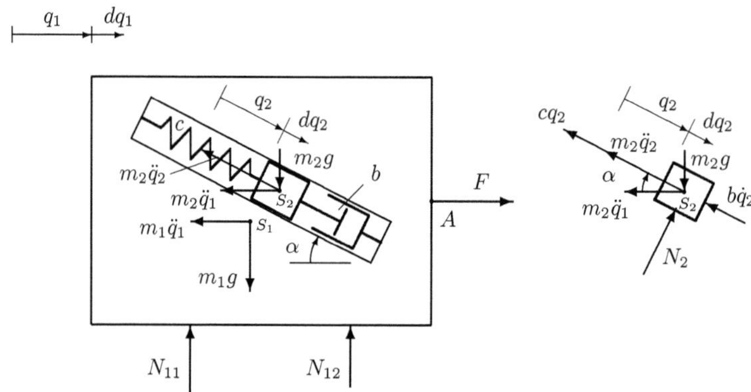

Abbildung 1.24: Kräfte, die auf das System wirken

Die Gleichgewichtsbedingungen dieser Kräfte in Richtung der Achsen q_1 und q_2 ergeben die *Bewegungsdifferentialgleichungen*

$$\sum F_{iq_1} = F - m_1\ddot{q}_1 - m_2\ddot{q}_1 - m_2\ddot{q}_2 \cos(\alpha) = 0$$

$$\rightarrow \quad (m_1 + m_2)\ddot{q}_1 + m_2\ddot{q}_2 \cos(\alpha) - F = 0, \qquad (1.32)$$

$$\sum F_{iq_2} = m_2 g \sin(\alpha) - b\dot{q}_2 - c q_2 - m_2\ddot{q}_1 \cos(\alpha) - m_2\ddot{q}_2 = 0$$

$$\rightarrow \quad m_2\ddot{q}_1 \cos(\alpha) + m_2\ddot{q}_2 + b\dot{q}_2 + c q_2 - m_2 g \sin(\alpha) = 0. \qquad (1.33)$$

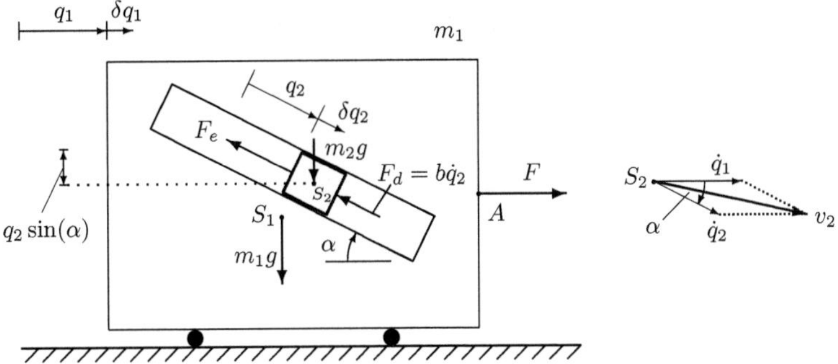

Abbildung 1.25: Geschwindigkeiten und eingeprägte Kräfte

Die Bewegunfsdifferentialgleichungen (1.32) und (1.33) können auch mit den *Lagrange'schen Gleichungen zweiter Art* bestimmt werden. Diese sind

$$\frac{d}{dt}\left(\frac{\partial E_k}{\partial \dot{q}_i}\right) - \frac{\partial E_k}{\partial q_i} + \frac{\partial E_p}{\partial q_i} - Q_i^{(nk)} = 0, \quad i = 1, 2.$$

Mit den Geschwindigkeiten $v_1 = \dot{q}_1$ und $v_2^2 = \dot{q}_1^2 + \dot{q}_2^2 + 2\dot{q}_1\dot{q}_2\cos(\alpha)$ (Abb. 1.25) ist die kinetische Energie E_k des Systems gleich mit

$$E_k = \frac{1}{2}m_1 v_1^2 + \frac{1}{2}m_2 v_2^2 = \frac{1}{2}(m_1 + m_2)\dot{q}_1^2 + m_2\dot{q}_1\dot{q}_2\cos(\alpha) + \frac{1}{2}m_2\dot{q}_2^2.$$

Die Abb. 1.25 zeigt auch die eingeprägten Kräfte, die auf das System wirken.

Für die konservativen Kräfte werden Potentiale definiert.

Das Potential der Gewichtskraft $m_1 g$, deren Angriffspunkt sich horizontal verschiebt, ist konstant und wird gleich null angenommen.

Das Potential der Gewichtskraft $m_2 g$ ist $-m_2 g q_2 \sin(\alpha)$.

Das Potential der Federkraft $c q_2$ ist $\frac{1}{2}c q_2^2$.

Somit ist das Potential E_p des Systems

$$E_p = -m_2 g q_2 \sin(\alpha) + \frac{1}{2}c q_2^2.$$

Die Ableitungen zur Bildung der Lagrange'schen Gleichungen sind

$$\frac{\partial E_k}{\partial q_1} = 0, \qquad \frac{\partial E_k}{\partial \dot{q}_1} = (m_1 + m_2)\dot{q}_1 + m_2 \cos(\alpha)\dot{q}_2,$$

$$\frac{d}{dt}\Big(\frac{\partial E_k}{\partial \dot{q}_1}\Big) = (m_1 + m_2)\ddot{q}_1 + m_2 \cos(\alpha)\ddot{q}_2,$$

$$\frac{\partial E_k}{\partial q_2} = 0, \qquad \frac{\partial E_k}{\partial \dot{q}_2} = m_2 \cos(\alpha)\dot{q}_1 + m_2\dot{q}_2,$$

$$\frac{d}{dt}\Big(\frac{\partial E_k}{\partial \dot{q}_2}\Big) = m_2 \cos(\alpha)\ddot{q}_1 + m_2\ddot{q}_2,$$

$$\frac{\partial E_p}{\partial q_1} = 0, \qquad \frac{\partial E_p}{\partial q_2} = -m_2 g \sin(\alpha) + cq_2.$$

Die eingeprägten nichtkonservativen Kräfte sind F in A und die Dämpfungskraft $b\dot{q}_2$. Die virtuelle Arbeit $\delta A^{(nk)}$ der nichtkonservativen Kräfte bei den virtuellen Verschiebungen δq_1 und δq_2 ist

$$\delta A^{(nk)} = F \cdot \delta q_1 - b\dot{q}_2 \cdot \delta q_2 = Q_1^{(nk)}\delta q_1 + Q_2^{(nk)}\delta q_2$$

$$\rightarrow \quad Q_1^{(nk)} = F, \qquad Q_2^{(nk)} == -b\dot{q}_2.$$

Wenn diese Werte in die Lagrange'schen Gleichungen eingesetzt werden, dann erhält man die gleichen Bewegungsdifferentialgleichungen

$$(m_1 + m_2)\ddot{q}_1 + m_2\ddot{q}_2 \cos(\alpha) - F = 0,$$

$$m_2\ddot{q}_1 \cos(\alpha) + m_2\ddot{q}_2 + b\dot{q}_2 + cq_2 - m_2 g \sin(\alpha) = 0.$$

1.3.2 Bestimmung der Bilanzgleichungen und des Arbeitssatzes

Um die Bilanzgleichungen zu bestimmen, wird die Bewegungsdifferentialgleichung (1.32) mit dq_1 und die Bewegungsdifferentialgleichung (1.33) mit dq_2 multipliziert. Man erhält

$$(m_1 + m_2)\ddot{q}_1 \cdot dq_1 + m_2 \cos(\alpha)\,\ddot{q}_2 \cdot dq_1 - F \cdot dq_1 = 0,$$

$$m_2 \cos(\alpha)\ddot{q}_1 \cdot dq_2 + m_2\ddot{q}_2 \cdot dq_2 + b\dot{q}_2 \cdot dq_2 + cq_2 \cdot dq_2 - m_2 g \sin(\alpha) \cdot dq_2 = 0.$$

Die folgenden Umformungen werden berücksichtigt:

$$\ddot{q}_i \cdot dq_i = \frac{d\dot{q}_i}{dt} \cdot dq_i = d\dot{q}_i \cdot \frac{dq_i}{dt} = d\dot{q}_i \cdot \dot{q}_i = d\Big(\frac{1}{2}\dot{q}_i^2\Big), \quad i = 1, 2,$$

$$\ddot{q}_2 \cdot dq_1 = \frac{d\dot{q}_2}{dt} \cdot dq_1 = d\dot{q}_2 \cdot \frac{dq_1}{dt} = d\dot{q}_2 \cdot \dot{q}_1 = d(\dot{q}_1\dot{q}_2) - d\dot{q}_1 \cdot \dot{q}_2$$

$$= d(\dot{q}_1\dot{q}_2) - d\dot{q}_1 \cdot \frac{dq_2}{dt} = d(\dot{q}_1\dot{q}_2) - \frac{d\dot{q}_1}{dt} \cdot dq_2 = d(\dot{q}_1\dot{q}_2) - \ddot{q}_1 \cdot dq_2,$$

$$b\dot{q}_2 \cdot dq_2 = b\dot{q}_2 \cdot \dot{q}_2 dt = b\dot{q}_2^2 dt, \qquad cq_2 \cdot dq_2 = cd\Big(\frac{1}{2}q_2^2\Big) = d\Big(\frac{1}{2}cq_2^2\Big),$$

$$-m_2 g \sin(\alpha) \cdot dq_2 = d[-m_2 g q_2 \sin(\alpha)].$$

Man erhält die Bilanzgleichungen für die Koordinaten q_1 und q_2

$$d\Big[\frac{1}{2}(m_1 + m_2)\dot{q}_1^2 + m_2 \cos(\alpha)\dot{q}_1\dot{q}_2\Big] - m_2 \cos(\alpha)\ddot{q}_1 \cdot dq_2 - F \cdot dq_1 = 0,$$

$$m_2 \cos(\alpha)\ddot{q}_1 \cdot dq_2 + d\Big(\frac{1}{2}m_2\dot{q}_2^2\Big) + b\dot{q}_2^2 dt + d\Big[\frac{1}{2}cq_2^2 - m_2 g \sin(\alpha)\cdot q_2\Big] = 0.. \quad (1.34)$$

Die Addition dieser Gleichungen ergibt die Bilanzgleichung für das System

$$d\Big[\frac{1}{2}(m_1 + m_2)\dot{q}_1^2 + m_2 \cos(\alpha)\dot{q}_1\dot{q}_2 + \frac{1}{2}m_2\dot{q}_2^2\Big]$$

$$+d\Big[\frac{1}{2}cq_2^2 - m_2 g \sin(\alpha) \cdot q_2\Big] + b\dot{q}_2^2 dt - F \cdot dq_1 = 0$$

$$\text{oder} \quad d(E_k + E_p) + b\dot{q}_2^2 dt - F \cdot dq_1 = 0.$$

Die Integration dieser Gleichung zwischen dem Anfangszeitpunkt $t = 0$ und dem Zwischenzeitpunkt t führt auf die Integralform der Bilanzgleichung für das System

$$\big[E_k(t) + E_p(t)\big] - \big[E_k(0) + E_p(0)\big] + \int_0^t b\dot{q}_2^2 \cdot dt - \int_0^t F \cdot dq_1 = 0.$$

In der Form

$$\big[E_k(t) + E_p(t)\big] - \big[E_k(0) + E_p(0)\big] = \int_0^t F \cdot dq_1 - \int_0^t b\dot{q}_2^2 \cdot dt \quad (1.35)$$

ist es der *Arbeitssatz für das System* der besagt, dass die Veränderung der mechanischen Energie $E_m = E_k + E_p$ gleich ist mit der Arbeit der nichtkonservativen eingeprägten Kräfte.

1.3.3 Erregung durch zeitabhängige Bindung

1.3.3.1 Relativbewegung und Kraftgesetz

Für die Annahme, dass $q_1 = s = \hat{s}\cos(\nu t)$ eine zeitabhängige Bindung ist, folgt aus der Bewegungsdifferentialgleichung (1.33)

$$m_2\ddot{q}_2 + b\dot{q}_2 + cq_2 = m_2g\sin(\alpha) + m_2\cos(\alpha) \cdot \hat{s}\nu^2\cos(\nu t). \qquad (1.36)$$

Mit den Bezeichnungen

$$p_0 = \sqrt{\frac{c}{m_2}} = 8,000\,\text{rad/s}, \quad q_{2s} = \frac{1}{c}m_2g\sin(\alpha) = 0,077\,\text{m}, \quad D_0 = \frac{bp_0}{2c} = 0,250$$

und der Koordinatentransformation $q_2 = q_{2s} + \xi$, $\dot{q}_2 = \dot{\xi}$ und $\ddot{q}_2 = \ddot{\xi}$ ist die Bewegungsdifferentialgleichung zur Berechnung von ξ

$$\ddot{\xi} + 2D_0p_0\dot{\xi} + p_0^2\xi = \cos(\alpha) \cdot \hat{s}\nu^2\cos(\nu t).$$

Die allgemeine Lösung dieser linearen nichthomogenen Differentialgleichung besteht aus der allgemeinen Lösung ξ_h der homogenen Differentialgleichung

$$\ddot{\xi}_h + 2D_0p_0\dot{\xi}_h + p_0^2\xi_h = 0$$

$$\rightarrow \quad \xi_h = e^{-D_0p_0t}[A_1\cos(p_0\sqrt{1-D_0^2} \cdot t) + A_2\sin(p_0\sqrt{1-D_0^2} \cdot t)]$$

und der partikulären Lösung $\xi_p = \hat{\xi}\cos(\nu t - \varphi)$ der nichthomogenen Differentialgleichung

$$\ddot{\xi}_p + 2D_0p_0\dot{\xi}_p + p_0^2\xi_p = \cos(\alpha) \cdot \hat{s}\nu^2\cos(\nu t).$$

Die Amplitude $\hat{\xi}$ und der Phasenwinkel φ sind

$$\hat{\xi} = \frac{m_2\cos(\alpha) \cdot \hat{s}\nu^2}{\sqrt{(c - m_2\nu^2)^2 + (b\nu)^2}} = 0,060\,\text{m}, \qquad \tan(\varphi) = \frac{b\nu}{c - m_2\nu^2},$$

$$\sin(\varphi) = \frac{\tan(\varphi)}{\sqrt{1 + \tan^2(\varphi)}} = \frac{b\nu}{\sqrt{(c - m_2\nu^2)^2 + (b\nu)^2}}, \quad \varphi = 61,82^0 \rightarrow 0,3434\,\pi.$$

Somit gilt $q_2 = q_{2s} + \xi_h + \xi_p$.

Die Relativbewegung q_2 besteht aus der gedämpften Schwingung $\xi_h \rightarrow 0$ und aus der erzwungenen harmonischen Schwingung ξ_p um die Lage $q_2 = q_{2s}$.

Im stationären Zustand verbleibt als *Relativbewegung* $q_2(t)$ nur die erzwungene harmonische Schwingung

$$q_2 = q_{2s} + \hat{\xi}\cos(\nu t - \varphi), \quad q_2 \in [q_{2s} - \hat{\xi}, q_{2s} + \hat{\xi}] = [0,017\,\text{m}; 0,137\,\text{m}],$$

$$\dot{q}_2 = -\nu\hat{\xi}\sin(\nu t - \varphi), \quad \ddot{q}_2 = -\nu^2\hat{\xi}\cos(\nu t - \varphi).$$

Aus der Differentialgleichung (1.32)

$$(m_1 + m_2)\ddot{q}_1 + m_2\cos(\alpha)\ddot{q}_2 - F = 0$$

wird das Kraftgesetz $F(t)$ berechnet, welches die Bewegungen $q_1 = s = \hat{s}\cos(\nu t)$ und $q_2 = q_{2s} + \hat{\xi}\cos(\nu t - \varphi)$ erzeugt. Durch einsetzen von $\ddot{q}_1 = \ddot{s} = -\nu^2\hat{s}\cos(\nu t)$ und $\ddot{q}_2 = -\nu^2\hat{\xi}\cos(\nu t - \varphi)$ in diese Gleichung folgt

$$F = -\nu^2[(m_1 + m_2)\hat{s}\cos(\nu t) + m_2\cos(\alpha)\cdot\hat{\xi}\cos(\nu t - \varphi)].$$

Dieses *Kraftgesetz* wird wie folgt geschrieben

$$F = \hat{F}\cos(\nu t + \psi).$$

Durch den Vergleich der Koeffizienten von $\cos(\nu t)$ und $\sin(\nu t)$ erhält man

$$\hat{F} = \nu^2\sqrt{[(m_1 + m_2)\hat{s} + m_2\cos(\alpha)\cdot\hat{\xi}\cos(\varphi)]^2 + [m_2\cos(\alpha)\cdot\hat{\xi}\sin(\varphi)]^2}$$

mit $\hat{F} == 113,490\,\text{N}$ und

$$\tan(\psi) = \frac{-m_2\cos(\alpha)\cdot\hat{\xi}\sin(\varphi)}{(m_1 + m_2)\hat{s} + m_2\cos(\alpha)\cdot\hat{\xi}\cos(\varphi)}, \quad \psi = 168,59^0 \to 0,9366\,\pi.$$

Das ist die Kraft F, welche auf den Körper mit der Masse m_1 wirkt und die Bewegungen $q_1 = s(t)$ und $q_2(t)$ erzeugt.

Die Abbildung 1.26 zeigt qualitativ die Funktionen $F = \hat{F}\cos(\nu t + \psi)$ $q_1 = \hat{s}\cos(\nu t)$ und $q_2 = q_{2s} + \hat{\xi}\cos(\nu t - \varphi)$ in Abhängigkeit von νt.

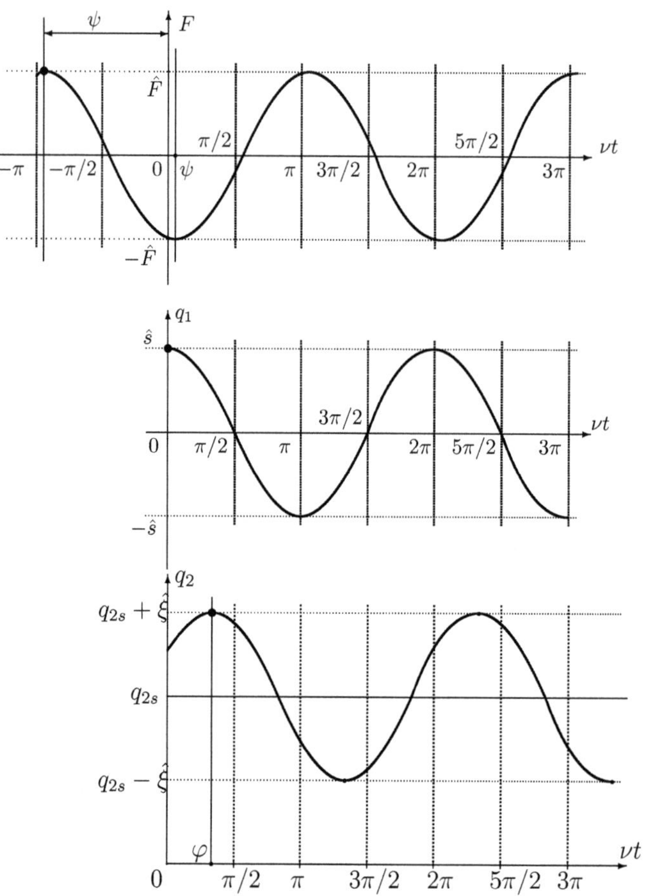

Abbildung 1.26: Kraftgesetz und Bewegungsgesetze

In diesen Abbildungen sind die Phasenunterschiede zwischen der Kraft $F(t)$, der Führungsbewegung $q_1(t) = s(t)$ und der Relativbewegung $q_2(t)$ eingezeichnet.

Nach dem Maximum $\hat{F}$ der Kraft folgt mit einer Verzögerung von ψ/ν Sekunden das Maximum $\hat{s}$ der Führungsbewegung $q_1(t)$ und nach noch einer Verzögerung von φ/ν Sekunden das Maximum $q_{2s} + \hat{\xi}$ der Relativbewegung $q_2(t)$.

Mit den angenommenen nummerischen Werten sind diese Phasenunterschiede ausgedrückt in Grade und in Bogenmaß $\psi = 168,59^0 \rightarrow 0,9366\,\pi$ und $\varphi = 61,82^0 \rightarrow 0,3434\,\pi$.

1.3.3.2 Bilanzgleichungen

Für den Sonderfall der Erregung durch eine zeitabhängige Bindung ist die Bilanzgleichung (1.34) für die Koordinate $q_2(t)$

$$d\left(\frac{1}{2}m_2\dot{q}_2^2\right) + d\left[\frac{1}{2}cq_2^2 - m_2 g q_2 \sin(\alpha)\right] + m_2\ddot{q}_1 \cos(\alpha) \cdot dq_2 + b\dot{q}_2^2 \cdot dt = 0.$$

Hier sind

$$E_{kr}(t) = \frac{1}{2}m_2\dot{q}_2^2, \qquad E_p(t) = \frac{1}{2}cq_2^2 - m_2 g q_2 \sin(\alpha)$$

die kinetische Energie $E_{kr}(t)$ und das Potential $E_p(t)$ der Masse m_2 durch die Relativbewegung $q_2(t)$.

Das Glied $m_2\ddot{q}_1 \cos(\alpha) \cdot dq_2$ berechnet sich aus der Arbeit der Trägheitskraft $m_2\ddot{q}_1$ des Körpers mit der Masse m_2 durch die Führungsbeschleunigung $\ddot{q}_1(t)$ bei der Verschiebung dieser Masse durch die Relativbewegung dq_2, welche den Winkel $180^0 - \alpha$ mit der q_1-Richtung bildet (Abb. 1.24). Diese Arbeit ist gleich mit $m_2\ddot{q}_1 \cdot dq_2 \cdot \cos(180^0 - \alpha) = -m_2\ddot{q}_1 \cdot dq_2 \cdot \cos(\alpha)$.

Die Integration dieser Gleichung zwischen dem Anfangszeitpunkt $t = 0$ und dem Zwischenzeitpunkt t führt mit $dq_2 = \dot{q}_2 dt$ auf

$$\int_0^t d\left(\frac{1}{2}m_2\dot{q}_2^2\right) + \int_0^t d\left[\frac{1}{2}cq_2^2 - m_2 g q_2 \sin(\alpha)\right] + \int_0^t m_2\ddot{q}_1 \cos(\alpha)\dot{q}_2 dt + \int_0^t b\dot{q}_2^2 \cdot dt = 0$$

$$\rightarrow \quad E_{kr}(t) + E_p(t) - [E_{kr}(0) + E_p(0)] + \int_0^t m_2\ddot{q}_1 \cos(\alpha) \cdot \dot{q}_2 \cdot dt + \int_0^t b\dot{q}_2^2 \cdot dt = 0.$$

Mit $\ddot{q}_1 = -\nu^2 \hat{s}\cos(\nu t)$ und $\dot{q}_2 = -\nu\hat{\xi}\sin(\nu t - \varphi)$ sowie den Anfangsbedingungen $q_1(0) = \hat{s}$, $\dot{q}_1(0) = 0$, $q_2(0) = q_{2s} + \hat{\xi}\cos(\varphi)$, $\dot{q}_2(0) = \nu\hat{\xi}\sin(\varphi)$ ist die *Arbeit* $A_f(t)$ *der Trägheitskraft* $m_2\ddot{q}_1$ gleich mit

$$A_f(t) = -\int_0^t m_2\ddot{q}_1 \cos(\alpha)\cdot\dot{q}_2\cdot dt = -m_2\cos(\alpha)\int_0^t \nu^2\hat{s}\cos(\nu t)\cdot\hat{\xi}\sin(\nu t - \varphi)\cdot d(\nu t)$$

$$= \frac{1}{2}m_2\cos(\alpha)\nu^2\hat{s}\hat{\xi}\big[\nu t \cdot \sin(\varphi) - \sin(\nu t)\cdot\sin(\nu t - \varphi)\big]. \qquad (1.37)$$

Für die *Arbeit* $A_d(t)$ *der Dämpfungskraft* $b\dot{q}_2$ erhält man

$$A_d(t) = -\int_0^t b\dot{q}_2^2 dt = -b\nu^2\hat{\xi}^2\int_0^t \sin^2(\nu t - \varphi)\cdot dt$$

$$= -\frac{1}{2}b\nu\hat{\xi}^2\Big\{\nu t - \frac{1}{2}\big[\sin[2(\nu t - \varphi)] + \sin(2\varphi)\big]\Big\}. \qquad (1.38)$$

Die Arbeitsintegrale (1.37) und (1.38) bestehen aus einem Glied, welches sich linear mit der Zeit verändert, und oszillatorischen Komponenten.
Die Koeffizienten der mit νt linearen Glieder sind gleich,

$$k = \frac{1}{2}m_2\cos(\alpha)\nu^2\hat{s}\hat{\xi}\sin(\varphi) = \frac{1}{2}b\nu\hat{\xi}^2.$$

Für die angenommenen nummerischen Werten ist $k = 0,505$ Nm.
Die Bilanzgleichung (1.34) ist

$$E_{kr}(t) + E_p(t) - [E_{kr}(0) + E_p(0)] - A_f(t) - A_d(t) = 0. \qquad (1.39)$$

Diese Gleichung ist die Integralform der *Bilanzgleichung für die Relativkoordinate* q_2.
Die Abb. 1.27 zeigt im Bereich $\nu t \in [0, 2\pi]$ die Funktionen $A_f(t)$ und $-A_d(t)$.
Die Abb. 1.28 zeigt im Bereich $\nu t \in [0, 2\pi]$ die mechanische Energie $E_{mr}(t) = E_{kr}(t) + E_p(t)$ der Relativbewegung, die sich sich mit der Periode $2\pi/\nu$ verändert.
Aus der Bilanzgleichung (1.39) folgt $E_{mr}(t) - E_{mr}(0) = A_f(t) + A_d(t)$ und zeigt, dass die Veränderungen der mechanischen Energie der Relativbewegung durch die Arbeiten der Trägheitskraft der Führungsbewegung $m_2\ddot{q}_1$ und der Dämpfungskraft $b\dot{q}_2$ ausgeglichen werden.

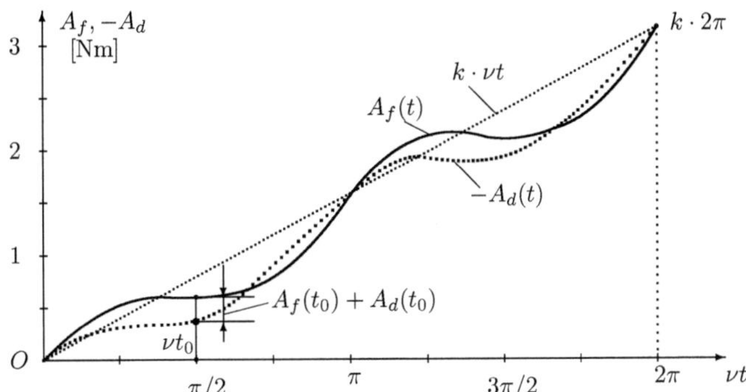

Abbildung 1.27: Die Arbeitsintegrale $A_f(t)$ und $A_d(t)$

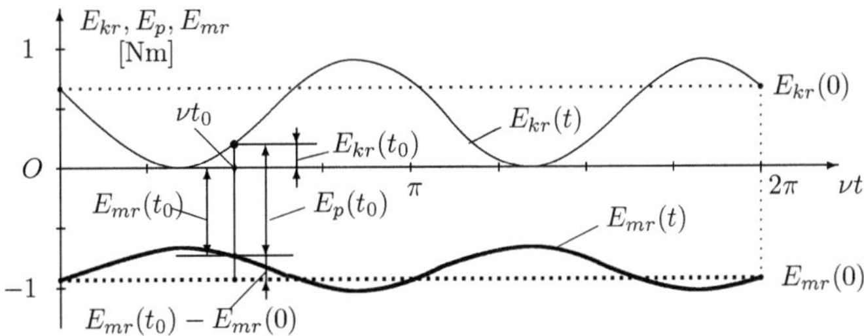

Abbildung 1.28: Veränderung der mechanischen Energie der Relativbewegung

Für den Arbeitssatz (1.35) wird die *Arbeit A_e der eingeprägten Kraft $F =
\hat{F}\cos(\nu t + \psi)$* berechnet. Mit $\dot{q}_1 = -\nu\hat{s}\sin(\nu t)$ erhält man

$$A_e(t) = \int_0^t F \cdot \dot{q}_1 \cdot dt = -\int_0^t \hat{F}\cos(\nu t + \psi) \cdot \hat{s}\sin(\nu t) \cdot d(\nu t)$$

$$= \frac{1}{2}\hat{F}\hat{s}\big[\nu t \cdot \sin(\psi) - \sin(\nu t) \cdot \sin(\nu t + \psi)\big]. \qquad (1.40)$$

Auch das Arbeitsintegral $A_e(t)$ besteht aus einem linear mit der Zeit ansteigendem Glied und einer oszillatorischen Komponente.

Für den Koeffizienten des in νt linearen Gliedes gilt $\frac{1}{2}\hat{F}\hat{s}\sin(\psi) = k = 0,505$ Nm.

Der Arbeitssatz ist

$$\left[E_k(t) + E_p(t)\right] - \left[E_k(0) + E_p(0)\right] = A_e(t) + A_d(t) \qquad (1.41)$$

Diese Gleichung ist die Integralform des *Arbeitssatzes*

Die Abb. 1.29 zeigt im Bereich $\nu t \in [0, 2\pi]$ die Funktionen $A_e(t)$ und $-A_d(t)$.

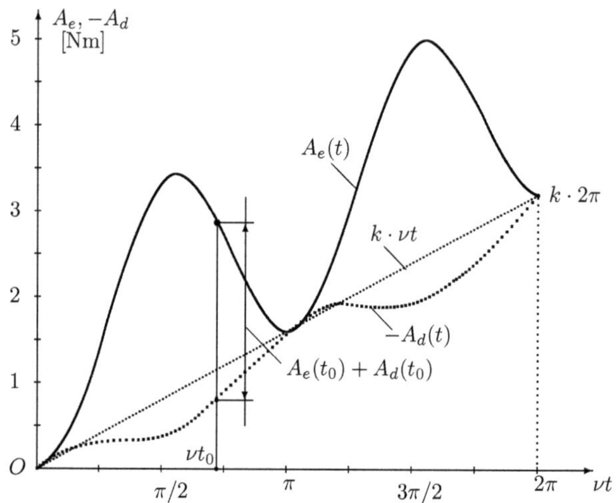

Abbildung 1.29: Die Arbeitsintegrale $A_e(t)$ und $A_d(t)$

Die Abb. 1.30 zeigt im Bereich $\nu t \in [0, 2\pi]$ die mechanische Energie $E_m(t) = E_k(t) + E_p(t)$, die sich mit der Periode $2\pi/\nu$ verändert.

Aus dem Arbeitssatz (1.41) folgt $E_m(t) - E_m(0) = A_e(t) + A_d(t)$ und zeigt, dass die Veränderungen der mechanischen Energie des Systems durch die Arbeiten der Kraft F und der Dämpfungskraft $b\dot{q}_2$ ausgeglichen werden.

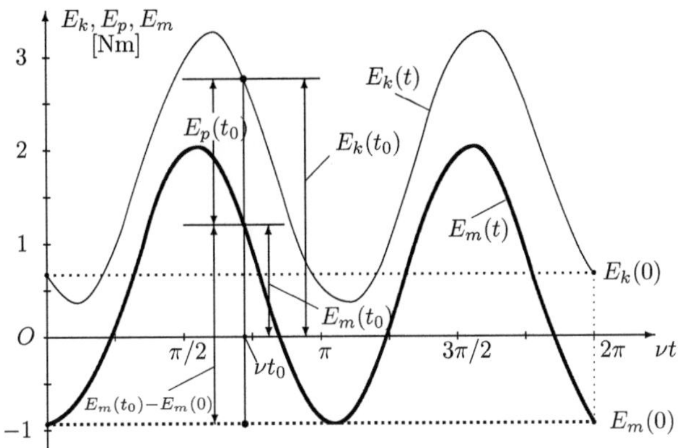

Abbildung 1.30: Veränderung der mechanischen Energie des Systems

1.3.3.3 Kontrolle der Ergebnisse

Die Ergebnisse werden mit $\nu = \nu_0 = 7$ rad/s zu den Zeitpunkten $\nu t_1 = 5\pi/9 \to 100^0$ und $\nu t_2 = \nu t_1 + \pi = 14\pi/9 \to 280^0$ überprüft.

Zum Zeitpunkt $\nu t = 0$ gelten

$$q_1(0) = \hat{s}\cos(0) = 0,045\,\text{m}, \quad \dot{q}_1(0) = -\nu\hat{s}\sin(0) = 0,$$

$$q_2(0) = q_{2s} + \hat{\xi}\cos(-\varphi) = 0,1053\,\text{m}, \quad \dot{q}_2(0) = -\nu\hat{\xi}\sin(-\varphi) = 0,3702\,\text{m/s}.$$

Zum Zeitpunkt $\nu t_1 = 5\pi/9 \to 100^0$ gelten

$$q_1(t_1) = \hat{s}\cos(\nu t_1) = -0,0078\,\text{m}, \quad \dot{q}_1(t_1) = -\nu\hat{s}\sin(\nu t_1) = -0,3102\,\text{m/s},$$

$$\ddot{q}_1(t_1) = -\nu^2\hat{s}\cos(\nu t_1) = 0,3829\,\text{m/s}^2,$$

$$q_2(t_1) = q_{2s} + \hat{\xi}\cos(\nu t_1 - \varphi) = 0,1242\,\text{m},$$

$$\dot{q}_2(t_1) = -\nu\hat{\xi}\sin(\nu t_1 - \varphi) = -0,2596\,\text{m/s},$$

$$\ddot{q}_2(t_1) = -\nu^2\hat{\xi}\cos(\nu t_1 - \varphi) = -2,3111\,\text{m/s}^2,$$

$$F(t_1) = \hat{F}\cos(\nu t_1 + \psi) = -2,793\,\text{N}.$$

Durch einsetzen in die Bewegungdiffereantialgleichungen (1.32) und (1.33) erhält man die folgenden *Residuen* $\mathcal{R}_i(t_1)$, $i = 1, 2$:

$$\mathcal{R}_1(t) = (m_1 + m_2)\ddot{q}_1 + m_2\ddot{q}_2\cos(\alpha)$$

$$\rightarrow \quad \mathcal{R}_1(t_1) = (17,230 - 20,015 + 2,793)\,\text{N} = 0,008\,\text{N},$$

$$\mathcal{R}_2(t) = m_2\ddot{q}_1\cos(\alpha) + m_2\ddot{q}_2 + b\dot{q}_2 + cq_2 - m_2 g\sin(\alpha)$$

$$\rightarrow \quad \mathcal{R}_2(t_1) = (3,316 - 23,111 - 10,384 + 79,488 - 49,050)\,\text{N} = 0,259\,\text{N},$$

Weiter gelten

$$E_{mr}(t_1) = \frac{1}{2}m_2\dot{q}_2^2(t_1) + \frac{1}{2}cq_2^2(t_1) - m_2 g q_2(t_1)\sin(\alpha) = -0,820\,\text{Nm},$$

$$E_m(t_1) = \frac{1}{2}(m_1 + m_2)\dot{q}_1^2(t_1) + m_2\cos(\alpha)\dot{q}_1(t_1)\dot{q}_2(t_1) + \frac{1}{2}m_2\dot{q}_2^2(t_1)$$

$$+ \frac{1}{2}cq_2^2(t_1) - m_2 g q_2(t_1)\sin(\alpha) = 2,044\,\text{Nm}$$

sowie

$$E_{mr}(0) = -0,931\,\text{Nm}, \qquad E_m(0) = -0,931\,\text{Nm}.$$

Die Werte der Ausdrücke (1.37), (1.38) und (1.40) zum Zeitpunkt $\nu t_1 = 5\pi/9$ sind

$$A_f(t_1) = \frac{1}{2}m_2\cos(\alpha)\nu^2\hat{s}\hat{\xi}\Big[\nu t_1 \cdot \sin(\varphi) - \sin(\nu t_1)\cdot\sin(\nu t_1 - \varphi)\Big] = 0,533\,\text{Nm},$$

$$A_d(t_1) = -\frac{1}{2}b\nu\hat{\xi}^2\Big\{\nu t_1 - \frac{1}{2}\sin[2(\nu t_1 - \varphi)] - \frac{1}{2}\sin(2\varphi)\Big\} = -0,425\,\text{Nm},$$

$$A_e(t_1) = \frac{1}{2}\hat{F}\hat{s}\Big[\nu t_1 \cdot \sin(\psi) - \sin(\nu t_1)\cdot\sin(\nu t_1 + \psi)\Big] = 3,396\,\text{Nm}.$$

Wenn diese Werte in die Bilanzgleichungen (1.39) und (1.41) eingesetzt werden, erhält man die folgenden *Abweichungen*

$$\mathcal{B}_r(t) = E_{mr}(t) - E_{mr}(0) - A_f(t) - A_d(t)$$

$$\rightarrow \quad \mathcal{B}_r(t_1) = (-0,820 + 0,931 - 0,533 + 0,426)\,\text{Nm} = 0,004\,\text{Nm}$$

und

$$\mathcal{B}(t) = E_m(t) - E_m(0) - A_e(t) - A_d(t)$$

$$\rightarrow \quad \mathcal{B}(t_1) = (2,044 + 0,931 - 3,396 + 0,425)\,\mathrm{Nm} = 0,004\,\mathrm{Nm}.$$

Zum Zeitpunkt $\nu t_2 = 14\pi/9 \rightarrow 280^0$ gelten

$$q_1(t_2) = \hat{s}\cos(\nu t_2) = 0,0078\,\mathrm{m}, \quad \dot{q}_1(t_2) = -\nu\hat{s}\sin(\nu t_2) = 0,3102\,\mathrm{m/s},$$

$$\ddot{q}_1(t_2) = -\nu^2\hat{s}\cos(\nu t_2) = -0,3829\,\mathrm{m/s}^2,$$

$$q_2(t_2) = q_{2s} + \hat{\xi}\cos(\nu t_2 - \varphi) = 0,0298\,\mathrm{m} \neq q_2(t_1),$$

$$\dot{q}_2(t_2) = -\nu\hat{\xi}\sin(\nu t_2 - \varphi) = 0,2596\,\mathrm{m/s},$$

$$\ddot{q}_2(t_2) = -\nu^2\hat{\xi}\cos(\nu t_2 - \varphi) = 2,3111\,\mathrm{m/s}^2,$$

$$F(t_2) = \hat{F}\cos(\nu t_2 + \psi) = 2,793\,\mathrm{N}.$$

Durch einsetzen in die Bewegungdiffereantialgleichungen (1.32) und (1.33) erhält man die folgenden *Residuen*:

$$\mathcal{R}_1(t) = (m_1 + m_2)\ddot{q}_1 + m_2\ddot{q}_2\cos(\alpha) - F$$

$$\rightarrow \quad \mathcal{R}_1(t_2) = (-17,230 + 20,015 - 2,793)\,\mathrm{N} = -0,008\,\mathrm{N},$$

$$\mathcal{R}_2(t) = m_2\ddot{q}_1\cos(\alpha) + m_2\ddot{q}_2 + b\dot{q}_2 + cq_2 - m_2g\sin(\alpha)$$

$$\rightarrow \quad \mathcal{R}_2(t_2) = (-3,316 + 23,111 + 10,384 + 19,702 - 49,050)\,\mathrm{N} = 0,201\,\mathrm{N},$$

Weiter gelten

$$E_{mr}(t_2) = \frac{1}{2}m_2\dot{q}_2^2(t_2) + \frac{1}{2}cq_2^2(t_2) - m_2gq_2(t_2)\sin(\alpha) = -0,842\,\mathrm{Nm},$$

$$E_m(t_2) = \frac{1}{2}(m_1 + m_2)\dot{q}_1^2(t_2) + m_2\cos(\alpha)\dot{q}_1(t_2)\dot{q}_2(t_2) + \frac{1}{2}m_2\dot{q}_2^2(t_2)$$

$$+ \frac{1}{2}cq_2^2(t_2) - m_2gq_2(t_2)\sin(\alpha) = 2,022\,\mathrm{Nm}$$

sowie

$$E_{mr}(0) = -0,931\,\mathrm{Nm}, \qquad E_m(0) = -0,931\,\mathrm{Nm}.$$

Die Werte der Ausdrücke (1.37), (1.38) und (1.40) zum Zeitpunkt $\nu t_2 = 14\pi/9$ sind

$$A_f(t_2) = \frac{1}{2}m_2\cos(\alpha)\nu^2\hat{s}\hat{\xi}\left[\nu t_2 \cdot \sin(\varphi) - \sin(\nu t_2)\cdot\sin(\nu t_2 - \varphi)\right] = 2,119\,\mathrm{Nm},$$

$$A_d(t_2) = -\frac{1}{2}b\nu\hat{\xi}^2\left\{\nu t_2 - \frac{1}{2}\sin[2(\nu t_2 - \varphi)] - \frac{1}{2}\sin(2\varphi)\right\} = -2,012\,\mathrm{Nm},$$

$$A_e(t_2) = \frac{1}{2}\hat{F}\hat{s}\left[\nu t_2 \cdot \sin(\psi) - \sin(\nu t_2)\cdot\sin(\nu t_2 + \psi)\right] = 4,983\,\mathrm{Nm}.$$

Wenn diese Werte in die Bilanzgleichungen (1.39) und (1.41) eingesetzt werden, erhält man die folgenden *Abweichungen*:

$$\mathcal{B}_r(t) = E_{mr}(t) - E_{mr}(0) - A_f(t) - A_d(t)$$

$$\rightarrow \quad \mathcal{B}_r(t_2) = (-0,842 + 0,931 - 2,119 + 2,012)\,\mathrm{Nm} = -0,018\,\mathrm{Nm}$$

$$\mathcal{B}(t) = E_m(t) - E_m(0) - A_e(t) - A_d(t)$$

$$\rightarrow \quad \mathcal{B}(t_2) = (2,022 + 0,931 - 4,983 + 2,012)\,\mathrm{Nm} = -0,018\,\mathrm{Nm}.$$

Die Rundungsfehler bei der Berechnung der nummerischen Werte führen auf Residuen in den Bewegungsdifferentialgleichungen und auf Abweichungen in der Bilanzgleichung und im Arbeitssatz.
Die Residuen und die Abweichungen sind klein und bestätigen somit die berechneten Ergebnisse.

1.3.4 Erregung durch harmonische Kraft

1.3.4.1 Bewegungsgesetze

Für die Annahme $F = F_0\cos(\nu t)$ werden die erzwungenen Schwingungen $q_1(t)$ und $q_2(t)$ des Systems ermittelt.
Aus der Gleichung (1.32) wird die Beschleunigung $\ddot{q}_1$ ausgedrückt und in die Gleichung (1.33) eingesetzt. Mit der Bezeichnung

$$m_{2e} = m_2 \cdot \frac{m_1 + m_2\sin^2(\alpha)}{m_1 + m_2}$$

erhält man

$$m_{2e} \cdot \ddot{q}_2 + b\dot{q}_2 + cq_2 = m_2 g \sin(\alpha) - \frac{m_2 \cos(\alpha)}{m_1 + m_2} \cdot F.$$

Aus dieser Differentialgleichung folgt für diesen Fall mit $F = F_0 \cos(\nu t)$

$$m_{2e}\ddot{q}_2 + b\dot{q}_2 + cq_2 = m_2 g \sin(\alpha) - \frac{m_2 \cos(\alpha)}{m_1 + m_2} F_0 \cos(\nu t). \qquad (1.42)$$

Mit den Bezeichnungen

$$p_0 = \sqrt{\frac{c}{m_2}} = 8,000\,\text{rad/s}, \quad m_{2e} = \frac{m_1 + m_2 \sin^2(\alpha)}{m_1 + m_2} \cdot m_2 = 8,333\text{kg},$$

$$p_1 = \sqrt{\frac{c}{m_{2e}}} = 8,764\,\text{rad/s}, \; q_{2s} = \frac{1}{c} m_2 g \sin(\alpha) = 0,077\,\text{m}, \; D_1 = \frac{bp_1}{2c} = 0,274$$

und der Koordinatentransformation $q_2 = q_{2s} + \zeta$, $\dot{q}_2 = \dot{\zeta}$ und $\ddot{q}_2 = \ddot{\zeta}$ ist die Bewegungsdifferentialgleichung zur Berechnung von ζ

$$\ddot{\zeta} + 2D_1 p_1 \dot{\zeta} + p_1^2 \zeta = -\frac{m_2 \cos(\alpha)}{m_1 + m_2} \frac{F_0}{m_{2e}} \cos(\nu t).$$

Die allgemeine Lösung dieser linearen nichthomogenen Differentialgleichung besteht aus der allgemeinen Lösung ζ_h der homogenen Differentialgleichung

$$\ddot{\zeta}_h + 2D_1 p_1 \dot{\zeta}_h + p_1^2 \zeta_h = 0$$

$$\rightarrow \quad \zeta_h = e^{-D_1 p_1 t}[B_1 \cos(p_1 \sqrt{1 - D_1^2} \cdot t) + B_2 \sin(p_1 \sqrt{1 - D_1^2} \cdot t)],$$

und der partikulären Lösung $\zeta_p = \hat{\zeta} \cos(\nu t - \theta)$ der nichthomogenen Differentialgleichung

$$\ddot{\zeta}_p + 2D_1 p_1 \dot{\zeta}_p + p_1^2 \zeta_p = -\frac{m_2 \cos(\alpha)}{m_1 + m_2} \frac{F_0}{m_{2e}} \cos(\nu t).$$

Die Amplitude $\hat{\zeta}$ und der Phasenwinkel θ werden aus der Gleichung (1.42) berechnet und sind

$$\hat{\zeta} = -\frac{m_2 \cos(\alpha)}{m_1 + m_2} \frac{F_0}{\sqrt{(c - m_{2e}\nu^2)^2 + (b\nu)^2}}, \qquad (1.43)$$

$$\tan(\theta) = \frac{b\nu}{c - m_{2e}\nu^2} = 1,208, \qquad \theta = 50,38^0.$$

Die Relativbewegung $q_2 = q_{2s} + \zeta_h + \zeta_p$ besteht aus der gedämpften Schwingung $\zeta_h \to 0$ und aus der erzwungenen harmonischen Schwingung ζ_p um die Lage $q_2 = q_{2s}$.

Im stationären Zustand verbleibt nur die erzwungene harmonische Schwingung . Somit gilt für die *Relativbewegung*

$$q_2 = q_{2s} + \hat{\zeta}\cos(\nu t - \theta), \quad q_2 \in [q_{2s} - \hat{\zeta}, q_{2s} + \hat{\zeta}],$$

$$\dot{q}_2 = -\nu\hat{\zeta}\sin(\nu t - \theta), \quad \ddot{q}_2 = -\nu^2\hat{\zeta}\cos(\nu t - \theta).$$

Für den stationären Zustand folgt das Bewegungsgesetz $q_1 = q_1(t)$ des Körpers mit der Masse m_1, welches auch das Gesetz der Führungsbewegung des Körpers mit der Masse m_2 ist, aus der Differentialgleichung (1.32)

$$\ddot{q}_1 = \frac{F(t)}{m_1 + m_2} - \frac{m_2\cos(\alpha)}{m_1 + m_2}\ddot{q}_2$$

$$\to \qquad \ddot{q}_1 = \frac{F_0}{m_1 + m_2} \cdot \cos(\nu t) + \frac{m_2\cos(\alpha)}{m_1 + m_2}\nu^2\hat{\zeta}\cos(\nu t - \theta).$$

Diese Beschleunigung wird in der Form

$$\ddot{q}_1 = -\nu^2\hat{q}_1\cos(\nu t + \gamma)$$

angenommen.

Durch den Vergleich der Koeffizienten von $\cos(\nu t)$ und $\sin(\nu t)$ erhält man

$$\hat{q}_1 = \frac{1}{\nu^2}\sqrt{\left[\frac{F_0}{m_1 + m_2} + \frac{m_2\cos(\alpha)}{m_1 + m_2}\nu^2\hat{\zeta}\cos(\theta)\right]^2 + \left[\frac{m_2\cos(\alpha)}{m_1 + m_2}\nu^2\hat{\zeta}\sin(\theta)\right]^2}$$

$$(1.44)$$

und

$$\tan(\gamma) = -\frac{\frac{m_2\cos(\alpha)}{m_1+m_2}\nu^2\hat{\zeta}\sin(\theta)}{\frac{F_0}{m_1+m_2} + \frac{m_2\cos(\alpha)}{m_1+m_2}\nu^2\hat{\zeta}\cos(\theta)}. \qquad (1.45)$$

Durch Integration folgt

$$\dot{q}_1 = -\nu\hat{q}_1\sin(\nu t + \gamma)$$

und nach nochmaliger Integration erhält man das Bewegungsgesetz der
Führungsbewegung

$$q_1 = \hat{q}_1 \cos(\nu t + \gamma).$$

Die Abbildung 1.31 zeigt qualitativ die Funktionen $F = F_0 \cos(\nu t) = -\hat{F}\cos(\nu t) = \hat{F}\cos(\nu t + \pi)$, $q_1 = \hat{q}_1 \cos(\nu t + \gamma) = \hat{s}\cos(\nu t + \gamma)$ und $q_2 = q_{2s} + \hat{\zeta}\cos(\nu t - \theta) = q_{2s} + \hat{\xi}\cos(\nu t - \theta)$ in Abhängigkeit von νt.

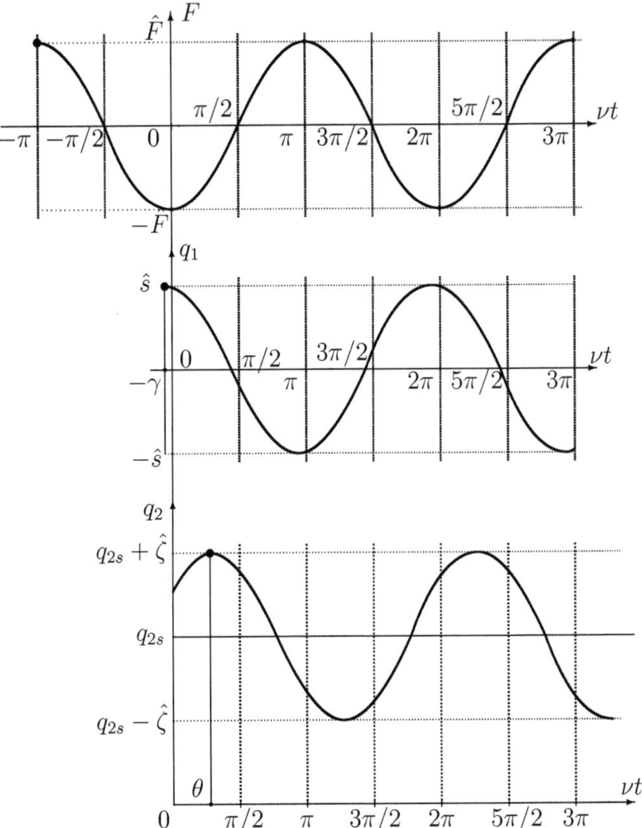

Abbildung 1.31: Kraftgesetz und Bewegungsgesetze

Die Phasenunterschiede zwischen der Kraft $F(t)$, der Führungsbewegung $q_1(t)$ und der Relativbewegung $q_2(t)$ sind eingezeichnet.

Nach dem Maximum $\hat{F}$ der Kraft zum Zeitpunkt $t = -\pi/\nu$ folgt zum Zeipunkt $t = -\gamma/\nu$ das Maximum $\hat{s}$ der Führungsbewegung $q_1(t)$ und zum Zeitpunkt $t = \theta/\nu$ das Maximum $q_{2s} + \hat{\xi}$ der Relativbewegung $q_2(t)$.

Mit den angenommenen nummerischen Werten sind diese Phasenunterschiede in Grade und in Bogenmaß zwischen q_1 und F gleich mit $\pi - \gamma = 168,58^0 \rightarrow 0,9366\,\pi$ und zwischen q_2 und q_1 gleich mit $\gamma + \theta = 61,80^0 \rightarrow 0,3433\,\pi$.

Durch Rundungsfehler unterscheiden sich die Werte der Phasenunterschiede bei Krafterregung gering von den entsprechenden Werte der Phasenunterschiede $\psi = 168,59^0$ bzw. $\varphi = 61,82^0$ bei kinematischer Erregung.

1.3.5   Vergleich der Eigenkreisfrequenzen

Bei der kinematischen Erregung des Systems durch eine zeitabhängige Bindung hat die Eigenkreisfrequenz der Relativbewegung der Masse m_2 den Wert $p_0 = \sqrt{c/m_2}$ und hängt nicht von der Masse m_1 ab.

Bei der Erregung des Systems durch eine Kraft, welche auf den Körper mit der Masse m_1 wirkt, ist die Eigenkreisfrequenz der Relativbewegung der Masse m_2 gleich mit

$$p_1 = \sqrt{\frac{c}{m_2}}\sqrt{\frac{m_1 + m_2}{m_1 + m_2\sin^2(\alpha)}},$$

die auch von der Masse m_1 und dem Winkel α abhängt.

Die Abb.1.32 zeigt das Verhältnis $p_1/p_0 = \sqrt{\frac{m_1+m_2}{m_1+m_2\sin^2(\alpha)}}$ mit $\alpha = 30^0$ für verschiedene Werte von m_1/m_2 und veranschaulicht den Unterschied der *Eigenkreisfrequenzen der Relativbewegungen* der Masse m_2, wenn unterschiedliche Modelle für die Erregung der Masse m_1 verwendet werden.

Nur wenn die Masse m_1 des Körpers, welcher die Führungsbewegung q_1 beschreibt, viel größer ist als die Masse m_2 des Körpers in der Relativbewegung q_2, d. h $m_1 \gg m_2$, dann gilt $p_1 \approx p_0$.

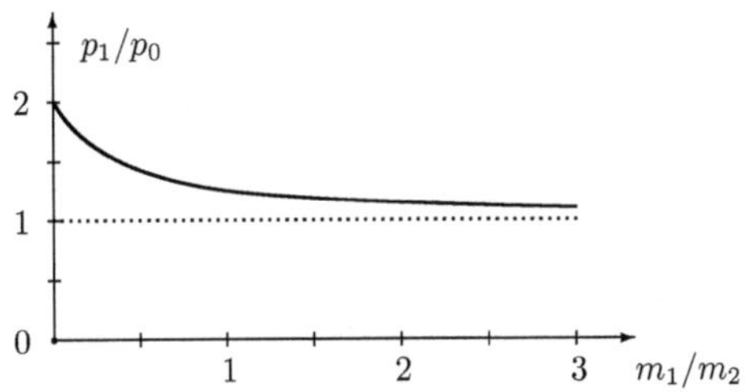

Abbildung 1.32: Vergleich der Eigenkreisfrequenzen

1.3.6 Vergleich der Resonanzkurven

Um die Resonanzkurven für die Fälle der Erregung durch eine harmonische zeitabhängige Bindung und durch eine harmonische Kraft zu vergleichen, wird der Wert von F_0 aus der Bedingung $\hat{\zeta}(\nu_0) = \hat{\xi}(\nu_0)$ berechnet.

Diese Bedingung ist

$$-\frac{m_2\cos(\alpha)}{m_1 + m_2}\frac{F_0}{\sqrt{(c - m_{2e}\nu_0^2)^2 + (b\nu_0)^2}} = \frac{m_2\cos(\alpha)\cdot\hat{s}\nu_0^2}{\sqrt{(c - m_2\nu_0^2)^2 + (b\nu_0)^2}}$$

und ergibt

$$F_0 = -(m_1 + m_2)\nu_0^2\hat{s}\sqrt{\frac{(c - m_{2e}\nu_0^2)^2 + (b\nu_0)^2}{(c - m_2\nu_0^2)^2 + (b\nu_0)^2}} = -113,524\,\text{N}. \approx -\hat{F}$$

sowie $\tan(\gamma) = 0,202$ und $\gamma = 11,42^0$.

Die Abb. 1.33 zeigt die *Resonanzkurven* $\hat{\xi} = \hat{\xi}(\nu)$ und $\hat{\zeta} = \hat{\zeta}(\nu)$.

Man erkennt, dass die Bedingung $\hat{\zeta}(\nu_0) = \hat{\xi}(\nu_0) = 6$ cm erfüllt ist.

Wegen der unterschiedlichen Eigenkreisfrequenzen, $p_0 = 8,000$ rad/s für die Annahme einer zeitabhängigen Bindung bzw. $p_1 = 8,764$ rad/s für die Annahme einer Krafterregung, ergeben sich auch unterschiedlichen Werte der Amplituden der erzwungenen Relativbewegungen.

Das Maximum der Kurve $\hat{\xi} = \hat{\xi}(\nu)$ für kinematische Erregung befindet sich im Bereich $\nu > p_0$ und das Maximum der Kurve $\hat{\zeta} = \hat{\zeta}(\nu)$ für Krafterregung im Bereich $\nu < p_1$.

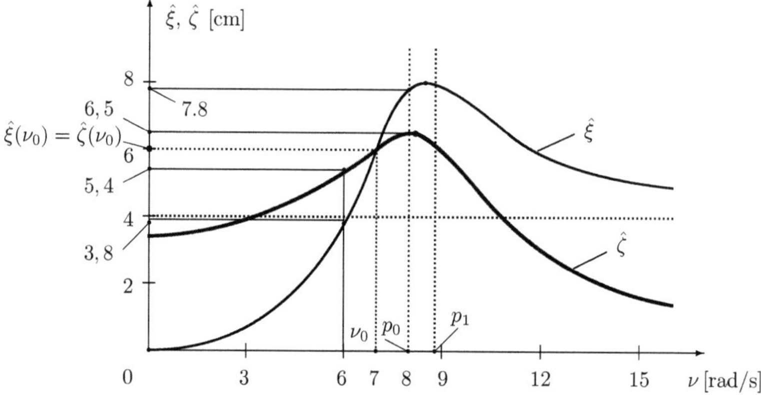

Abbildung 1.33: Vergleich der Resonanzkurven

Für den Sonderfall mit $F_0 = -\hat{F}$ erhält man aus den Gleichungen (1.43), (1.44) und (1.45) die Werte $\hat{\zeta} = \hat{\xi} = 0,060$ m, $\hat{q}_1 = \hat{s} = 0,045$ m, $\theta = 50,38^0$ sowie $\tan(\gamma) = 0,202$ und $\gamma = 11,42^0$.

1.3.7   Vergleich der erzwungenen Amplituden bei Veränderungen der Systemparameter

Die nummerischen Werte der Koeffizienten der Bewegungsdifferentialgleichungen bestimmen die "Struktur" eines mechanischen Modells.

Mit den angenommenen Werten $m_2 = 10$ kg, $\alpha = 30^0$, $c = 640$ N/m, $b = 40$ kg/s und $\hat{s} = 0,045$ m ist die Struktur des Modells für die Erregung durch eine harmonische Bewegung, Gleichung (1.36), bestimmt. Mit den zusätzlichen Werten $m_1 = 35$ kg und $F_0 = -113,524$ N ist auch die Struktur des Modells für die Erregung durch eine harmonische Kraft, Gleichung (1.42), bestimmt.

Wenn der Zweck eines mechanischen Modells für ein technisches System darin besteht, die Systemparameter (Eigenkreisfrequenzen, Bewegungs- und Kraftamplituden) sowie den Einfluss von Veränderungen der Strukturparameter zu bestimmen, dann sind diese Systemparameter mit veränderten Strukturparameter zu ermitteln.

Hier wurden zwei mechanische Modelle bestimmt um die Amplituden der erzwungenen harmonischen Bewegung zu berechnen.

Für die Kreisfrequenz der Erregung $\nu = \nu_0 = 7$ rad/s erhält man mit beiden Modellen die gleiche Amplitude $\hat{\xi}(\nu_0) = \hat{\zeta}(\nu_0) = 6,0$ cm.

Für die Kreisfrequenz der Erregung $\nu = 6$ rad/s erhält man die Amplituden $\hat{\xi} = 3,8$ cm und $\hat{\zeta} = 5,4$ cm.

Für die Kreisfrequenz der Erregung $\nu = 8$ rad/s erhält man die Amplituden $\hat{\xi} = 7,8$ cm und $\hat{\zeta} = 6,5$ cm.

Für die hier angenommenen "Strukturen" sind die Unterschiede zwischen den Werten der Amplituden groß und das Modell Erregung durch eine harmonische Bewegung kann nicht als Näherung für das Modell Erregung durch eine harmonische Kraft angenommen werden.

1.4 Schwingungssystem erregt durch harmonische Bewegung und harmonische Kraft

Die Abb. 1.34 zeigt das Modell eines Schwingungssystems mit zwei Freiheitsgraden bestehend aus den Körpern mit den Massen m_1 und m_2 in geradlinigen horizontalen Translationen. Auf den Körper mit der Masse m_1 wirkt eine geschwindigkeitsproportionale Dämpfungskraft mit dem Dämpfungskoeffizienten b.

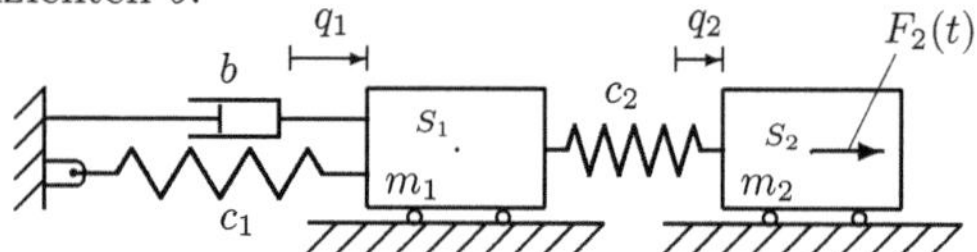

Abbildung 1.34: Schwingungssystem mit zwei Freiheitsgraden und Erregerkraft $F_2(t)$

Es wird angenommen, dass auf den Körper mit der Masse m_2 in horizontaler Richtung die Erregerkraft $F_2(t)$ wirkt. In der Lage $q_1 = 0$ und $q_2 = 0$ sind die Federn mit den Federkonstanten c_1 und c_2 unverformt.

Nummerische Anwendung: $m_1 = 15$ kg, $m_2 = 5$ kg, $b = 115$ kg/s, $c_1 = 3.000$ N/m, $c_2 = 2.500$ N/m, Kreisfrequenz der harmonischen Erregung $\nu = \nu_0 = 15$ rad/s, Anplitude der harmonischen Bewegung $\hat{s} = 0,100$ m.

1.4.1 Bestimmung der Bewegungsdifferentialgleichungen

Es wird der *Impulssatz in der d'Alembert'schen Form* angewendet.
Die Kräfte, die auf die freigeschnittenen Körper wirken, sind in der Abb. 1.35 eingezeichnet.

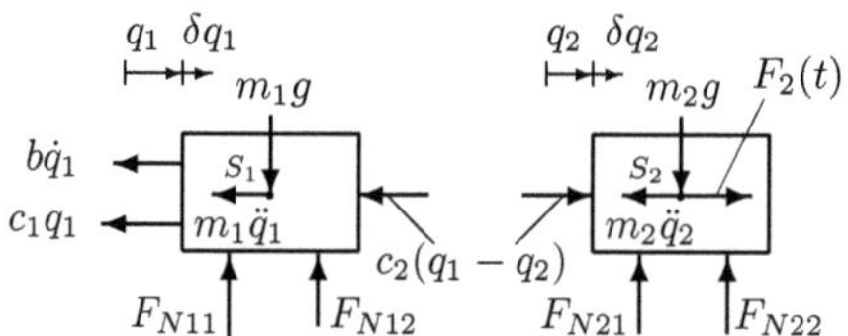

Abbildung 1.35: Kräfte, die auf die freigeschnittenen Körper wirken

Die Gleichgewichtsbedingungen in horizontaler Richtung
- der äußeren eingeprägten Kräfte Federkraft $c_1 q_1$, Dämpfungskraft $b\dot{q}_1$ und Erregerkraft $F_2(t)$,
- der inneren eingeprägten Kraft Federkraft $c_2(q_1 - q_2)$ sowie
- der Trägheitskräfte $m_1\ddot{q}_1$ und $m_2\ddot{q}_2$

führen auf die Bewegungsdifferentialgleichungen

$$m_1\ddot{q}_1 + b\dot{q}_1 + c_1 q_1 + c_2(q_1 - q_2) = 0, \qquad m_2\ddot{q}_2 - c_2(q_1 - q_2) - F_2(t) = 0$$

oder

$$m_1\ddot{q}_1 + b\dot{q}_1 + (c_1 + c_2)q_1 - c_2 q_2 = 0, \qquad -c_2 q_1 + m_2\ddot{q}_2 + c_2 q_2 - F_2(t) = 0. \tag{1.46}$$

Diese Bewegungsdifferentialgleichungen können auch mit den *Lagrange'schen Gleichungen*

$$\frac{d}{dt}\left(\frac{\partial E_k}{\partial \dot{q}_i}\right) - \frac{\partial E_k}{\partial q_i} + \frac{\partial E_p}{\partial q_i} - Q_i^{(nk)} = 0, \quad i = 1, 2$$

bestimmt werden.

Die kinetische Energie E_k und das Potential E_p des Systems sind

$$E_k = \frac{1}{2}m_1\dot{q}_1^2 + \frac{1}{2}m_2\dot{q}_2^2, \qquad E_p = \frac{1}{2}c_1 q_1^2 + \frac{1}{2}c_2(q_1 - q_2)^2.$$

Die Ableitungen, mit denen die Lagrange'schen Gleichungen gebildet werden, sind

$$\frac{\partial E_k}{\partial q_1} = 0, \qquad \frac{\partial E_k}{\partial \dot{q}_1} = m_1\dot{q}_1, \qquad \frac{d}{dt}\left(\frac{\partial E_k}{\partial \dot{q}_1}\right) = m_1\ddot{q}_1,$$

$$\frac{\partial E_k}{\partial q_2} = 0, \qquad \frac{\partial E_k}{\partial \dot{q}_2} = m_2\dot{q}_2, \qquad \frac{d}{dt}\left(\frac{\partial E_k}{\partial \dot{q}_2}\right) = m_2\ddot{q}_2,$$

$$\frac{\partial E_p}{\partial q_1} = c_1 q_1 + c_2(q_1 - q_2) = (c_1 + c_2)q_1 - c_2 q_2, \qquad \frac{\partial E_p}{\partial q_2} = -c_2(q_1 - q_2).$$

Die Arbeit δA der eingeprägten nichtkonservativen Kräfte $-b\dot{q}_1$ und $F_2(t)$ bei den virtuellen Verschiebungen δq_1 und δq_2 der Körper sind

$$\delta A = -b\dot{q}_1 \cdot \delta q_1 + F_2(t) \cdot \delta q_2 = Q_1^{(nk)}\delta q_1 + Q_2^{(nk)}\delta q_2$$

$$\rightarrow \quad Q_1^{(nk)} = -b\dot{q}_1, \quad Q_2^{(nk)} = F_2(t).$$

In die Lagrange'schen Gleichungen eingesetzt erhält man die gleichen Bewegungsdifferentialgleichungen (1.46).

1.4.2   Bestimmung der Bilanzgleichungen und des Arbeitssatzes

Um die Bilanzgleichungen für die Koordinaten q_1 und q_2 zu ermitteln, wird die erste der Bewegungsdifferentialgleichungen (1.46) mit dq_1 und die zweite Gleichung mit dq_2 multipliziert. Man erhält

$$m_1\ddot{q}_1 \cdot dq_1 + b\dot{q}_1 \cdot dq_1 + c_1 q_1 \cdot dq_1 + c_2(q_1 - q_2) \cdot dq_1 = 0, \qquad (1.47)$$

$$m_2\ddot{q}_2 \cdot dq_2 - c_2(q_1 - q_2) \cdot dq_2 - F_2(t). \cdot dq_2 = 0. \qquad (1.48)$$

Die folgenden Umformungen werden berücksichtigt:

$$m_i\ddot{q}_i \cdot dq_i = m_i\frac{d\dot{q}_i}{dt} \cdot dq_i = m_i d\dot{q}_i \cdot \frac{dq_i}{dt} = m_i\dot{q}_i \cdot d\dot{q}_i = m_i d\Big(\frac{1}{2}\dot{q}_i^2\Big) = d\Big(\frac{1}{2}m_i\dot{q}_i^2\Big),$$

$$q_i \cdot dq_i = d\Big(\frac{1}{2}q_i^2\Big), \quad dq_i = \dot{q}_i \cdot dt, \quad i = 1,2, \quad c_2 q_2 \cdot dq_1 + c_2 q_1 \cdot dq_2 = c_2 d(q_1 q_2),$$

$$c_2(q_1 - q_2) \cdot dq_1 - c_2(q_1 - q_2) \cdot dq_2 = c_2(q_1 - q_2)d(q_1 - q_2) = d\Big[\frac{1}{2}c_2(q_1 - q_2)^2\Big].$$

Das Produkt $b\dot{q}_1 \cdot dq_1$ in Gleichung (1.47) bestimmt die infinitesimale Arbeit dA_d der Dämpfungskraft $b\dot{q}_1$ und es gilt

$$dA_d = -b\dot{q}_1 \cdot dq_1 = -b\dot{q}_1 \cdot \dot{q}_1 \cdot dt = -b\dot{q}_1^2 \cdot dt.$$

Das Produkt $c_2 q_2 \cdot dq_1$ in Gleichung (1.47) ist die infinitesimale Arbeit dA_f der Federkraft $c_2 q_2$, die auf den Körper mit der Masse m_1 durch die Verschiebung dq_1 wirkt, und es gilt

$$dA_f = c_2 q_2 \cdot dq_1 = c_2 q_2 \cdot \dot{q}_1 \cdot dt.$$

Das Produkt $F_2(t) \cdot dq_2$ in Gleichung (1.48) ist die infinitesimale Arbeit dA_e der eingeprägten Kraft $F_2(t)$ und es gilt

$$dA_e = F_2(t) \cdot dq_2 = F_2(t) \cdot \dot{q}_2 \cdot dt.$$

Mit diesen Umformungen können die Gleichungen (1.47) und (1.48) wie folgt geschrieben werden

$$d\Big(\frac{1}{2}m_1\dot{q}_1^2\Big) + d\Big(\frac{1}{2}c_1 q_1^2\Big) + d\Big(\frac{1}{2}c_2 q_1^2\Big) + b\dot{q}_1^2 \cdot dt - c_2 q_2 \cdot dq_1 = 0,$$

$$d\left(\frac{1}{2}m_2\dot{q}_2^2\right) + d\left(\frac{1}{2}c_2q_2^2\right) - c_2q_1 \cdot dq_2 - F_2(t) \cdot \dot{q}_2 \cdot dt = 0.$$

Durch Integration dieser Differentialausdrücke zwischen dem Anfangszeitpunkt $t = 0$ und dem Zwischenzeitpunkt t erhält man

$$\int_0^t d\left(\frac{1}{2}m_1\dot{q}_1^2\right) + \int_0^t d\left(\frac{1}{2}c_1q_1^2\right) + \int_0^t d\left(\frac{1}{2}c_2q_1^2\right) + \int_0^t b\dot{q}_1^2 \cdot dt - \int_0^t c_2q_2 \cdot \dot{q}_1 dt = 0$$

$$\rightarrow \left[\frac{1}{2}m_1\dot{q}_1(t)^2 + \frac{1}{2}c_1q_1(t)^2 + \frac{1}{2}c_2q_1(t)^2\right]_0^t + \int_0^t b\dot{q}_1^2 \cdot dt - \int_0^t c_2q_2 \cdot \dot{q}_1 dt = 0,$$

$$\tag{1.49}$$

$$\int_0^t d\left(\frac{1}{2}m_2\dot{q}_2^2\right) + \int_0^t d\left(\frac{1}{2}c_2q_2^2\right) - \int_0^t c_2q_1 \cdot \dot{q}_2 \cdot dt - \int_0^t F_2(t). \cdot \dot{q}_2 \cdot dt = 0$$

$$\rightarrow \left[\frac{1}{2}m_2\dot{q}_2(t)^2 + \frac{1}{2}c_2q_2(t)^2\right]_0^t - \int_0^t c_2q_1 \cdot \dot{q}_2 dt - \int_0^t F_2(t) \cdot \dot{q}_2 dt = 0.$$

Diese Gleichungen sind *Bilanzgleichungen*, welche die durch die Koordinaten q_1 bzw. q_2 bestimmten Anteile der kinetischen Energie und des Potentials sowie die mechanischen Arbeiten der Nichtpotentialkräfte $b\dot{q}_1$ und $F_2(t)$ enthalten.

Die Lösungen $q_i = q_i(t)$, $i = 1, 2$ erfüllen zu jedem Zeitpunkt der Bewegung diese Gleichungen.

Die Addition der Bilanzgleichungen in Differentialform ergibt

$$d\left(\frac{1}{2}m_1\dot{q}_1^2 + \frac{1}{2}m_2\dot{q}_2^2\right) + d\left[\frac{1}{2}c_1q_1^2 + \frac{1}{2}c_2(q_1 - q_2)^2\right] + b\dot{q}_1^2 \cdot dt - F_2(t) \cdot \dot{q}_2 \cdot dt = 0$$

$$\rightarrow \quad d(E_k + E_p) + b\dot{q}_1^2 \cdot dt - F_2(t) \cdot \dot{q}_2 \cdot dt = 0.$$

Die Integration ergibt

$$\left[E_k(t) + E_p(t)\right]_0^t + \int_0^t b\dot{q}_1^2 \cdot dt - \int_0^t F_2(t) \cdot \dot{q}_2 \cdot dt = 0.$$

Das ist die Integralform der *Bilanzgleichung für das System*.
In der Form

$$\left[E_k(t) + E_p(t)\right] - \left[E_k(0) + E_p(0)\right] = \int_0^t F_2(t) \cdot \dot{q}_2 \cdot dt - \int_0^t b\dot{q}_1^2 \cdot dt. \tag{1.50}$$

ist diese Gleichunng die Integralform des *Arbeitssatzes* der besagt, dass die Veränderungen der mechanischen Energie $E_m = E_k + E_p$ gleich ist mit der Arbeit der nichtkonservativen eingeprägten Kräfte..

Die berechneten Lösungen können überprüft werden, wenn diese in die Bewegungsdifferentialgleichungen sowie in die Bilanzgleichungen und in den Arbeitssatz eingesetzt werden.

Die Residuen der Bewegungsdifferentialgleichungen und die Abweichungen in den Bilanzgleichungen und im Arbeitssatz geben Hinweise über die Verwendbarkeit dieser Lösungen.

1.4.3 Bestimmung der Eigenkreisfrequenzen

Für das System ohne Dämpfung, d.h. $b = 0$, und ohne Erregung, d.h. $F_2 = 0$, gelten die Differentialgleichungen

$$m_1\ddot{q}_1 + (c_1 + c_2)q_1 - c_2 q_2 = 0, \qquad -c_2 q_1 + m_2\ddot{q}_2 + c_2 q_2 = 0. \qquad (1.51)$$

Die Lösungsansätze $q_1 = A\cos(pt)$ und $q_2 = B\cos(pt)$ werden in diese Gleichungen eingesetzt. Man erhält folgendes Gleichungssystem zur Berechnung der Amplituden A und B:

$$A(-p^2 m_1 + c_1 + c_2) + B(-c_2) = 0, \quad A(-c_2) + B(-p^2 m_2 + c_2) = 0.$$

Damit es von null verschiedene Lösungen für A und B gibt, muss die Hauptdeterminante $\Delta(p^2)$ dieses Systems gleich sein mit null,

$$\Delta(p^2) = \begin{vmatrix} -p^2 m_1 + c_1 + c_2 & -c_2 \\ -c_2 & -p^2 m_2 + c_2 \end{vmatrix}$$

$$\rightarrow \quad m_1 m_2 p^4 - [m_1 c_2 + m_2(c_1 + c_2)]p^2 + c_1 c_2 = 0$$

Das ist die charakteristische Gleichung zur Berechnung der *Eigenkreisfrequenzen* p_1 und p_2

$$p_{1,2}^2 = \frac{1}{2m_1 m_2}\left\{m_1 c_2 + m_2(c_1 + c_2) \mp \sqrt{[m_1 c_2 + m_2(c_1 + c_2)]^2 - 4m_1 m_2 c_1 c_2}\right\}.$$

Mit den angenommenen nummerischen Werten $m_1 = 15$ k, $m_2 = 5$ kg, d.h. $m_2/m_1 = 1/3$, $c_1 = 3.000$ N/m und $c_2 = 2.500$ N/m erhält man $p_1 = 11,707$ rad/s und $p_2 = 27,011$ rad/s.

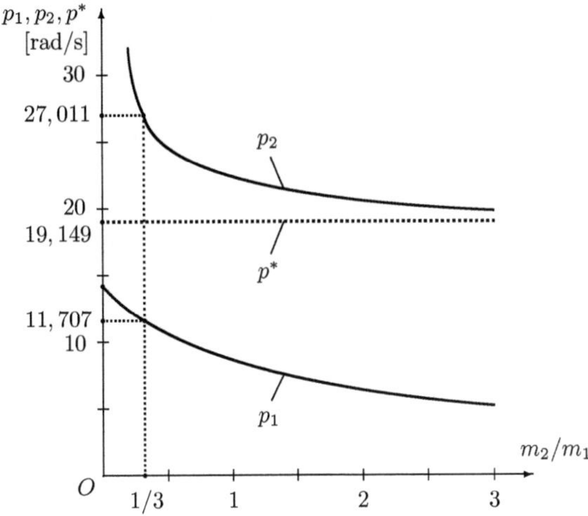

Abbildung 1.36: Eigenkreisfrequenzen p_1 und p_2 als Funktionen von m_2/m_1

In der Abbildung 1.36 sind die Eigenkreisfrequenzen p_1 und p_2 für steigende Werte von m_2/m_1 eingezeichnet.

Der Wert $p^* = \sqrt{(c_1 + c_2)/m_1} = 19,149$ rad/s entspricht für p_2 mit sehr großen Werten von m_2/m_1.

1.4.4 Kinematische Erregung

1.4.4.1 Bewegungsgesetz und Kraftgesetz

Es wird angenommen, dass dem Körper mit der Masse m_2 die Bewegung $q_2 = s(t) = \hat{s}\cos(\nu t)$ aufgezwungen wird.

Diese aufgezwungene Bewegung kann als *zeitabhängige Bindung* des Systems in Abb. 1.34 aufgefasst werden.

Aus der ersten der Gleichungen (1.46) folgt in diesem Fall

$$m_1\ddot{q}_1 + b\dot{q}_1 + (c_1 + c_2)q_1 = c_2 \cdot s(t). \tag{1.52}$$

Das ist die Bewegungsdifferentialgleichung eines Körpers von der Masse m_1 und dem Freiheitsgrad q_1, mit zwei parallel angeordneten Federn mit den Federkonstanten c_1 und c_2, auf welchen die Kraft $c_2 \cdot s(t)$ wirkt.

Aus dieser Differentialgleichung wird das *Bewegungsgesetz* $q_1 = q_1(t)$ berechnet.

Aus der zweiten der Gleichungen (1.46) folgt für diesen Fall

$$F_2(t) = m_2\ddot{s} + c_2 s - c_2 q_1. \qquad (1.53)$$

Aus dieser Gleichung wird das *Kraftgesetz* $F_2 = F_2(t)$ ermittelt, welches die Bewegungen $s = s(t)$ und $q_1 = q_1(t)$ bewirkt.

Für diesen Fall der Erregung durch die harmonischen Bewegung

$$q_2 = \hat{q}_2 \cos(\nu t) = s(t) = \hat{s}\cos(\nu t)$$

gilt $\hat{q}_2 = \hat{s}$ und die erzwungene Schwingung $q_1(t)$ des Körpers mit der Masse m_1 wird in der Form

$$q_1 = \hat{q}_1 \cos(\nu t - \varphi),$$

angenommen. Es ist die partikuläre Lösung der Gleichung (1.52).

Durch einsetzen der partikulären Lösung in diese Gleichung folgt

$$(-\nu^2 m_1 + c_1 + c_2)\hat{q}_1 \cos(\nu t - \varphi) - b\nu\hat{q}_1 \sin(\nu t - \varphi) = c_2 \cdot \hat{s}\cos(\nu t)$$

$$\rightarrow \quad [(-\nu^2 m_1 + c_1 + c_2) \cdot \cos(\varphi) + b\nu \cdot \sin(\varphi)] \cdot \hat{q}_1 \cos(\nu t) = c_2 \cdot \hat{s}\cos(\nu t)$$

$$\rightarrow \quad [(-\nu^2 m_1 + c_1 + c_2) \cdot \sin(\varphi) - b\nu \cdot \cos(\varphi)] \cdot \hat{q}_1 \sin(\nu t) = 0.$$

Der Koeffizientenvergleich ergibt

$$\hat{q}_1 = \frac{c_2\hat{s}}{\sqrt{(-\nu^2 m_1 + c_1 + c_2)^2 + (b\nu)^2}}, \quad \tan(\varphi) = \frac{b\nu}{-\nu^2 m_1 + c_1 + c_2}. \qquad (1.54)$$

Die Erregerkraft $F_2(t)$, welche die Bewegungen $q_2 = \hat{q}_2 \cos(\nu t)$ mit $\hat{q}_2 = \hat{s}$ und $q_1 = \hat{q}_1 \cos(\nu t - \varphi)$ bewirkt, wird aus der Gleichung (1.53) berechnet,

$$F_2(t) = (-\nu^2 m_2 + c_2)\hat{s}\cos(\nu t) - c_2\hat{q}_1 \cos(\nu t - \varphi).$$

Für diese Kraft wird folgender Ausdruck angenommen:

$$F_2(t) = \hat{F}_2 \cos(\nu t + \psi).$$

Das führt auf

$$[(-\nu^2 m_2 + c_2)\hat{s} - c_2\hat{q}_1 \cos(\varphi)] \cos(\nu t) = \hat{F}_2 \cos(\psi) \cdot \cos(\nu t)$$

$$-c_2\hat{q}_1 \sin(\varphi) \cdot \sin(\nu t) = -\hat{F}_2 \sin(\psi) \cdot \sin(\nu t).$$

Der Koeffizientenvergleich ergibt

$$\rightarrow \quad \hat{F}_2 = \sqrt{[(-\nu^2 m_2 + c_2)\hat{s} - c_2\hat{q}_1 \cos(\varphi)]^2 + [c_2\hat{q}_1 \sin(\varphi)]^2}, \qquad (1.55)$$

$$\rightarrow \quad \tan(\psi) = \frac{c_2\hat{q}_1 \sin(\varphi)}{(-\nu^2 m_2 + c_2)\hat{s} - c_2\hat{q}_1 \cos(\varphi)}. \qquad (1.56)$$

Die Abbildung 1.37 zeigt qualitativ die Funktionen $F_2(t) = \hat{F}_2 \cos(\nu t + \psi)$, $q_2 = \hat{s} \cos(\nu t)$ und $q_1 = \hat{q}_1 \cos(\nu t - \varphi)$ in Abhängigkeit von νt.

Nach dem Maximum $\hat{F}_2$ der Kraft folgt nach einer Zeit von ψ/ν Sekunden das Maximum $\hat{s}$ der erregenden Bewegung $q_2(t)$ und nach weiteren φ/ν Sekunden folg des Maximum der erregten Bewegung $q_1(t)$.

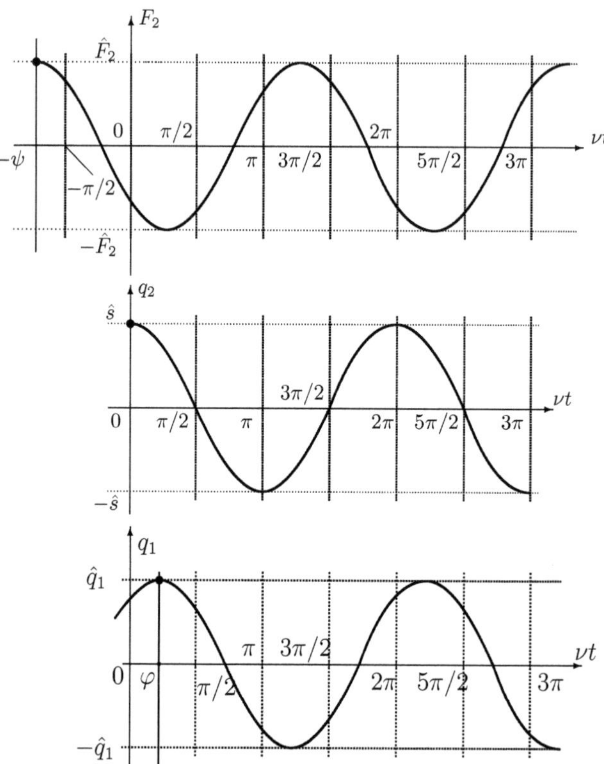

Abbildung 1.37: Kraftgesetz und Bewegungsgesetze

Die Abhängigkeit der auf $\hat{s}$ bezogenen Amplitude $\hat{q}_1$ von ν, Gleichung(1.54), ist in der Abbildung 1.38 mit dicker Linie dargestellt (*Resonanzkurve*).

Für $\nu = \nu_0 = 15$ rad/s erhält man aus diesen Gleichungen die Werte $\hat{q}_1/\hat{s} = 0,9134$ und $\varphi = 39,07^0$. Das Maximum der Kurve $\hat{q}_1/\hat{s}$ ist in der Nähe von $p^* = \sqrt{(c_1 + c_2)/m_1}$. Die dünnen Linien zeigt $|\hat{q}_1/\hat{s}|$ für den Fall ohne Dämpfung, $b = 0$.

Für die auf $\hat{s}$ bezogene Amplitude $\hat{q}_2$ gilt $\hat{q}_2/\hat{s} = 1$ und diese ist punktiert dargestellt.

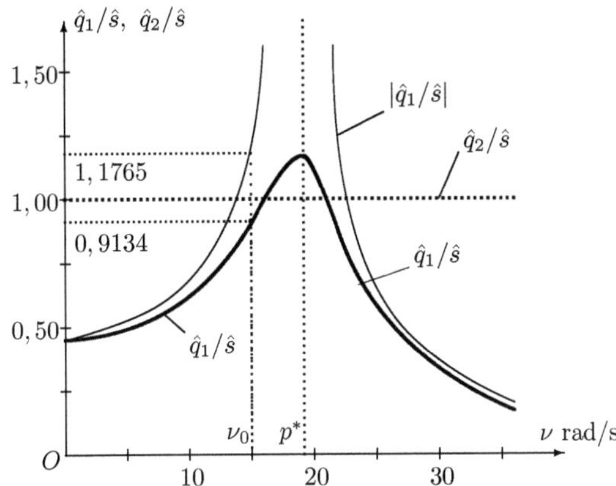

Abbildung 1.38: Amplitude $\hat{q}_1/\hat{s}$ in Abhängigkeit von ν

Die Abhängigkeit der auf $\hat{s}$ bezogenen Amplitude $\hat{F}_2$, Gleichung(1.55), von ν ist in der Abbildung 1.39 mit dicker Linie dargestellt.

Für $\nu = \nu_0 = 15$ rad/s erhält man die Werte $\hat{F}_2/\hat{s} = 1.493,20$ N/m und $\psi = 105,45^0$.

Die mit dünnen Linien gezeichneten Kurven zeigen $|\hat{F}_2/\hat{s}|$ für den dämpfungsfreien Fall, $b = 0$.

Das Maximum von $\hat{F}_2/\hat{s}$ befindet sich in der Nähe der Kreisfrequenz $p^* = \sqrt{(c_1 + c_2)/m_1} = 19{,}149$ rad/s.

Die Minima von $\hat{F}_2/\hat{s}$ befinden sich in der Nähe der Kreisfrequenzen $p_1 = 11,707$ rad/s und $p_2 = 27,011$ rad/s. Das sind die Eigenkreisfrequenzen des Systems in Abb. 1.34 und die Lösungen der Gleichung $\Delta(p^2) = 0$.

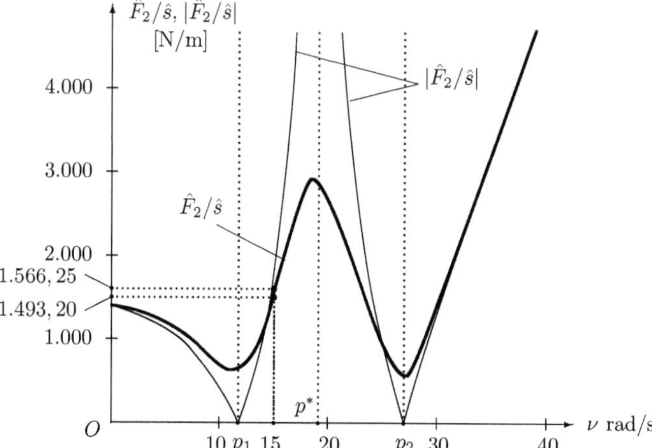

Abbildung 1.39: Amplitude $\hat{F}_2/\hat{s}$ in Abhängigkeit von ν

1.4.4.2 Bilanzgleichungen

Die *Bilanzgleichung* (1.49) *für die Koordinate* q_1 ist

$$\left[\frac{1}{2}m_1\dot{q}_1(t)^2 + \frac{1}{2}(c_1 + c_2)q_1(t)^2\right]_0^t + \int_0^t b\dot{q}_1^2 \cdot dt - \int_0^t c_2 \cdot q_2(t) \cdot \dot{q}_1 dt = 0.$$

Das *Arbeitsintegral* A_f *der Federkraft* $c_2 q_2 = c_2 \cdot s(t)$ ist

$$A_f = \mathcal{A}_f \cdot \hat{s}^2 = \int_0^t c_2 \cdot s(t) \cdot \dot{q}_1(t) \cdot dt = -c_2 \hat{s}\hat{q}_1 \int_0^t \cos(\nu t) \cdot \sin(\nu t - \varphi) \cdot d(\nu t)$$

$$= \frac{1}{2}c_2\hat{s}\hat{q}_1\big[(\nu t)\sin(\varphi) - \sin(\nu t) \cdot \sin(\nu t - \varphi)\big].$$

Das *Arbeitsintegral* A_d *der Dämpfungskraft* $b\dot{q}_1$ ist

$$A_d = \mathcal{A}_d \cdot \hat{s}^2 = -\int_0^t b\dot{q}_1^2 \cdot dt = -b\hat{q}_1^2\nu \int_0^t \sin^2(\nu t - \varphi) \cdot d(\nu t - \varphi)$$

$$= -\frac{1}{2}b\hat{q}_1^2\nu\big[(\nu t) - \sin(\nu t - \varphi) \cdot \cos(\nu t - \varphi) - \sin(\varphi) \cdot \cos(\varphi)\big].$$

Die Arbeitsintegrale A_f und A_d bestehen aus einem mit der Zeit linear sich verändernden Glied und einer oszillatorischen Komponente.
Die Koeffizienten der in νt linearen Glieder sind gleich,

$$k = \kappa \cdot \hat{s}^2 = \frac{1}{2}c_2\hat{s}\hat{q}_1 \sin(\varphi) = \frac{1}{2}c_2\hat{s}\hat{q}_1 \frac{\tan(\varphi)}{\sqrt{1 + \tan^2(\varphi)}}$$

$$= \frac{1}{2}c_2\hat{s}\hat{q}_1 \frac{b\nu}{\sqrt{(-\nu^2 m_1 + c_1 + c_2)^2 + (b\nu)^2}}$$

$$= \frac{1}{2}b\nu\hat{q}_1 \frac{c_2\hat{s}}{\sqrt{(-\nu^2 m_1 + c_1 + c_2)^2 + (b\nu)^2}} = \frac{1}{2}b\hat{q}_1^2\nu = (719,6\,\text{N/m}) \cdot \hat{s}^2.$$

In einem Zeitintervall entsprechend $\nu t = \pi$ verändert sich der linear anwachsende Anteil um $(2260,69\,\text{N/m}) \cdot \hat{s}^2$.
Zu den Zeitpunkten entsprechend νt und $\nu t + \pi$ gilt

$$\sin(\nu t + \pi) \cdot \sin(\nu t + \pi - \varphi) = \sin(\nu t) \cdot \sin(\nu t - \varphi),$$

$$\sin(\nu t + \pi - \varphi) \cdot \cos(\nu t + \pi - \varphi) = \sin(\nu t - \varphi) \cdot \cos(\nu t - \varphi).$$

Deshalb sind die oszillatorischen Komponenten periodisch mit der Periode π/ν.
Die Bilanzgleichung (1.49)

$$\left[\frac{1}{2}m_1\dot{q}_1(t)^2 + \frac{1}{2}(c_1 + c_2)q_1(t)^2\right]_0^t - A_d - A_f = 0.$$

wird durch die Lösung $q_1(t) = \hat{q}_1 \cos(\nu t - \varphi)$ bestätigt.

Die Abb. 1.40 zeigt im Zeitintervall entsprechend $\nu t \in [0, \pi]$ die Werte des linearen Anteils $\kappa \cdot \nu t$ der mechanischen Arbeiten sowie die bezogenen Arbeiten $\mathcal{A}_f$ und $-\mathcal{A}_d$.

Die Werte $\mathcal{A}_f + \mathcal{A}_d$ im Zeitinteval $\nu t \in [0, \pi]$ sind positiv und negativ und wiederholen sich periodisch mit der Periode π/ν.

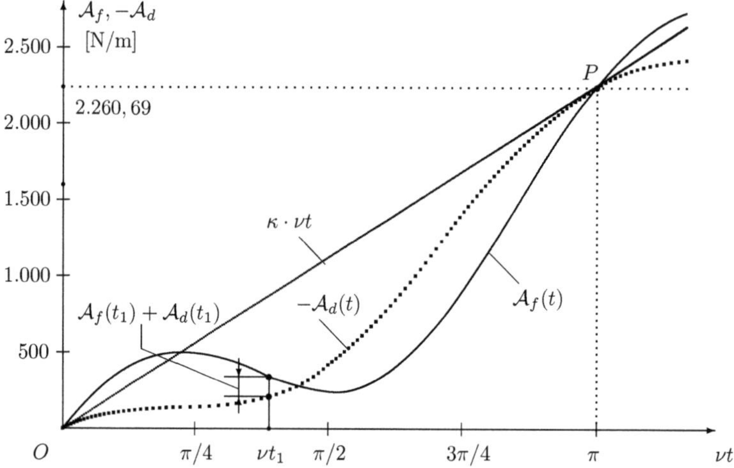

Abbildung 1.40: Bezogene Arbeiten der Federkraft und Dämpfungskraft in Abhängigkeit von νt

In der Bilanzgleichung (1.49) sind

$$E_{k1} = \mathcal{E}_{k1} \cdot \hat{s}^2 = \frac{1}{2} m_1 \dot{q}_1(t)^2, \quad E_{p1} = \mathcal{E}_{p1} \cdot \hat{s}^2 = \frac{1}{2}(c_1 + c_2)q_1(t)^2,$$

$$E_{m1} = E_{k1} + E_{p1} = \mathcal{E}_{m1} \cdot \hat{s}^2$$

die Anteile an der kinetischen Energie, am Potential und an der mechanischen Energie der Masse m_1 durch die Bewegung $q_1 = q_1(t)$.

Die Veränderung der Anteile der mechanischen Energie $\Delta E_{m1}(t) = E_{m1}(t) - E_{m1}(0)$ durch die Bewegung $q_1(t)$ ist

$$\Delta E_{m1}(t) = [\mathcal{E}_{m1}(t) - \mathcal{E}_{m1}(0)] \cdot \hat{s}^2. = \left[\frac{1}{2} m_1 \dot{q}_1(t)^2 + \frac{1}{2}(c_1 + c_2)q_1(t)^2\right]_0^t$$

$$= \frac{1}{2}m_1\nu^2\hat{q}_1^2[\sin^2(\nu t - \varphi) - \sin^2(\varphi)] + \frac{1}{2}(c_1 + c_2)\hat{q}_1^2[\cos^2(\nu t - \varphi) - \cos^2(\varphi)]$$

$$= \frac{1}{2}\hat{q}_1^2(-\nu^2 m_1 + c_1 + c_2)[\sin^2(\varphi) - \sin^2(\nu t - \varphi)].$$

und es gilt $\Delta E_{m1}(t + \pi/\nu) = \Delta E_{m1}(t)$.

Mit den auf $\hat{s}^2$ bezogenen Größen wird die *Bilanzgleichung* für die Koordinate q_1 wie folgt geschrieben

$$\mathcal{E}_{k1}(t) + \mathcal{E}_{p1}(t) - [\mathcal{E}_{k1}(0) + \mathcal{E}_{p1}(0)] - \mathcal{A}_d - \mathcal{A}_f = 0$$

$$\text{oder} \quad \mathcal{E}_{m1}(t) - \mathcal{E}_{m1}(0) = \mathcal{A}_d + \mathcal{A}_f. \tag{1.57}$$

Die Abbildung 1.41 zeigt im Zeitintervall $\nu t \in [0, \pi]$ die auf $\hat{s}^2$ bezogenen Werte der Komponenten der Energien $\mathcal{E}_{k1} = E_{k1}/\hat{s}^2$, $\mathcal{E}_{p1} = E_{p1}/\hat{s}^2$ und $\mathcal{E}_{m1} = E_{m1}/\hat{s}^2$.

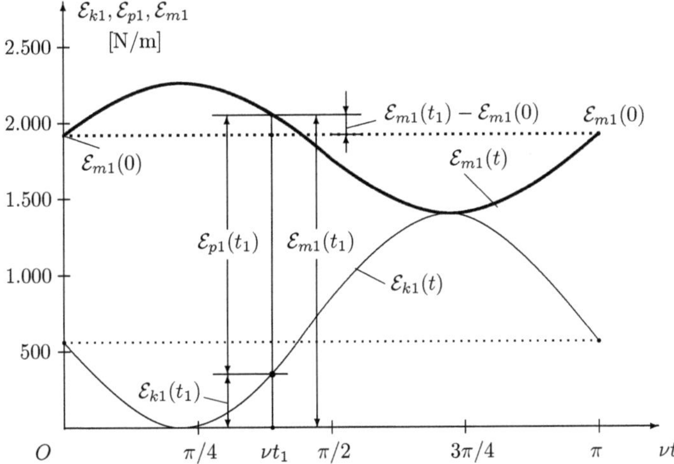

Abbildung 1.41: Bezogene Werte der kinetischen, potentiellen und mechanischen Energie des Körpers m_1 durch die Bewegung $q_1(t)$

Der Vergleich der Werte der Kurve $\mathcal{E}_{m1}(t)$ mit dem Wert $\mathcal{E}_{m1}(0)$ zeigt, dass $\mathcal{E}_{m1}(t) - \mathcal{E}_{m1}(0)$ positive und negative Werte annimmt und dass sich diese mechanische Energie periodisch mit der Periode π/ν verändert.

Gemäß der Bilanzgleichung (1.57) entspricht $\mathcal{A}_f(t) + \mathcal{A}_d(t)$ in Abb. 1.40 der Veränderung dieses Anteiles der mechanischen Energie.

Zur Überprüfung der Ergebnisse wird der Zeitpunkt $\nu t = \nu t^* = \frac{1}{2}\pi \to 90^0$ gewählt. Es gilt: $q_1(t^*) = 0,5757\hat{s}$, $\dot{q}_1(t^*) = -10,6371\hat{s}$ 1/s, $\ddot{q}_1(t^*) = -129,5298\hat{s}$ 1/s^2, $q_2(t^*) = 0$.

Wenn diese berechneten Ergebnisse in die erste der Bewegungsdifferential-gleichungen (1.46) eingesetzt werden, erhält man das *Residuum*

$$\mathcal{R}_1(t^*) = m_1 \ddot{q}_1(t^*) + b\dot{q}_1(t^*) + (c_1 + c_2)q_1(t^*) - c_2 q_2(t^*),$$

$$\mathcal{R}_1(t^*) = (-1.942,9875-1.223,2665+3.166,3500)\,\text{N/m}\cdot\hat{s} = (0,1365\,\text{N/m})\cdot\hat{s}.$$

Das Einsetzen der berechneten Werte in die Bilanzgleichung (1.57) ergibt $\mathcal{E}_{m1}(t^*)-\mathcal{E}_{m1}(0) = (1.760,04-1.942,03)\,\text{N/m} = $ - 181,99 N/m und $\mathcal{A}_f(t^*)+\mathcal{A}_d(t^*) =$ (243,93-426,10) N/m=-182,17 N/m.

Diese Ergebnisse erfüllen die Bilanzgleichung mit einer *Abweichung* von 0,18 N/m.

Das Residuum in der Bewegungsdifferentialgleichung und die Abweichung in der Bilanzgleichung entstehen durch Rundungsfehler.

Für den Fall ohne Dämpfung, d. h. mit $b = 0$, entsprechen die Ergebnisse

$$\varphi = 0, \quad \hat{q}_1 = \frac{c_2\hat{s}}{-\nu^2 m_1 + c_1 + c_2} = 1,1765\,\hat{s}, \quad \kappa = 0, \quad \mathcal{A}_d = 0,$$

$$\mathcal{A}_f(t) = -\frac{1}{2}c_2\frac{\hat{q}_1}{\hat{s}}\sin^2(\nu t) = -(1.470,6250\,\text{N/m})\sin^2(\nu t),$$

$$\mathcal{E}_{k1}(t) = \frac{1}{2}m_1\left(\frac{\hat{q}_1}{\hat{s}}\right)^2\nu^2\sin^2(\nu t) = (2.335,7569\,\text{N/m})\sin^2(\nu t),$$

$$\mathcal{E}_{p1}(t) = \frac{1}{2}(c_1 + c_2)\left(\frac{\hat{q}_1}{\hat{s}}\right)^2\cos^2(\nu t) = (3.806,4817\,\text{N/m})\cos^2(\nu t).$$

Mit diesen Werten ist die Bilanzgleichung (1.57) mit einer Abweichung von $-(0,0368\,\text{N/m})\sin^2(\nu t)$ erfüllt.

In der Abb. 1.42 sind diese periodische Funktionen mit der Periode π/ν im Bereich $\nu t \in [0,\pi]$ dargestellt.

Die mechanische Arbeit $\mathcal{A}_f(t)$ der Federkraft $c_2 \cdot \hat{s}\cos(\nu t)$ ist negativ und ist gleich mit der Veränderung der mechanischen Energie $\mathcal{E}_{m1}(t) - \mathcal{E}_{m1}(0)$ der Masse m_1 durch die Bewegung $q_1 = \hat{q}_1\cos(\nu t)$.

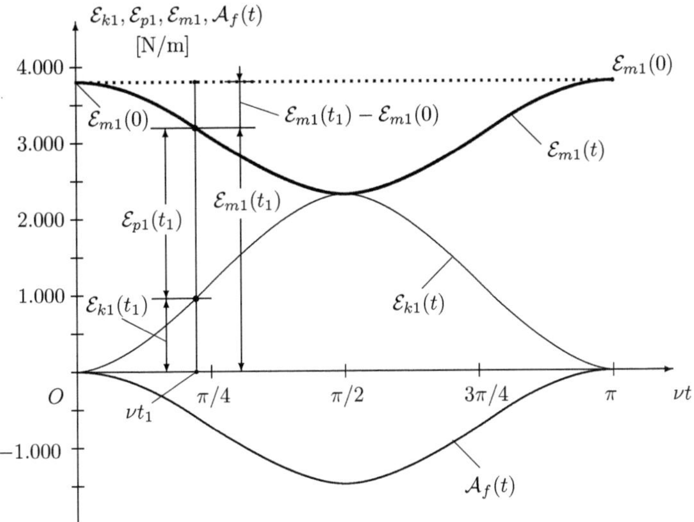

Abbildung 1.42: Bezogene Werte der kinetischen, potentiellen und mechanischen Energie des Körpers m_1 und der Arbeit der Federkraft durch die Bewegung $q_1(t)$

1.4.4.3 Arbeitssatz

Der Arbeitssatz (1.50) ist

$$E_k(t) + E_p(t) - \left[E_k(0) + E_p(0)\right] = \int_0^t F_2(t) \cdot \dot{q}_2 \cdot dt - \int_0^t b\dot{q}_1^2 \cdot dt.$$

Das *Arbeitsintegral A_e der Kraft $F_2 = \hat{F}_2\cos(\nu t + \psi)$* ist

$$A_e = \mathcal{A}_e \cdot \hat{s}^2 = \int_0^t \hat{F}_2\cos(\nu t + \psi) \cdot \dot{q}_2(t) \cdot dt = -\hat{F}_2\hat{s}\int_0^t \cos(\nu t + \psi) \cdot \sin(\nu t) \cdot d(\nu t)$$

$$= \frac{1}{2}\hat{F}_2\hat{s}\left[(\nu t)\sin(\psi) - \sin(\nu t) \cdot \sin(\nu t + \psi)\right].$$

Das Arbeitsintegral A_e besteht aus einem mit der Zeit linear anwachsendem Glied und einer oszillatorischen Komponente.

Der Koeffizient des in νt linearen Gliedes in A_e ergibt mit den Werten $\hat{F}_2 = (1.493, 20\,\text{N/m})\hat{s}$ und $\psi = 105, 45^0$, welche mit den Gleichungen (1.55) und (1.56) für $\nu_0 = 15$ rad/s berechnet wurden, den Wert

$$\frac{1}{2}\hat{F}_2\hat{s}\sin(\psi) = (719, 6\,\text{N/m}) \cdot \hat{s}^2$$

und ist somit gleich mit $k = \kappa \cdot \hat{s}^2$.

In einem Zeitinterval von $\nu t = \pi$ verändert sich auch der linear anwachsende Anteil von A_e mit $(2260, 69\ \text{N/m}) \cdot \hat{s}^2$.

Zu den Zeitpunkten νt und $\nu t + \pi$ gilt

$$\sin(\nu t + \pi) \cdot \sin(\nu t + \pi + \psi) = \sin(\nu t) \cdot \sin(\nu t + \psi)$$

und deshalb ist die oszillatorische Komponente periodisch mit der Periode π/ν.

Der *Arbeitssatz*

$$\left[\frac{1}{2}m_1\dot{q}_1^2 + \frac{1}{2}m_2\dot{q}_2^2 + \frac{1}{2}c_1q_1^2 + \frac{1}{2}c_2(q_1 - q_2)^2\right]_0^t = A_e + A_d$$

wird durch die Lösungen $q_1(t) = \hat{q}_1 \cos(\nu t - \varphi)$ und $q_2 = \hat{s}\cos(\nu t)$ bestätigt. Mit den Bezeichnungen

$$E_k = \mathcal{E}_k \cdot \hat{s}^2 = \frac{1}{2}\nu^2\left[m_1\left(\frac{\hat{q}_1}{\hat{s}}\right)^2 \sin^2(\nu t - \varphi) + m_2\sin^2(\nu t)\right] \cdot \hat{s}^2,$$

$$E_p = \mathcal{E}_p \cdot \hat{s}^2 = \frac{1}{2}\left[c_1\left(\frac{\hat{q}_1}{\hat{s}}\right)^2 \cos^2(\nu t - \varphi) + c_2\left(\frac{\hat{q}_1}{\hat{s}} - 1\right)^2 \cos^2(\nu t)\right] \cdot \hat{s}^2$$

wird der Arbeitssatz wie folgt geschrieben

$$\mathcal{E}_k(t) + \mathcal{E}_p(t) - [\mathcal{E}_k(0) + \mathcal{E}_p(0)] = \mathcal{A}_e + \mathcal{A}_d \rightarrow \mathcal{E}_m(t) - \mathcal{E}_m(0) = \mathcal{A}_e + \mathcal{A}_d. \quad (1.58)$$

Die Abb. 1.43 zeigt im Zeitintervall $\nu t \in [0, \pi]$ die auf $\hat{s}^2$ bezogenen Werte des linearen Anteils $\kappa \cdot \nu t$ und der Arbeiten $\mathcal{A}_e$ der Kraft F_2 und $\mathcal{A}_d$ der Dämpfungskraft $b\dot{q}_1$.

Die Werte $\mathcal{A}_e + \mathcal{A}_d$ im Zeitinteval $\nu t \in [0, \pi]$ sind negativ und positiv und wiederholen sich periodisch mit der Periode π/ν.

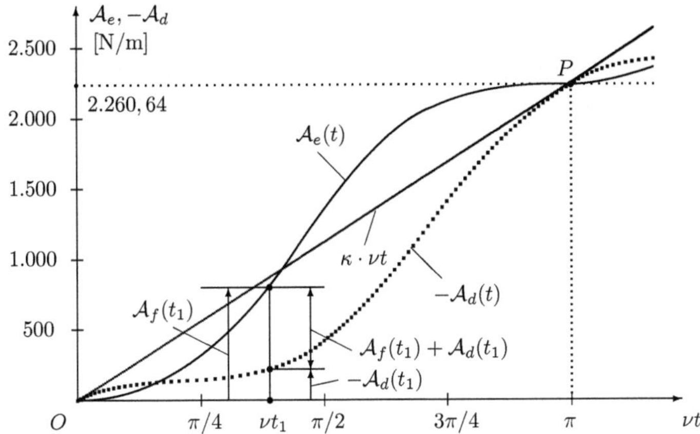

Abbildung 1.43: Bezogene Werte der Arbeiten der Federkraft und Dämpfungskraft

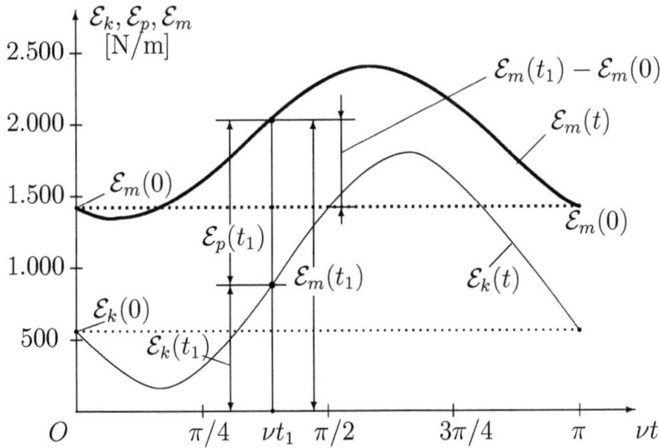

Abbildung 1.44: Bezogene Werte der kinetischen, potentiellen und mechanischen Energie des Systems

In der Abbildung 1.44 sind im Zeitintervall $\nu t \in [0, \pi]$ die Werte $\mathcal{E}_k$, $\mathcal{E}_p$ und $\mathcal{E}_m = \mathcal{E}_k + \mathcal{E}_p$ dargestellt.

Der Vergleich der Werte der Kurve $\mathcal{E}_m(t)$ mit dem Wert $\mathcal{E}_m(0)$ zeigt, dass die Differenz $\mathcal{E}_m(t) - \mathcal{E}_m(0)$ negative und positive Werte annimmt und dass sich die mechanische Energie periodisch mit der Periode π/ν verändert. Gemäß dem Arbeitssatz (1.58) entspricht der Wert $\mathcal{A}_e(t) + \mathcal{A}_d(t)$ in Abb. 1.43 der Veränderung $\mathcal{E}_m(t) - \mathcal{E}_m(0)$ der mechanischen Energie in Abb. 1.44.

1.4.4.4 Kontrolle der Ergebnisse

Zur Überprüfung der Ergebnisse wird der Zeitpunkt $\nu t = \nu t^* = \frac{1}{2}\pi \to 90^0$ gewählt. Es gilt: $q_1(t^*) = 0,5757\hat{s}$, $q_2(t^*) = 0$, $\ddot{q}_2(t^*) = 0$ und $F_2(t^*) = -1.439,2407\hat{s}$ N/m

Wenn die berechneten Ergebnisse in die zweite der Bewegungsdifferentialgleichungen (1.46) eingesetzt werden, resultiert das *Residuum*

$$\mathcal{R}_2(t^*) = -c_2 q_1(t^*) + m_2 \ddot{q}_2(t^*) + c_2 q_2(t^*) - F_2(t^*) = (-0,009\,\text{N/m}) \cdot \hat{s}.$$

Das Einsetzen der berechneten Werte in den Arbeitssatz ergibt

$$\mathcal{E}_m(t^*) - \mathcal{E}_m(0) = (2.322,51 - 1.419,34)\,\text{N/m} = 903,17\,\text{N/m},$$

$$\mathcal{A}_e(t^*) + \mathcal{A}_d(t^*) = (1.329,27 - 426,10)\ \text{N/m} = 903,17\,\text{N/m}.$$

Diese Ergebnisse erfüllen den Arbeitssatz (1.58).

Für den Fall ohne Dämpfung, d. h. mit $b = 0$, entsprechen die Ergebnisse

$$\varphi = 0, \quad \hat{q}_1 = 1,1765\,\hat{s}, \quad \kappa = 0, \quad \mathcal{A}_d = 0,$$

$$\psi = 180^0, \quad \hat{F}_2 = (1.566,2500\,\text{N/m})\hat{s},$$

$$\mathcal{A}_e(t) = \frac{1}{2}\frac{\hat{F}_2}{\hat{s}} \sin^2(\nu t) = (783,1250\,\text{N/m})\sin^2(\nu t),$$

$$\mathcal{E}_k(t) = \frac{1}{2}\Big[m_1\Big(\frac{\hat{q}_1}{\hat{s}}\Big)^2 + m_2\Big]\nu^2 \sin^2(\nu t) = (2.898,2569\,\text{N/m})\sin^2(\nu t),$$

$$\mathcal{E}_p(t) = \frac{1}{2}\Big[c_1\Big(\frac{\hat{q}_1}{\hat{s}}\Big)^2 + c_2\Big(\frac{\hat{q}_1}{\hat{s}} - 1\Big)^2\Big]\cos^2(\nu t) = (2115,1687\,\text{N/m})\cos^2(\nu t).$$

Mit diesen Werten ist der Arbeitssatz (1.50) mit einer Abweichung von $-(0,0368\,\text{N/m})\sin^2(\nu t)$ erfüllt.

In der Abb. 1.45 sind diese periodische Funktionen mit der Periode π/ν im Bereich $\nu t \in [0,\pi]$ dargestellt.

Die mechanische Arbeit $\mathcal{A}_e(t)$ der Kraft $\hat{F}_2 \cos(\nu t)$ ist positiv und ist gleich mit der Veränderung der mechanischen Energie $\mathcal{E}_m(t) - \mathcal{E}_m(0)$ des Systems.

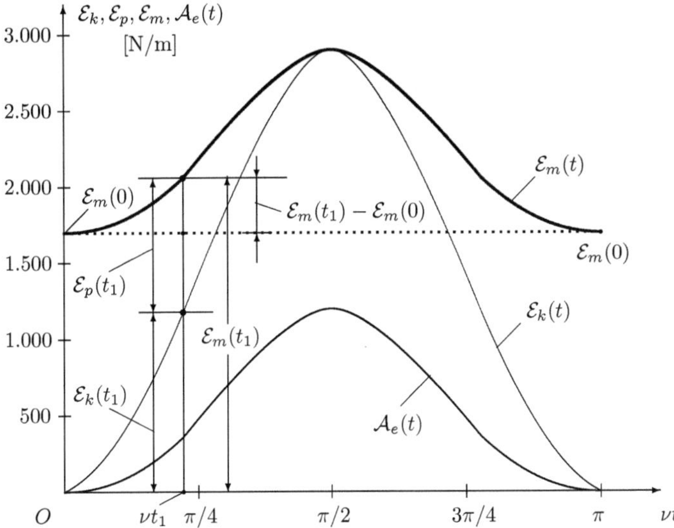

Abbildung 1.45: Bezogene Werte der kinetischen, potentiellen und mechanischen Energie des Systems und der Arbeit der Federkraft

1.4.5 Krafterregung

1.4.5.1 Bewegungsgesetze

Es wird angenommen, dass auf den Körper mit der Masse m_2 eine harmonische Kraft wirkt. Dann sind auch die *erzwungenen Bewegungen* q_1 und q_2 harmonische Funktionen.

Diese Funktionen sind die patikulären Lösungen des linearen Differentialgleichungssystems (1.46).

Im Abschnitt 1.4.4 wurden die Funktionen

$$F_2 = \hat{F}_2 \cos(\nu t + \psi), \qquad q_1 = \hat{q}_1 \cos(\nu t - \varphi), \qquad q_2 = \hat{q}_2 \cos(\nu t)$$

ermittelt, welche diese Differentialgleichungen erfüllen.

Durch die Verschiebung des Ursprunges der Zeitachse durch die Transformation $t = \tau - \psi/\nu$ können diese Funktionen wie folgt geschrieben werden

$$F_2 = \hat{F}_2 \cos(\nu \tau), \qquad q_1 = \hat{q}_1 \cos(\nu \tau - \psi - \varphi), \qquad q_2 = \hat{q}_2 \cos(\nu \tau - \psi).$$

Die hier gestellt Frage kann wie folgt formuliert werden.

Für gegebene Werte der Erregung durch die Kraft F_2, welche durch $\hat{F}_2$ und ν bestimmt ist, sind die erzwungene Schwingung q_1 der Masse m_1, bestimmt durch $\hat{q}_1$, ψ und φ, sowie die erzwungene Schwingung q_2 der Masse m_2, bestimmt durch $\hat{q}_2$ und ψ, zu berechnen.

Dazu werden die Zusammenhänge, die im Abschnitt 1.4.4 bestimmt wurden, verwendet, in welchen $\hat{s}$ durch $\hat{q}_2$ zu ersetzen ist.

Aus der ersten der Gleichungen (1.54) folgt

$$\hat{q}_2 = \frac{\hat{q}_1}{c_2}\sqrt{(-\nu^2 m_1 + c_1 + c_2)^2 + (b\nu)^2} \tag{1.59}$$

und wird in die Gleichunge (1.55) zur Berechnung von $\hat{F}_2$ eingesetzt. Man erhält

$$\hat{F}_2 = \hat{q}_1 \sqrt{[(-\nu^2 m_2 + c_2)(\hat{q}_2/\hat{q}_1) - c_2 \cos(\varphi)]^2 + [c_2 \sin(\varphi)]^2} \tag{1.60}$$

und daraus ergibt sich $\hat{q}_1/\hat{F}_2$ und $\hat{q}_2/\hat{F}_2$.

Mit diesen Zusammenhängen und der zweiten der Gleichungen (1.54)

$$\tan(\varphi) = \frac{b\nu}{-\nu^2 m_1 + c_1 + c_2}$$

können $\hat{q}_1/\hat{F}_2$ und $\hat{q}_2/\hat{F}_2$ als Funktion von ν berechnet werden.

Die Abbildung 1.46 zeigt die auf $\hat{F}_2$ bezogenen Amplituden $\hat{q}_1$ (dünner Strich) und $\hat{q}_2$ (dicker Strich) (*Resonanzkurven*).

Für $\nu = \nu_0 = 15\,\text{rad/s}$ erhält man $\hat{q}_1/\hat{F}_2 = 0,612\,\text{mm/N}$ und $\hat{q}_2/\hat{F}_2 = 0,670$ mm/N.

Die maximalen Werte der Amplituden befinden sich in der Nähe der Eigenkreisfrequenzen $p_1 = 11,707\,\text{rad/s}$ und $p_2 = 27,011\,\text{rad/s}$.

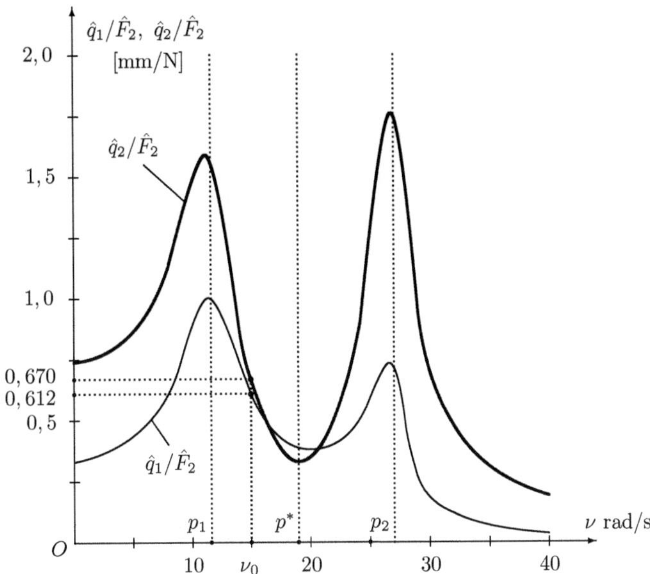

Abbildung 1.46: Die Amplituden $\hat{q}_1/\hat{F}_2$ und $\hat{q}_2/\hat{F}_2$ in Abhängigkeit von ν

1.4.6 Vergleich der erzwungenen Amplituden und der Eigenkreisfrequenzen

Hier wurden für die Erregung des Systems zwei Modelle angenommen:

• kinematische Erregung durch eine harmonische zeitabhängige Bindung $q_2 = \hat{s}\cos(\nu t)$ und

• dynamische Erregung durch eine harmonische Kraft $F_2 = \hat{F}_2\cos(\nu\tau)$.

In beiden Fällen ist die Bewegung des Körpers mit der Masse m_1 eine harmonische Schwingung.

Für die Erregerkreisfrequenz $\nu_0 = 15$ rad/s erhält man mit beiden Modellen Verhältnisse der Amplituden $\hat{q}_1/\hat{q}_2 = (\hat{q}_1/\hat{F}_2)/(\hat{q}_2/\hat{F}_2) = 0,9134$.

Wenn der Zweck eines mechanischen Modells darin besteht, die Auswirkungen von Veränderungen der nummerischen Werte der Strukturparameter auf das Verhalten des Systems zu untersuchen, dann erhält man wegen der unterschiedlichen Resonanzkurven (Abb. 1.38 bzw. Abb. 1.46) für Erregerkreisfrequenzen $\nu \neq \nu_0$ unterschiedliche Werte für die Amplituden der erzwungenen Schwingungen.

Wenn das System über die Koordinate $q_2 = \hat{s}\cos(\nu t)$ kinematisch erregt wird, dann bewegt sich die Masse m_1 wie ein Körper mit einem Freiheitsgrad mit zwei parallel geschalteten Federn mit den Federkonstanten c_1 und c_2 und der Eigenkreisfrequenz $p^* = \sqrt{(c_1 + c_2)/m_1}$.

Wenn der Körper mit der Masse m_2 durch eine harmonische Kraft erregt wird, dann sind die Bewegungen q_1 und q_2 wie bei einem System mit zwei Freiheitsgraden und den Eigenkreisfrequenzen p_1 und p_2, die auch von m_2 abhängen.

Für beide Annahmen ist die erzwungene Bewegung der Masse m_1 eine harmonische Schwingung $q_1 = \hat{q}_1 \cos(\nu t - \varphi)$.

Die Amplitude $\hat{q}_1$ hat für die Annahme einer zeitabhängigen Bindung eine Resonanzstelle, $\nu = p^*$. Für die Annahme einer Krafterregung gibt es zwei Resonanzstellen, $\nu = p_1$ und $\nu = p_2$.

Für $m_2/m_1 < 1,5$ ist der relative Unterschied zwischen p_2 und p^* größer als 7,2 % und die Resonanzkurven für kinematischer Erregung bzw. Krafterregung unterscheiden sich wesentlich.

Für große Werte von m_2/m_1 strebt der Wert von p_2 zum Wert p^* und sowohl bei kinematischer Erregung als auch bei Krafterregung gibt es die Rezonanzstelle bei $p_2 \approx p^*$.

1.5 Körper im elastisch befestigten Rahmen und harmonische Erregung

Die Abb. 1.47 zeigt das Modell eines Schwingungssystems mit zwei Freiheitsgraden bestehend aus dem Rahmen mit den Massen m_1 und dem Körper mit der Masse m_2 in geradlinigen horizontalen Translationen. Die Schwerpunkte sind S_1 bzw. S_2. Es wird angenommen, dass auf den Rahmen in horizontaler Richtung die Erregerkraft $F_1(t)$ wirkt. In der Lage $q_1 = 0$ und $q_2 = 0$ sind die Federn mit den Federkonstanten c_1 und c_2 unverformt. Auf den Körper mit der Masse m_2 wirkt eine mit $\dot{q}_2$ proportionale Dämpfungskraft mit dem Dämpfungskoeffizienten b.

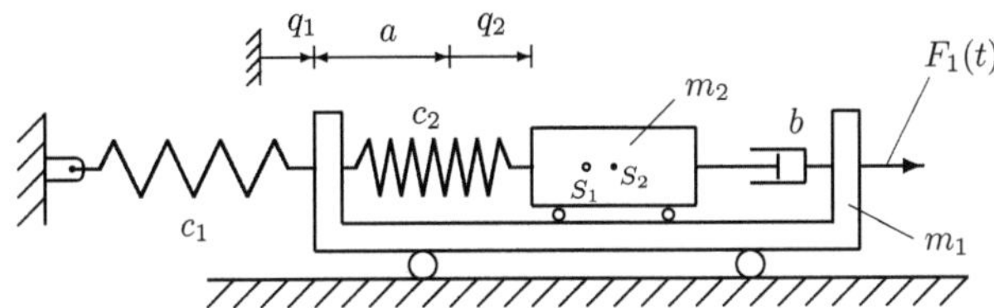

Abbildung 1.47: Schwingungssystem mit zwei Freiheitsgraden und Erregerkraft $F_2(t)$

Nummerische Anwendung: $m_1 = 20$ kg, $m_2 = 10$ kg, $b = 90$ kg/s, $c_1 = 2.500$ N/m, $c_2 = 3.000$ N/m, Erregerkreisfrequenz $\nu = \nu_0 = 15$ rad/s.

1.5.1 Bestimmung der Bewegungsdifferentialgleichungen

Als verallgemeinerte Koordinaten dieses Systems werden die Längen q_1 und q_2 angenommen.

Die Koordinate q_1 beschreibt die absolute Bewegung der Masse m_1 und die Führungsbewegung der Masse m_2. Die Koordinate q_2 beschreibt die Relativbewegung der Masse m_2 in Bezug auf die Masse m_1. Die absolute Beschleunigung der Masse m_1 ist $\ddot{q}_1$ und die absolute Beschleunigung der Masse m_2 ist $\ddot{q}_1 + \ddot{q}_2$.

Die Bewegungsdifferentialgleichungen werden mit dem *Impulssatz in der d'Alembertschen Form* bestimmt.

Die Kräfte, die auf das freigeschnittene System und auf den freigeschnittenen Körper mit der Masse m_2 wirken, sind in der Abb. 1.48 eingezeichnet.

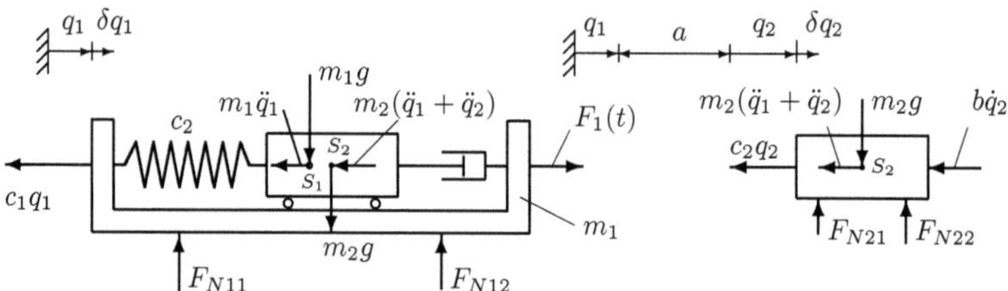

Abbildung 1.48: Kräfte, die auf die freigeschnittenen Körper wirken

Auf das System wirken die Gewichtskraft $m_1 g$ in S_1, die Gewichtskraft $m_2 g$ in S_2, die äußere Federkraft $c_1 q_1$, die Erregerkraft $F_1(t)$, die äußeren Reaktionen F_{N11} und F_{N12} sowie die Trägheitskräfte $m_1 \ddot{q}_1$ in S_1 und $m_2(\ddot{q}_1 + \ddot{q}_2)$ in S_2.

Auf die freigeschnittene Masse m_2 wirken die Gewichtskraft $m_2 g$, die innere Federkraft $c_2 q_2$, die innere Dämpfungskraft $b\dot{q}_2$, die inneren Normalreaktionen F_{N21} und F_{N22} sowie die Trägheitskraft $m_2(\ddot{q}_1 + \ddot{q}_2)$.

Die Gleichgewichtsbedingungen in horizontaler Richtung dieser Kräfte führen auf die *Bewegungsdifferentialgleichungen*

$$\sum F_{iq_1} = -m_1 \ddot{q}_1 - m_2(\ddot{q}_1 + \ddot{q}_2) - c_1 q_1 + F_1(t) = 0$$

$$\rightarrow \quad (m_1 + m_2)\ddot{q}_1 + m_2 \ddot{q}_2 + c_1 q_1 - F_1(t) = 0, \qquad (1.61)$$

$$\sum F_{iq_2} = -m_2(\ddot{q}_1 - \ddot{q}_2) - b\dot{q}_2 - c_2 q_2 = 0$$

$$\rightarrow \quad m_2 \ddot{q}_1 + m_2 \ddot{q}_2 + b\dot{q}_2 + c_2 q_2 = 0. \qquad (1.62)$$

Die Bewegungsdifferentialgleichungen können auch mit den *Lagrange'schen Gleichungen*

$$\frac{d}{dt}\left(\frac{\partial E_k}{\partial \dot{q}_i}\right) - \frac{\partial E_k}{\partial q_i} + \frac{\partial E_p}{\partial q_i} - Q_i^{(nk)} = 0, \quad i = 1, 2$$

bestimmt werden.

Die absolute Geschwindigkeit der Masse m_1 ist $\dot{q}_1$ und die absolute Geschwindigkeit der Masse m_2 ist $\dot{q}_1 + \dot{q}_2$.

Somit ist die kinetische Energie E_k des Systems

$$E_k = \frac{1}{2}m_1\dot{q}_1^2 + \frac{1}{2}m_2\big(\dot{q}_1 + \dot{q}_2\big)^2 = \frac{1}{2}(m_1 + m_2)\dot{q}_1^2 + m_2\dot{q}_1\dot{q}_2 + \frac{1}{2}m_2\dot{q}_2^2.$$

Die Körper bewegen sich in einer horizontalen Ebene. Die Potentiale der Gewichtskräfte $m_1 g$ und $m_2 g$ sind deshalb konstant und werden gleich mit null angenommen. Mit der Federverformung q_1 ist die Federkraft in der Feder mit der Federkonstanten c_1 gleich mit $c_1 q_1$ und ihr Potential ist $\frac{1}{2}c_1 q_1^2$. Mit der Federverformung q_2 ist die Federkraft in der Feder mit der Federkonstanten c_2 gleich mit $c_2 q_2$ und ihr Potential ist $\frac{1}{2}c_2 q_2^2$. Somit ist das Potential E_p des Systems

$$E_p = \frac{1}{2}c_1 q_1^2 + \frac{1}{2}c_2 q_2^2.$$

Die Ableitungen, mit denen die Lagrange'schen Gleichungen gebildet werden, sind

$$\frac{\partial E_k}{\partial q_1} = 0, \quad \frac{\partial E_k}{\partial \dot{q}_1} = m_1\dot{q}_1 + m_2(\dot{q}_1 + \dot{q}_2), \quad \frac{d}{dt}\Big(\frac{\partial E_k}{\partial \dot{q}_1}\Big) = m_1\ddot{q}_1 + m_2(\ddot{q}_1 + \ddot{q}_2),$$

$$\frac{\partial E_k}{\partial q_2} = 0, \quad \frac{\partial E_k}{\partial \dot{q}_2} = m_2(\dot{q}_1 + \dot{q}_2), \quad \frac{d}{dt}\Big(\frac{\partial E_k}{\partial \dot{q}_2}\Big) = m_2(\ddot{q}_1 + \ddot{q}_2),$$

$$\frac{\partial E_p}{\partial q_1} = c_1 q_1, \qquad \frac{\partial E_p}{\partial q_2} = c_2 q_2.$$

Die virtuellen Arbeiten δA_1 und δA_2 der eingeprägten nichtkonservativen Kräfte $F_1(t)$ und $b\dot{q}_2$ bei den virtuellen Verschiebungen δq_1 des Systems und δq_2 des Körpers sind

$$\delta A_1 = F_1(t)\delta q_1 = Q_1^{(nk)}\delta q_1 \rightarrow Q_1^{(nk)} = F_1(t),$$

$$\delta A_2 = -b\dot{q}_2\delta q_2 = Q_2^{(nk)}\delta q_2 \rightarrow Q_2^{(nk)} = -b\dot{q}_2.$$

In die Lagrange'schen Gleichungen eingesetzt erhält man die gleichen Bewegungsdifferentialgleichungen (1.61) und (1.62).

1.5.2 Bestimmung der Bilanzgleichungen und des Arbeitssatzes

Um die Bilanzgleichungen zu ermitteln, wird die Bewegungsdifferentialgleichung (1.61) mit dq_1 und die Gleichung (1.62) mit dq_2 multipliziert. Man erhält

$$(m_1 + m_2)\ddot{q}_1 \cdot dq_1 + c_1 q_1 \cdot dq_1 + m_2 \ddot{q}_2 \cdot dq_1 - F_1(t) \cdot dq_1 = 0, \qquad (1.63)$$

$$m_2 \ddot{q}_2 \cdot dq_2 + b\dot{q}_2 \cdot dq_2 + c_2 q_2 \cdot dq_2 + m_2 \ddot{q}_1 \cdot dq_2 = 0. \qquad (1.64)$$

Die folgenden Umformungen werden berücksichtigt:

$$m_i \ddot{q}_i \cdot dq_i = m_i \frac{d\dot{q}_i}{dt} \cdot dq_i = m_i d\dot{q}_i \cdot \frac{dq_i}{dt} = m_i \dot{q}_i \cdot d\dot{q}_i = m_i d\Big(\frac{1}{2}\dot{q}_i^2\Big) = d\Big(\frac{1}{2}m_i \dot{q}_i^2\Big),$$

$$\ddot{q}_2 \cdot dq_1 = \frac{d\dot{q}_2}{dt} dq_1 = d\dot{q}_2 \frac{dq_1}{dt} = d\dot{q}_2 \cdot \dot{q}_1 = d(\dot{q}_1 \dot{q}_2) - d\dot{q}_1 \cdot \dot{q}_2$$

$$= d(\dot{q}_1 \dot{q}_2) - d\dot{q}_1 \frac{dq_2}{dt} = d(\dot{q}_1 \dot{q}_2) - \ddot{q}_1 \cdot dq_2$$

$$c_i q_i \cdot dq_i = c_i d\Big(\frac{1}{2}q_i^2\Big) = d\Big(\frac{1}{2}c_i q_i^2\Big), \quad dq_i = \dot{q}_i \cdot dt, \qquad i = 1, 2.$$

Das Produkt $F_1(t) \cdot dq_1$ in Gleichung (1.63) ist die infinitesimale Arbeit der eingeprägten Kraft $F_1(t)$ und es gilt

$$dA_e = F_1(t) \cdot dq_1 = F_1(t) \cdot \dot{q}_1 \cdot dt.$$

Das Produkt $b\dot{q}_2 \cdot dq_2$ in Gleichung (1.64) bestimmt die infinitesimale Arbeit dA_d der Dämpfungskraft und es gilt

$$dA_d = -b\dot{q}_2 \cdot dq_2 = -b\dot{q}_2 \frac{dq_2}{dt} \cdot dt = -b\dot{q}_2 \cdot \dot{q}_2 \cdot dt = -b\dot{q}_2^2 \cdot dt.$$

Das Produkt $m_2 \ddot{q}_1 \cdot dq_2$ in Gleichung (1.64) bestimmt die infinitesimale Arbeit dA_f der Trägheitskraft $m_2 \ddot{q}_1$, die auf den Körper mit der Masse m_2 wirkt und durch seine Führungsbeschleunigung $\ddot{q}_1$ entsteht, durch die Verschiebung dq_2 und es gilt

$$dA_f = -m_2 \ddot{q}_1 \cdot dq_2 = -m_2 \ddot{q}_1 \cdot \dot{q}_2 \cdot dt.$$

Mit diesen Umformungen können die Gleichungen (1.63) und (1.64) wie folgt geschrieben werden

$$d\left[\frac{1}{2}(m_1 + m_2)\dot{q}_1^2\right] + d(m_2\dot{q}_1\dot{q}_2) + d\left(\frac{1}{2}c_1q_1^2\right) - m_2\ddot{q}_1 \cdot dq_2 - F_1(t) \cdot dq_1 = 0,$$

$$d\left(\frac{1}{2}m_2\dot{q}_2^2\right) + d\left(\frac{1}{2}c_2q_2^2\right) + b\dot{q}_2^2 \cdot dt + m_2\ddot{q}_1 \cdot dq_2 = 0.$$

Durch Integration dieser Differentialausdrücke zwischen dem Anfangszeitpunkt $t = 0$ und dem Zwischenzeitpunkt t erhält man

$$\left[\frac{1}{2}(m_1 + m_2)\dot{q}_1^2 + m_2\dot{q}_1\dot{q}_2 + \frac{1}{2}c_1q_1^2\right]_0^t - \int_0^t m_2\ddot{q}_1 \cdot dq_2 - \int_0^t F_1(t) \cdot dq_1 = 0,$$

$$\left[\frac{1}{2}m_2\dot{q}_2^2 + \frac{1}{2}c_2q_2^2\right]_0^t + \int_0^t b\dot{q}_2^2 \cdot dt + \int_0^t m_2\ddot{q}_1 \cdot dq_2 = 0. \tag{1.65}$$

Diese Gleichungen sind *Bilanzgleichungen*, welche die durch die Koordinaten q_1 bzw. q_2 bestimmten Anteile der kinetischen Energie und des Potentials, die mechanische Arbeit der Trägheitskraft $m_2\ddot{q}_1$ sowie die Arbeiten der Nichtpotentialkräfte $b\dot{q}_2$ und $F_1(t)$ enthalten.

Die Lösungen $q_i = q_i(t)$, $i = 1, 2$ erfüllen zu jedem Zeitpunkt der Bewegung diese Gleichungen.

Die Addition der Bilanzgleichungen in Differentialform ergibt

$$d\left[\frac{1}{2}(m_1 + m_2)\dot{q}_1^2 + m_2\dot{q}_1\dot{q}_2 + \frac{1}{2}m_2\dot{q}_2^2\right] + d\left(\frac{1}{2}c_1q_1^2 + \frac{1}{2}c_2q_2^2\right) + b\dot{q}_2^2 \cdot dt - F_1(t) \cdot dq_1 = 0.$$

$$\text{oder} \quad \rightarrow \quad d(E_k + E_p) + b\dot{q}_2^2 \cdot dt - F_1(t) \cdot dq_1 = 0.$$

Die Integration ergibt die Integralform der *Bilanzgleichung für das System*

$$\left[E_k(t) + E_p(t)\right]_0^t + \int_0^t b\dot{q}_2^2 \cdot dt - \int_0^t F_1(t) \cdot dq_1 = 0. \tag{1.66}$$

In der Form

$$E_k(t) + E_p(t) - \left[E_k(0) + E_p(0)\right] = \int_0^t F_1(t) \cdot dq_1 - \int_0^t b\dot{q}_2^2 \cdot dt. \tag{1.67}$$

ist diese Gleichung der *Arbeitssatz*, der besagt, dass die Veränderung der mechanischen Energie $E_m = E_k + E_p$ gleich ist mit der Arbeit der eingeprägten Nichtpotentialkräfte.

Die Bilanzgleichungen und der Arbeitssatz korrelieren die Veränderungen der kinetischen Energie und des Potentials mit den mechanischen Arbeiten der Trägheitskraft $m_2\ddot{q}_1$ sowie der nichtkonservativen Kräfte $b\dot{q}_2$ und F_1.

Die berechneten Lösungen können überprüft werden, wenn diese in die Bewegungsdifferentialgleichungen sowie in die Bilanzgleichungen und in den Arbeitssatz eingesetzt werden.

Die Residuen der Bewegungsdifferentialgleichungen und die Abweichungen in den Bilanzgleichungen und im Arbeitssatz geben Hinweise über die Verwendbarkeit dieser Lösungen.

1.5.3 Bestimmung der Eigenkreisfrequenzen

Für das System ohne Dämpfung, d. h. $b = 0$, und ohne Erregung, d. h. $F_1 = 0$, gelten die Differentialgleichungen

$$(m_1 + m_2)\ddot{q}_1 + m_2\ddot{q}_2 + c_1 q_1 = 0, \qquad m_2\ddot{q}_1 + m_2\ddot{q}_2 + c_2 q_2 = 0.$$

Die Lösungsansätze $q_1 = A\cos(pt)$ und $q_2 = B\cos(pt)$ werden in diese Gleichungen eingesetzt. Man erhält folgendes Gleichungssystem zur Berechnung der Amplituden A und B:

$$A[-p^2(m_1 + m_2) + c_1] + B(-p^2 m_2) = 0, \quad A(-p^2 m_2) + B(-p^2 m_2 + c_2) = 0.$$

Damit es von null verschiedene Lösungen für A und B gibt, muss die Hauptdeterminante $\Delta(p^2)$ dieses Systems gleich sein mit null,

$$\Delta(p^2) = \begin{vmatrix} -p^2(m_1 + m_2) + c_1 & -p^2 m_2 \\ -p^2 m_2 & -p^2 m_2 + c_2 \end{vmatrix} = 0$$

$$\rightarrow \quad m_1 m_2 p^4 - [(m_1 + m_2)c_2 + m_2 c_1]p^2 + c_1 c_2 = 0$$

Das ist die charakteristischen Gleichung zur Berechnung der *Eigenkreisfrequenzen* p_1 und p_2

$$p_{1,2}^2 = \frac{1}{2m_1 m_2}\left\{(m_1+m_2)c_2 + m_2 c_1 \mp \sqrt{[(m_1 + m_2)c_2 + m_2 c_1]^2 - 4m_1 m_2 c_1 c_2}\right\}.$$

Mit den angenommenen nummerischen Werten $m_1 = 20$ kg und $m_2 = 10$ kg, d. h. $m_1/m_2 = 2$, erhält man $p_1 = 8,660$ rad/s und $p_2 = 22,361$ rad/s.

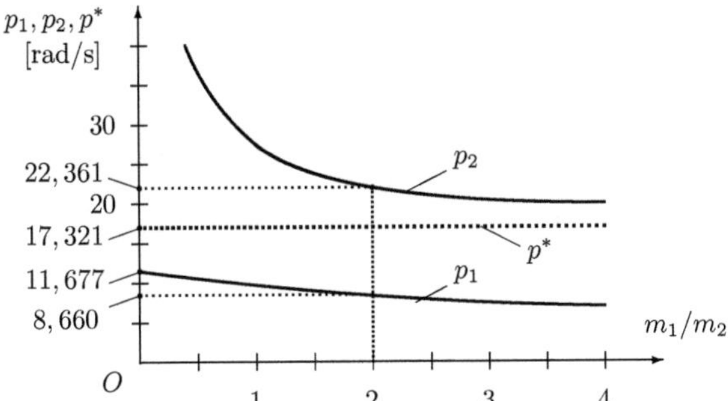

Abbildung 1.49: Eigenkreisfrequenzen in Abhängigkeit von m_1/m_2

In der Abbildung 1.49 sind die Eigenkreisfrequenzen p_1 und p_2 für steigende Werte von m_1/m_2 eingezeichnet.

Der Wert $p^* = \sqrt{c_2/m_2} = 17,321$ rad/s entspricht für p_2 mit sehr großen Werten von m_1/m_2.

1.5.4 Erregung durch zeitabhängige Bindung

1.5.4.1 Bewegungsgesetz und Kraftgesetz

Es wird angenommen, dass dem Körper mit der Masse m_1 die Bewegung $q_1 = s(t) = \hat{s}\cos(\nu t)$ aufgezwungen wird. Diese aufgezwungene Bewegung kann als zeitabhängige Bindung des Systems in Abb. 1.47 aufgefasst werden und ist die Führungsbewegung der Masse m_2.

Aus der Gleichung (1.62) folgt mit $\ddot{q}_1 = -\nu^2 \hat{s}\cos(\nu t)$ in diesem Fall

$$m_2\ddot{q}_2 + b\dot{q}_2 + c_2 q_2 = -m_2\ddot{q}_1 = m_2\nu^2\hat{s}\cos(\nu t) \tag{1.68}$$

Aus dieser Differentialgleichung wird das *Gesetz der Relativbewegung* $q_2(t)$ berechnet.

Für diesen Fall der Erregung durch die harmonischen Bewegung $q_1 = \hat{q}_1\cos(\nu t) = s(t) = \hat{s}\cos(\nu t)$ gilt $\hat{q}_1 = \hat{s}$ und die erzwungene Schwingung $q_2(t)$ des Körpers mit der Masse m_2 wird wie folgt angenommen:

$$q_2 = \hat{q}_2\cos(\nu t - \varphi),$$

Es ist die partikuläre Lösung der Gleichung (1.68).

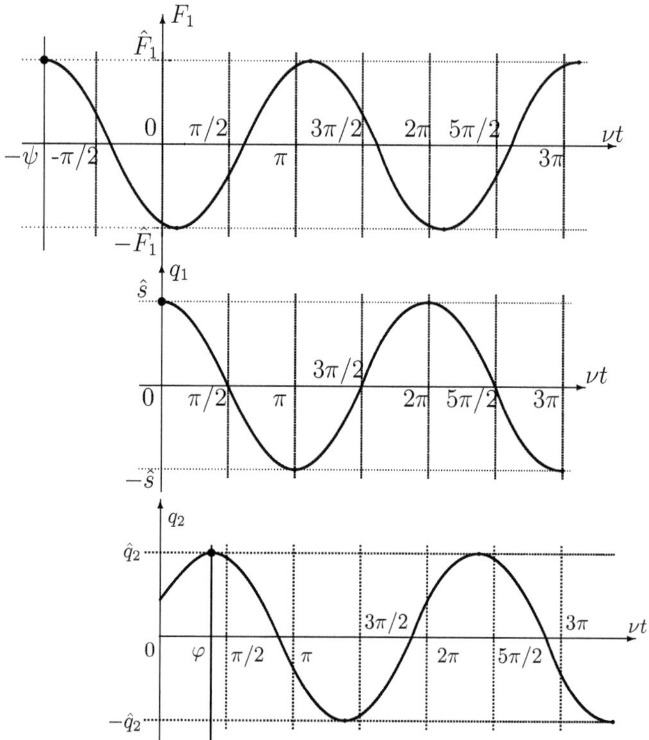

Abbildung 1.50: Kraftgesetz und Bewegungsgesetze

Die Erregerkraft $F_1(t)$, welche die Bewegungen $q_1 = \hat{q}_1 \cos(\nu t)$ mit $\hat{q}_1 = \hat{s}$ und $q_2 = \hat{q}_2 \cos(\nu t - \varphi)$ bewirkt, wird aus der Gleichung (1.61) berechnet und der Ausdruck $F_1(t) = \hat{F}_1 \cos(\nu t + \psi)$ angenommen.

Das führt auf das *Kraftgesetz*

$$F_1(t) = (m_1 + m_2)\ddot{s} + c_1 s + m_2 \ddot{q}_2$$

$$= [-\nu^2(m_1+m_2)+c_1]\hat{s}\cos(\nu t)-m_2\nu^2\hat{q}_2\cos(\nu t-\varphi) = \hat{F}_1\cos(\nu t+\psi). \quad (1.69)$$

Die Abbildung 1.50 zeigt qualitativ die Funktionen $F_1(t) = \hat{F}_1 \cos(\nu t + \psi)$, $q_1 = \hat{s} \cos(\nu t)$ und $q_2 = \hat{q}_2 \cos(\nu t - \varphi)$ in Abhängigkeit von νt.

Nach dem Maximum der Kraft $F(t)$ folgt nach einer Verzögerung von $\nu t = \psi$ das Maximum der Bewegung $q_1(t)$ und nach einer weiteren Verzögerung von $\nu t = \varphi$ das Maximum der Bewegung $q_2(t)$.

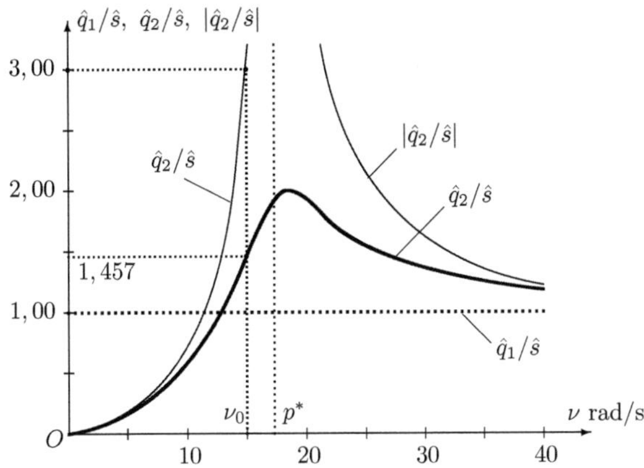

Abbildung 1.51: Amplituden $\hat{q}_1/\hat{s}$ und $\hat{q}_2/\hat{s}$ in Abhängigkeit von ν

Durch einsetzen der partikulären Lösung $q_2 = \hat{q}_2 \cos(\nu t - \varphi)$ in die Gleichung (1.68) folgt

$$(-\nu^2 m_2 + c_2)\hat{q}_2 \cos(\nu t - \varphi) - b\nu\hat{q}_2 \sin(\nu t - \varphi) = m_2\nu^2 \hat{s} \cos(\nu t)$$

$$\rightarrow \quad [(-\nu^2 m_2 + c_2) \cdot \cos(\varphi) + b\nu \cdot \sin(\varphi)] \cdot \hat{q}_2 \cos(\nu t) = m_2\nu^2 \hat{s} \cos(\nu t)$$

$$\rightarrow \quad [(-\nu^2 m_2 + c_2) \cdot \sin(\varphi) - b\nu \cdot \cos(\varphi)] \cdot \hat{q}_2 \sin(\nu t) = 0.$$

Der Koeffizientenvergleich ergibt

$$\hat{q}_2 = \frac{m_2\nu^2 \hat{s}}{\sqrt{(-\nu^2 m_2 + c_2)^2 + (b\nu)^2}}, \quad \tan(\varphi) = \frac{b\nu}{-\nu^2 m_2 + c_2}, \qquad (1.70)$$

$$\sin(\varphi) = \frac{\tan(\varphi)}{\sqrt{1 + \tan^2(\varphi)}} = \frac{b\nu}{\sqrt{(-\nu^2 m_2 + c_2)^2 + (b\nu)^2}}. \qquad (1.71)$$

Die Abhängigkeit der auf $\hat{s}$ bezogenen Amplituden $\hat{q}_2$ von ν ist in der Abbildung 1.51 mit dickem Strich dargestellt (*Resonanzkurve*).

Für $\nu = \nu_0 = 15$ rad/s erhält man aus diesen Gleichungen die Werte $\hat{q}_2/\hat{s} = 1,457$ und $\varphi = 60,95^0$.

Die dünnen Linien zeigen $|\hat{q}_2/\hat{s}|$ für den Fall ohne Dämpfung, $b = 0$, für welchen mit $\nu = \nu_0 = 15$ rad/s die Werte $\hat{q}_2/\hat{s} = 3,000$ und $\varphi = 0$ entsprechen.

Für die auf $\hat{s}$ bezogenen Amplituden $\hat{q}_1$ gilt $\hat{q}_1/\hat{s} = 1$ und diese ist punktiert dargestellt. Das Maximum der Kurve $\hat{q}_2/\hat{s}$ ist in der Nähe von $p^* = \sqrt{c_2/m_2}$=17,321 rad/s..

Die Erregerkraft $F_1(t)$, welche die Bewegungen $q_1 = \hat{q}_1\cos(\nu t)$ mit $\hat{q}_1 = \hat{s}$ und $q_2 = \hat{q}_2\cos(\nu t - \varphi)$ bewirkt, wird aus der Gleichung (1.69) berechnet, Das führt auf

$$\{[-\nu^2(m_1 + m_2) + c_1]\hat{s} - m_2\nu^2\hat{q}_2\cos(\varphi)\}\cos(\nu t) = \hat{F}_1\cos(\psi)\cdot\cos(\nu t)$$

$$-m_2\nu^2\hat{q}_2\sin(\varphi)\cdot\sin(\nu t) = -\hat{F}_1\sin(\psi)\cdot\sin(\nu t).$$

Der Koeffizientenvergleich ergibt

$$\hat{F}_1 = \sqrt{\{[-\nu^2(m_1 + m_2) + c_1]\hat{s} - m_2\nu^2\hat{q}_2\cos(\varphi)\}^2 + [m_2\nu^2\hat{q}_2\sin(\varphi)]^2}, \tag{1.72}$$

$$\tan(\psi) = \frac{m_2\nu^2\hat{q}_2\sin(\varphi)}{[-\nu^2(m_1 + m_2) + c_1]\hat{s} - m_2\nu^2\hat{q}_2\cos(\varphi)}. \tag{1.73}$$

Die Abhängigkeit der auf $\hat{s}$ bezogenen Amplitude $\hat{F}_1$ von ν ist in der Abbildung 1.52 mit dicker Linie dargestellt (*Resonanzkurve*).

Für $\nu = \nu_0 = 15$ rad/s erhält man die Werte $\hat{F}_1/\hat{s} = 6.506,92$ N/m und $\psi = 153,87^0$.

Die mit dünnen Linien gezeichneten Kurven zeigen $|\hat{F}_1/\hat{s}|$ für den dämpfungsfreien Fall, $b = 0$, für welchen mit $\nu = \nu_0 = 15$ rad/s die Werte $\hat{F}_1/\hat{s} = 11.000$ N/m und $\psi = 180^0$ entsprechen.

Das Maximum von $\hat{F}_1/\hat{s}$ befindet sich in der Nähe der Kreisfrequenz $p^* = \sqrt{c_2/m_2}$ =17,321 rad/s.

Die Minima von $\hat{F}_1/\hat{s}$ befinden sich in der Nähe der Kreisfrequenzen $p_1 = 8,660$ rad/s und $p_2 = 22,361$ rad/s. Das sind die Eigenkreisfrequenzen des Systems in Abb. 1.47 und die Lösungen der charakteristischen Gleichung $\Delta(p^2) = 0$.

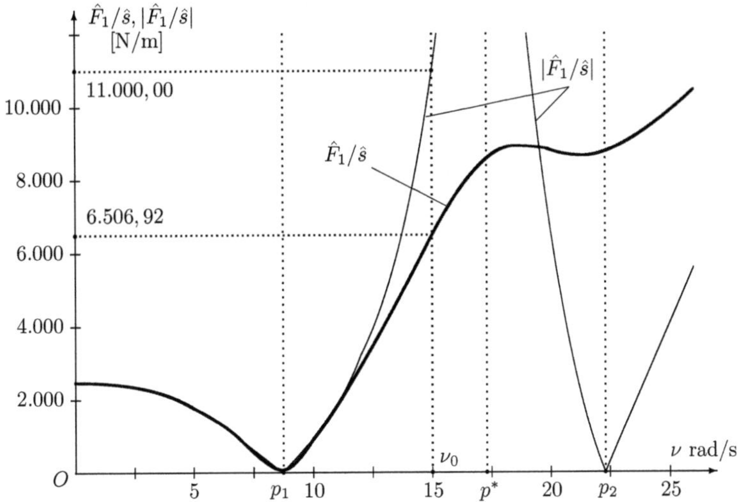

Abbildung 1.52: Amplitude $\hat{F}_2/\hat{s}$ in Abhängigkeit von ν

1.5.4.2 Bilanzgleichung für die Relativbewegung $q_2(t)$

Die Bilanzgleichung für die Koordinate q_2 ist (1.65)

$$\left[\frac{1}{2}m_2\dot{q}_2^2 + \frac{1}{2}c_2q_2^2\right]_0^t = -\int_0^t m_2\ddot{q}_1 \cdot dq_2 - \int_0^t b\dot{q}_2^2 \cdot dt.$$

Das *Arbeitsintegral A_f der Trägheitskraft* $m_2\ddot{q}_1$, welche auf den Körper mit der Masse m_2 wegen der Führungsbeschleunigung $\ddot{q}_1 = -\nu^2\hat{s}\cos(\nu t)$ wirkt, bei der Relativbewegung $q_2(t)$ ist

$$A_f = \mathcal{A}_f \cdot \hat{s}^2 = \int_0^t m_2\nu^2\hat{s}\cos(\nu t) \cdot \dot{q}_2(t) \cdot dt$$

$$= -m_2\nu^2\hat{s}\hat{q}_2 \int_0^t \cos(\nu t) \cdot \sin(\nu t - \varphi) \cdot d(\nu t)$$

$$= \frac{1}{2}m_2\nu^2\hat{s}\hat{q}_2\Big[(\nu t)\sin(\varphi) - \sin(\nu t) \cdot \sin(\nu t - \varphi)\Big].$$

Das *Arbeitsintegral A_d der Dämpfungskraft $b\dot{q}_2$* ist

$$A_d = \mathcal{A}_d \cdot \hat{s}^2 = -\int_0^t b\dot{q}_2^2 \cdot dt = -b\hat{q}_2^2 \nu \int_0^t \sin^2(\nu t - \varphi) \cdot d(\nu t - \varphi)$$

$$= -\frac{1}{2}b\hat{q}_2^2 \nu \big[(\nu t) - \sin(\nu t - \varphi) \cdot \cos(\nu t - \varphi) - \sin(\varphi) \cdot \cos(\varphi)\big].$$

Die Arbeitsintegrale A_f und A_d bestehen aus einem Glied, das sich mit der Zeit linear verändert, und einer oszillatorischen Komponente.

Die Koeffizienten der in νt linearen Glieder sind gleich,

$$k = \kappa \cdot \hat{s}^2 = \frac{1}{2}m_2\nu^2\hat{s}\hat{q}_2\sin(\varphi) = \frac{1}{2}m_2\nu^2\hat{s}\hat{q}_2\frac{b\nu}{\sqrt{(-\nu^2 m_2 + c_2)^2 + (b\nu)^2}}$$

$$= \frac{1}{2}b\nu\hat{q}_2\frac{m_2\nu^2\hat{s}}{\sqrt{(-\nu^2 m_2 + c_2)^2 + (b\nu)^2}} = \frac{1}{2}b\hat{q}_2^2\nu = (1.432,9\,\text{N/m}) \cdot \hat{s}^2.$$

In einem Zeitintervall entsprechend dem Phaseninterval $\nu t = \pi$ verändert sich der linear anwachsende Anteil um $(4.501,59\,\text{N/m}) \cdot \hat{s}^2$.

Zu den Zeitpunkten entsprechend νt und $\nu t + \pi$ gilt

$$\sin(\nu t + \pi) \cdot \sin(\nu t + \pi - \varphi) = \sin(\nu t) \cdot \sin(\nu t - \varphi),$$

$$\sin(\nu t + \pi - \varphi) \cdot \cos(\nu t + \pi - \varphi) = \sin(\nu t - \varphi) \cdot \cos(\nu t - \varphi).$$

Deshalb sind die oszillatorischen Komponenten periodisch mit der Periode π/ν.

Die *Bilanzgleichung (1.65) der Relativbewegung*

$$\Big[\frac{1}{2}m_2\dot{q}_2^2 + \frac{1}{2}c_2 q_2^2\Big]_0^t = A_f + A_d$$

wird durch die Lösung $q_2(t) = \hat{q}_2\cos(\nu t - \varphi)$ bestätigt.

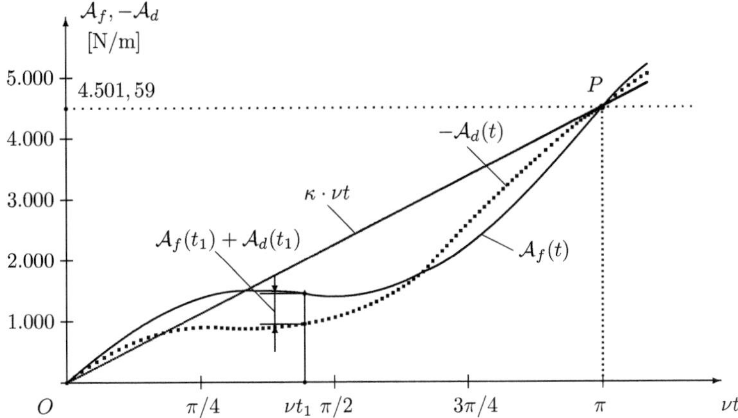

Abbildung 1.53: Arbeit der Ferderkraft und der Dämpfungskraft

Die Abb. 1.53 zeigt im Zeitintervall entsprechend $\nu t \in [0, \pi]$ die Werte des linearen Anteils $\kappa \cdot \nu t$ der mechanischen Arbeiten sowie die bezogenen Arbeiten $\mathcal{A}_f$ und $-\mathcal{A}_d$.

Die Werte $\mathcal{A}_f + \mathcal{A}_d$ im Zeitinterval entsprechend $\nu t \in [0, \pi]$ sind positiv und negativ und wiederholen sich periodisch mit der Periode π/ν.

In der Bilanzgleichung (1.65) sind

$$E_{kr} = \mathcal{E}_{kr} \cdot \hat{s}^2 = \frac{1}{2} m_2 \dot{q}_2(t)^2, \; E_{pr} = \mathcal{E}_{pr} \cdot \hat{s}^2 = \frac{1}{2} c_2 q_2(t)^2, \; E_{mr} = E_{kr} + E_{pr} = \mathcal{E}_{mr} \cdot \hat{s}^2$$

die kinetischen Energie, das Potential und die mechanischen Energie der Masse m_2 durch ihre Relativbewegung $q_2 = q_2(t)$.

Die Veränderung der mechanischen Energie der Relativbewegung $\Delta E_{mr}(t) = E_{mr}(t) - E_{mr}(0)$ ist

$$\Delta E_{mr}(t) = [\mathcal{E}_{mr}(t) - \mathcal{E}_{mr}(0)] \cdot \hat{s}^2 = \left[\frac{1}{2} m_2 \dot{q}_2(t)^2 + \frac{1}{2} c_2 q_2(t)^2 \right]_0^t$$

$$= \frac{1}{2} m_2 \nu^2 \hat{q}_2^2 [\sin^2(\nu t - \varphi) - \sin^2(\varphi)] + \frac{1}{2} c_2 \hat{q}_2^2 [\cos^2(\nu t - \varphi) - \cos^2(\varphi)]$$

$$= \frac{1}{2}\hat{q}_2^2(-\nu^2 m_2 + c_2)[\sin^2(\varphi) - \sin^2(\nu t - \varphi)]$$

und es gilt $\Delta E_{mr}(t + \pi/\nu) = \Delta E_{mr}(t)$.

Mit den auf $\hat{s}^2$ bezogenen Größen wird die Bilanzgleichung wie folgt geschrieben

$$\mathcal{E}_{kr}(t) + \mathcal{E}_{pr}(t) - [\mathcal{E}_{kr}(0) + \mathcal{E}_{pr}(0)] = \mathcal{A}_f + \mathcal{A}_d$$

$$\text{oder} \quad \mathcal{E}_{mr}(t) - \mathcal{E}_{mr}(0) = \mathcal{A}_f + \mathcal{A}_d. \tag{1.74}$$

Die Abbildung 1.54 zeigt im Zeitintervall $\nu t \in [0, \pi]$ die auf $\hat{s}^2$ bezogenen Werte der Energien der Relativbewegung $\mathcal{E}_{kr} = E_{kr}/\hat{s}^2$, $\mathcal{E}_{pr} = E_{pr}/\hat{s}^2$ und $\mathcal{E}_{mr} = E_{mr}/\hat{s}^2$.

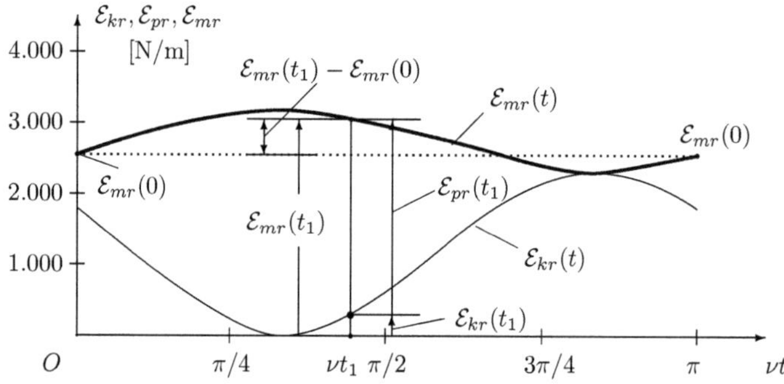

Abbildung 1.54: Bezogenen Werte der kinetischen Energie, des Potentials und der mechanischen Energie der Relativbewegung der Masse m_2

Der Vergleich der Werte der Kurve $\mathcal{E}_{mr}(t)$ mit dem Wert $\mathcal{E}_{mr}(0)$ zeigt, dass die Differenz $\mathcal{E}_{mr}(t) - \mathcal{E}_{mr}(0)$ positive und negative Werte annimmt und dass sich diese mechanische Energie periodisch mit der Periode π/ν verändert.

Gemäß der Bilanzgleichung (1.74) entspricht den Werten $\mathcal{A}_f(t) + \mathcal{A}_d(t)$ in Abb. 1.53 der Veränderung der mechanischen Energie der Relativbewegung $\mathcal{E}_{mr}(t) - \mathcal{E}_{mr}(0)$ in Abb. 1.54.

1.5.4.3 Kontrolle der Ergebnisse

Zur Überprüfung der Ergebnisse wird der Zeitpunkt $\nu t = 0$ gewählt.
Die Werte für $\nu = \nu_0 = 15$ rad/s sind $\varphi = 60,95^0$, $\hat{q}_2 = 1,457\,\hat{s}$, $\psi = 153,87^0$ und $\hat{F}_1 = 6.506,9168$ N/m $\cdot\,\hat{s}$.
Zum Zeitpunkt $\nu t = 0$ gilt

$$q_1(0) = \hat{s}, \quad \ddot{q}_1(0) = -\nu_0^2\hat{s} = -225,0000 \,(\text{rad/s})^2\hat{s},$$

$$q_2(0) = \hat{q}_2\cos(-\varphi) = 0,7075\,\hat{s}, \dot{q}_2(0) = -\nu_0\hat{q}_2\sin(-\varphi) = 19,1056\,(\text{rad/s})\hat{s},$$

$$\ddot{q}_2(0) = -\nu_0^2\hat{q}_2\cos(-\varphi) = -159,1829\,(\text{rad/s})^2\hat{s},$$

$$F_1(0) = \hat{F}_1\cos(\psi) = -5.841,8910\,\text{N/m}\cdot\hat{s}.$$

Wenn die berechneten Ergebnisse in die Bewegungsdifferentialgleichung (1.61) eingesetzt werden, erhält man das *Residuum*

$$\mathcal{R}_1(0) = (m_1 + m_2)\ddot{q}_1(0) + m_2\ddot{q}_2(0) + c_1q_1(0) - F_1(0) = (0,062\,\text{N/m})\cdot\hat{s}.$$

Für die Bewegungsdifferentialgleichung (1.62) ist das *Residuum*

$$\mathcal{R}_2(0) = m_2\ddot{q}_1(0) + m_2\ddot{q}_2(0) + b\dot{q}_2(0) + c_2q_2(0) = (0,1750\,\text{N/m})\cdot\hat{s}.$$

Für den Zeitpunkz $\nu t^* = \pi/2 \to 90^0$ sowie $\nu = \nu_0 = 15$ rad/s, $\hat{q}_2 = 1,457\hat{s}$ und $\varphi = 60,95^0$ gilt für die Bilanzgleichung (1.74) $\mathcal{E}_{mr}(t^*) - \mathcal{E}_{mr}(0) = (2.996,58-2.575,90)$ N/m = 420,68 N/m und $\mathcal{A}_f(t^*)+\mathcal{A}_d(t^*) = (1.454,91-1034,30)$ N/m = 420,61 N/m.
Diese Ergebnisse erfüllen die Bilanzgleichung (1.74) mit einer *Abweichung* von 0,07 N/m.
Die Residuen in den Bewegungsdifferentialgleichungen und die Abweichung in der Bilanzgleichung entstehen durch Rundungsfehler.
Für den Fall ohne Dämpfung, d.h. mit $b = 0$, und mit $\nu = \nu_0 = 15$ rad/s entsprechen die Ergebnisse

$$\varphi = 0, \quad \hat{q}_2 = \frac{m_2\nu^2\hat{s}}{-\nu^2m_2 + c_2} = 3,000\,\hat{s}, \quad \kappa = 0, \quad \mathcal{A}_d = 0,$$

$$\mathcal{A}_f(t) = -\frac{1}{2}m_2\nu^2\frac{\hat{q}_2}{\hat{s}}\sin^2(\nu t) = -(3375,000\,\text{N/m})\sin^2(\nu t),$$

$$\mathcal{E}_{kr}(t) = \frac{1}{2}m_2\Big(\frac{\hat{q}_2}{\hat{s}}\Big)^2 \nu^2 \sin^2(\nu t) = (10.125,000\,\text{N/m})\sin^2(\nu t),$$

$$\mathcal{E}_{pr}(t) = \frac{1}{2}c_2\Big(\frac{\hat{q}_1}{\hat{s}}\Big)^2 \cos^2(\nu t) = (13.500,000\,\text{N/m})\cos^2(\nu t).$$

Die Bilanzgleichung (1.74) ist mit diesen Werten erfüllt,

$$\mathcal{E}_{kr}(t) + \mathcal{E}_{pr}(t) - [\mathcal{E}_{kr}(0) + \mathcal{E}_{pr}(0)] - \mathcal{A}_f(t) = 0.$$

In der Abb. 1.55 sind diese periodische Funktionen mit der Periode π/ν im Bereich $\nu t \in [0, \pi]$ dargestellt.

Die mechanische Arbeit $\mathcal{A}_f(t)$ der Trägheitskraft $m_2\ddot{q}_1$ durch die Relativbewegung q_2 ist negativ und ist gleich mit der Veränderung der mechanischen Energie $\mathcal{E}_{mr}(t) - \mathcal{E}_{mr}(0)$ der Masse m_2 durch die Relativbewegung $q_2(t) = \hat{q}_2 \cos(\nu t)$.

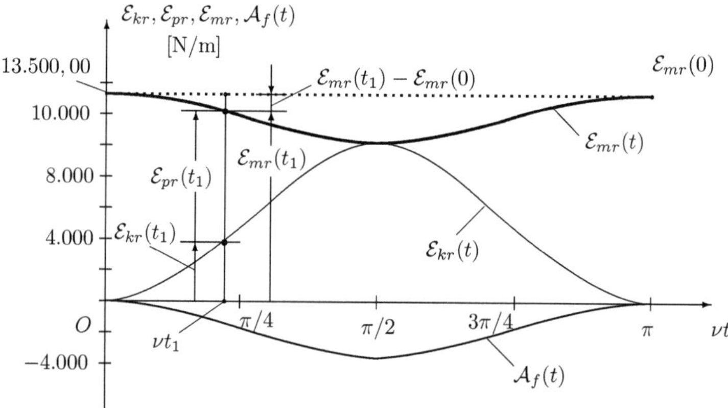

Abbildung 1.55: Bezogenen Werte der kinetischen Energie, des Potentials, der mechanischen Energie und der Arbeit der Trägheitskraft für die Relativbewegung der Masse m_2

1.5.4.4 Arbeitssatz

Der Arbeitssatz (1.67) ist

$$\left[E_k(t) + E_p(t)\right]_0^t = \int_0^t F_1(t) \cdot dq_1 - \int_0^t b\dot{q}_2^2 \cdot dt.$$

Das *Arbeitsintegral A_e der Kraft* $F_1=\hat{F}_1\cos(\nu t+\psi)$ ist mit $dq_1=-\hat{s}\nu\sin(\nu t)\cdot dt$

$$A_e = \mathcal{A}_e \cdot \hat{s}^2 = -\hat{F}_1\hat{s}\int_0^t \cos(\nu t + \psi)\cdot\sin(\nu t)\cdot d(\nu t)$$

$$= \frac{1}{2}\hat{F}_1\hat{s}\Big[(\nu t)\sin(\psi) - \sin(\nu t)\cdot\sin(\nu t + \psi)\Big].$$

Auch das Arbeitsintegral A_e besteht aus einem mit der Zeit linear anwachsendem Glied und einer oszillatorischen Komponente.

Der Koeffizient des in νt linearen Gliedes in A_e ergibt mit $\hat{F}_1 = (6.506,92\,\mathrm{N/m})\cdot\hat{s}$ und $\psi = 153,87^0$ den Wert

$$\frac{1}{2}\hat{F}_1\hat{s}\sin(\psi) = (1.432,9\,\mathrm{N/m})\cdot\hat{s}^2$$

und ist somit gleich mit $k = \kappa\cdot\hat{s}^2$.

In einem Zeitinterval entsprechend $\nu t = \pi$ verändert sich auch der linear anwachsende Anteil von A_e mit $(4.501,59\,\mathrm{N/m})\cdot\hat{s}^2$.

Zu den Zeitpunkten νt und $\nu t + \pi$ gilt

$$\sin(\nu t + \pi)\cdot\sin(\nu t + \pi + \psi) = \sin(\nu t)\cdot\sin(\nu t + \psi)$$

und deshalb ist die oszillatorische Komponente periodisch mit der Periode π/ν.

Der Arbeitssatz (1.67) wird durch die Lösungen $q_2(t) = \hat{q}_2 \cos(\nu t - \varphi)$ und $q_1 = \hat{s} \cos(\nu t)$ bestätigt.

Mit den Bezeichnungen $E_k = \mathcal{E}_k \cdot \hat{s}^2$ und $E_p = \mathcal{E}_p \cdot \hat{s}^2$ sowie

$$\mathcal{E}_k = \frac{1}{2}\nu^2\Big[(m_1+m_2)\sin^2(\nu t)+2m_2\Big(\frac{\hat{q}_2}{\hat{s}}\Big)\sin(\nu t)\sin(\nu t-\varphi)+m_2\Big(\frac{\hat{q}_2}{\hat{s}}\Big)^2\sin^2(\nu t-\varphi)\Big],$$

$$\mathcal{E}_p = \frac{1}{2}\Big[c_1\cos^2(\nu t) + c_2\Big(\frac{\hat{q}_2}{\hat{s}}\Big)^2\cos^2(\nu t - \varphi)\Big]$$

ist der *Arbeitssatz*

$$\mathcal{E}_k(t) + \mathcal{E}_p(t) - [\mathcal{E}_k(0) + \mathcal{E}_p(0)] = \mathcal{A}_e + \mathcal{A}_d \quad \rightarrow \quad \mathcal{E}_m(t) - \mathcal{E}_m(0) = \mathcal{A}_e + \mathcal{A}_d.$$
$$(1.75)$$

Die Abb. 1.56 zeigt im Zeitintervall $\nu t \in [0, \pi]$ die auf $\hat{s}^2$ bezogenen Werte des linearen Anteils $\kappa \cdot \nu t$ sowie die Arbeit $\mathcal{A}_e$ der Kraft F_1 und die Arbeit $\mathcal{A}_d$ der Dämpfungskraft $-b\dot{q}_2$.

Die Werte $\mathcal{A}_e + \mathcal{A}_d$ im Zeitinteval $\nu t \in [0, \pi]$ sind negativ und positiv und wiederholen sich periodisch mit der Periode π/ν.

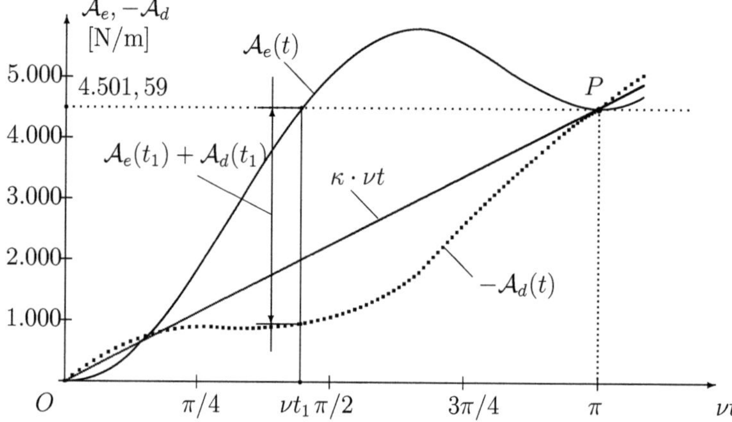

Abbildung 1.56: Bezogene Werte der Arbeit der Kraft F_1 und der Dämpfungskraft

In der Abbildung 1.57 sind im Zeitintervall $\nu t \in [0, \pi]$ die Werte $\mathcal{E}_k$, $\mathcal{E}_p$ und $\mathcal{E}_m = \mathcal{E}_k + \mathcal{E}_p$ dargestellt.

Der Vergleich der Werte der Kurve $\mathcal{E}_m(t)$ mit dem Wert $\mathcal{E}_m(0)$ zeigt, dass die Differenz $\mathcal{E}_m(t) - \mathcal{E}_m(0)$ negative und positive Werte annimmt und dass sich die mechanische Energie periodisch mit der Periode π/ν verändert.

Gemäß dem Arbeitssatz (1.75) entspricht den Werten $\mathcal{A}_e(t) + \mathcal{A}_d(t)$ in Abb. 1.56 der Veränderung $\mathcal{E}_m(t) - \mathcal{E}_m(0)$ der mechanischen Energie in Abb. 1.57.

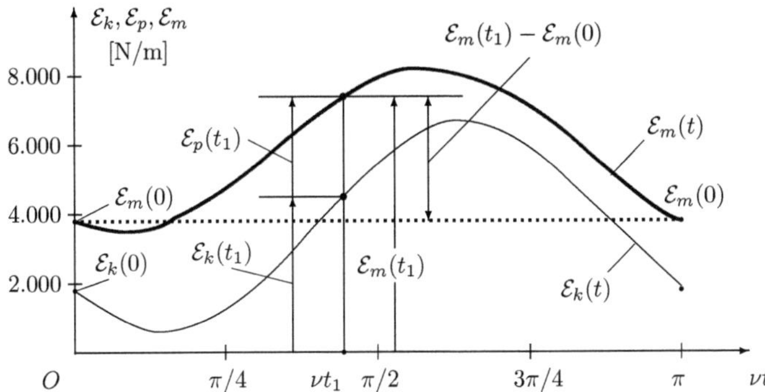

Abbildung 1.57: Bezogenen Werte der mechanischen Energie des Systems

1.5.4.5 Kontrolle der Ergebnisse

Zur Überprüfung der Ergebnisse wird der Zeitpunkt $\nu t = \nu t^* = \frac{1}{2}\pi \to 90^0$ gewählt.

Zu diesem Zeitpunkt gilt $q_1(t^*) = 0$, $\ddot{q}_1(t^*) = 0$,

$$q_2(t^*) = \hat{q}_2 \cos(90 - \varphi) = 1,274\,\hat{s}$$

$$\dot{q}_2(t^*) = -\nu\hat{q}_2 \sin(90 - \varphi) = -10,612\,(\text{rad/s}) \cdot \hat{s},$$

$$\ddot{q}_2(0) = -\nu_0^2\hat{q}_2 \cos(90 - \varphi) = -286,583\,(\text{rad/s})^2 \cdot \hat{s},$$

$$F_1(t^*) = \hat{F}_1 \cos(90 + \psi) = -2.865,707\,(\text{N/m}) \cdot \hat{s}.$$

Wenn die berechneten Ergebnisse in die Bewegungsdifferentialgleichung (1.61) eingesetzt werden, resultiert das *Residuum*

$$\mathcal{R}_1(t^*) = (m_1+m_2)\ddot{q}_1(t^*)+m_2\ddot{q}-2(t^*)+c_1q_1(t^*)-F_1(t^*) = (-0,123\,\text{N/m})\cdot\hat{s}.$$

Das *Residuum* der Bewegungsdifferentialgleichung (1.62) ist

$$\mathcal{R}_2(t^*) = m_2\ddot{q}_1(t^*) + m_2\ddot{q}_2(t^*) + b\dot{q}_2(t^*) + c_2q_2(t^*) = (0,200\,\text{N/m}) \cdot \hat{s}.$$

Mit den berechneten Werten erhält man

$$\mathcal{E}_m(t^*) - \mathcal{E}_m(0) = (7.963,40 - 3.825,90)\,\text{N/m} = 4.137,50\,\text{N/m},$$

$$\mathcal{A}_e(t^*) + \mathcal{A}_d(t^*) = (5.171,83 - 1.034,30)\ \text{N/m} = 4.137,53\,\text{N/m}.$$

Wenn diese Ergebnisse in den Arbeitssatz (1.75) eingesetzt werden, ergibt sich eine *Abweichung* von 0,03 N/m.

Für den Fall ohne Dämpfung, d. h. mit $b = 0$, entsprechen die Ergebnisse

$$\varphi = 0, \quad \hat{q}_2 = 3,000\,\hat{s}, \quad \kappa = 0, \quad \mathcal{A}_d = 0,$$

$$\psi = 180^0, \quad \hat{F}_1 = (11.000,000\,\text{N/m})\hat{s},$$

$$\mathcal{A}_e(t) = \frac{1}{2}\frac{\hat{F}_1}{\hat{s}}\sin^2(\nu t) = (5.500,000\,\text{N/m})\sin^2(\nu t),$$

$$\mathcal{E}_k(t) = \frac{1}{2}\Big[m_1 + m_2\Big(1 + \frac{\hat{q}_2}{\hat{s}}\Big)^2\Big]\nu^2\sin^2(\nu t) = (20.250\,\text{N/m})\sin^2(\nu t),$$

$$\mathcal{E}_p(t) = \frac{1}{2}\Big[c_1 + c_2\Big(\frac{\hat{q}_2}{\hat{s}}\Big)^2\Big]\cos^2(\nu t) = (14.750,000\,\text{N/m})\cos^2(\nu t).$$

Der Arbeitssatz (1.67) ist erfüllt,

$$\mathcal{E}_k(t) + \mathcal{E}_p(t) - [\mathcal{E}_k(0) + \mathcal{E}_p(0)] - \mathcal{A}_e(t) = 0.$$

In der Abb. 1.58 sind diese periodische Funktionen mit der Periode π/ν im Bereich $\nu t \in [0,\pi]$ dargestellt.

Die mechanische Arbeit $\mathcal{A}_e(t)$ der Kraft $\hat{F}_1\cos(\nu t)$ ist positiv und ist gleich mit der Veränderung der mechanischen Energie $\mathcal{E}_m(t) - \mathcal{E}_m(0)$ des Systems.

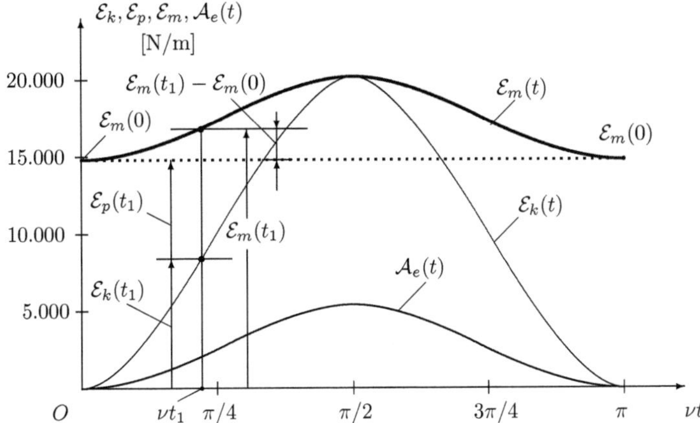

Abbildung 1.58: Bezogenen Werte der mechanischen Energie und der Arbeit der Kraft F_1

1.5.5 Erregung durch harmonische Kraft

Es wird angenommen, dass auf den Körper mit der Masse m_1 eine harmonische Kraft wirkt. Dann sind auch die *erzwungenen Bewegungen* q_1 und q_2 harmonische Funktionen.

Diese Funktionen sind die partikulären Lösungen des linearen Differentialgleichungssystems (1.61) und (1.62).

Im Abschnitt 1.5.4 wurden die Funktionen

$$F_1 = \hat{F}_1 \cos(\nu t + \psi), \qquad q_1 = \hat{q}_1 \cos(\nu t), \qquad q_2 = \hat{q}_2 \cos(\nu t - \varphi)$$

ermittelt, welche diese Differentialgleichungen erfüllen.

Durch die Verschiebung des Ursprunges der Zeitachse durch die Transformation $t = \tau - \psi/\nu$ können diese Funktionen wie folgt geschrieben werden

$$F_1 = \hat{F}_1 \cos(\nu\tau), \qquad q_1 = \hat{q}_1 \cos(\nu\tau - \psi), \qquad q_2 = \hat{q}_2 \cos(\nu\tau - \psi - \varphi).$$

Die hier gestellt Frage kann wie folgt formuliert werden.

Für gegebene Werte der Erregung durch die Kraft F_1, welche durch $\hat{F}_1$ und ν bestimmt ist, sind die erzwungene Schwingung q_1 der Masse m_1, bestimmt durch $\hat{q}_1$ und ψ, sowie die erzwungene Schwingung q_2 der Masse m_2, bestimmt durch $\hat{q}_2$, φ und ψ, zu berechnen.

Dazu werden die Zusammenhänge, die im Abschnitt 1.5.4.1 bestimmt wurden, verwendet, in welchen $\hat{s}$ durch $\hat{q}_1$ zu ersetzen ist.

Wenn

$$\hat{q}_2 = \hat{q}_1 \frac{m_2\nu^2}{\sqrt{(-\nu^2 m_2 + c_2)^2 + (b\nu)^2}}, \qquad \tan(\varphi) = \frac{b\nu}{-\nu^2 m_2 + c_2} \qquad (1.76)$$

in der Gleichung zur Berechnung von $\hat{F}_1$ berücksichtigt werden, können aus

$$\hat{F}_1 = \hat{q}_1 \sqrt{\{[-\nu^2(m_1 + m_2) + c_1] - m_2\nu^2(\hat{q}_2/\hat{q}_1)\cos(\varphi)\}^2 + [m_2\nu^2(\hat{q}_2/\hat{q}_1)\sin(\varphi)]^2}$$

die Verhältnisse $\hat{q}_1/\hat{F}_1$ und $\hat{q}_2/\hat{F}_1$ als Funktionen von ν berechnet werden. Diese *Resonanzkurven* sind in der Abb. 1.59 dargestellt.

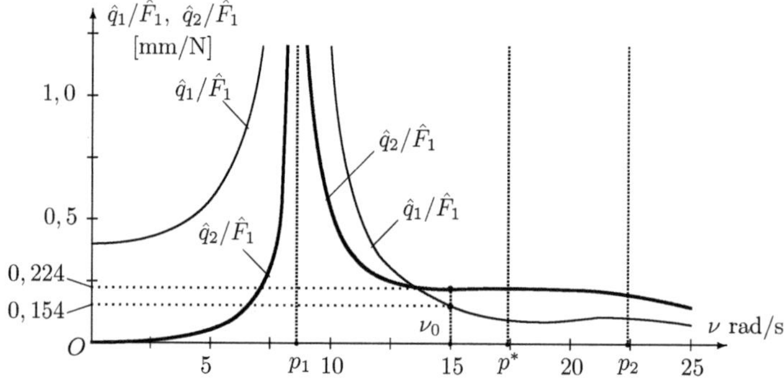

Abbildung 1.59: Amplituden $\hat{q}_1/\hat{F}_1$ $\hat{q}_2/\hat{F}_1$ in Abhängigkeit von ν

Für $\nu = \nu_0 = 15$ rad/s erhält man $\hat{q}_1/\hat{F}_1 = 0,154$ mm/N und $\hat{q}_2/\hat{F}_1 = 0,224$ mm/N.

Mit den hier angenommenen Zahlenwerten gibt es eine ausgeprägte Resonanzstelle in der Nähe der Eigenkreisfrequenzen $p_1 = 8,660$ rad/s.

1.5.6 Vergleich der Ergebnisse

Für das hier betrachtete System mit zwei Freiheitsgraden wurden für die Erregung zwei Modelle angenommen:

- kinematische Erregung durch eine harmonische zeitabhängige Bindung und

- dynamische Erregung durch eine harmonische Kraft.

In beiden Fällen ist die Bewegung des Körpers mit der Masse m_2 eine harmonische Schwingung.

Wenn das System über die Koordinate $q_1 = \hat{q}_1 \cos(\nu t)$ kinematisch erregt wird, dann bewegt sich die Masse m_2 wie ein Körper mit einem Freiheitsgrad und der Eigenkreisfrequenz $p^* = \sqrt{c_2/m_2} = 17{,}321$ rad/s.

Wenn der Körper mit der Masse m_1 durch eine harmonische Kraft erregt wird, dann sind die Bewegungen q_1 und q_2 wie bei einem System mit zwei Freiheitsgraden und den Eigenkreisfrequenzen p_1 und p_2, die auch von m_1 und c_1 abhängen.

Die Amplitude $\hat{q}_2$ hat für die Annahme einer zeitabhängigen Bindung eine Resonanzstelle, $\nu = p^*$.

Für die Annahme einer Krafterregung gibt es zwei Resonanzstellen, $\nu = p_1$ und $\nu = p_2$.

Für $m_1/m_2 < 4$ ist der relative Unterschied zwischen p_2 und p^* größer als 13,9%.

Für große Werte von m_1/m_2 strebt der Wert von p_2 zum Wert p^* und sowohl bei kinematischer Erregung als auch bei Krafterregung gibt es die Rezonanzstelle bei $p_2 \approx p^*$.

Für die Erregerfrequenz $\nu_0 = 15$ rad/s erhält man mit diesen Modellen die Verhältnisse der Amplituden $\hat{q}_2/\hat{q}_1 = 1{,}457$ und $(\hat{q}_2/\hat{F}_1)/(\hat{q}_1/\hat{F}_1) = 1{,}455$, die sich nur geringfügig unterscheiden.

Wenn der Zweck eines mechanischen Modells darin besteht, die Auswirkungen von Veränderungen der nummerischen Werte der Strukturparameter auf das Verhalten des Systems zu untersuchen, dann erhält man wegen der unterschiedlichen Resonanzkurven, Abb. 1.51 bzw. Abb. 1.59, für Erregerkreisfrequenzen $\nu \neq \nu_0$ unterschiedliche Werte für diese Amplituden.

1.6　Körper im horizontalen Rohr mit Antriebsmoment

Das System in Abb. 1.60 besteht aus einer Achse mit einem Rohr, welche sich unter der Einwirkung des Antriebsmomentes M um die vertikale Achse Δ drehen. Das axiale Trägheitsmoment der Achse und des Rohres in Bezug auf die Drehachse ist J_Δ. Im horizontal angeordneten Rohr befindet sich ein Körper von der Masse m, der sich im Rohr bewegen kann und an einer Feder angeschlossen ist. Die Lage der Achse ist durch den Winkel φ und die Lage der Masse m im Rohr ist durch die Länge ξ bestimmt. Die Feder hat die Federkonstante c und ist in der Lage mit $\xi = \xi^*$ unverformt. Auf das System wirkt ein Dämpfungsmoment, welches mit der Winkelgeschwindigkeit $\dot\varphi$ proportional ist. Der Dämpfungskoeffizient ist b. Auf den Körper im Rohr wirkt eine Dämpfungskraft, die mit der Relativgeschwindigkeit $\dot\xi$ proportional ist. Der Dämpfungskoeffizient ist b_ξ.

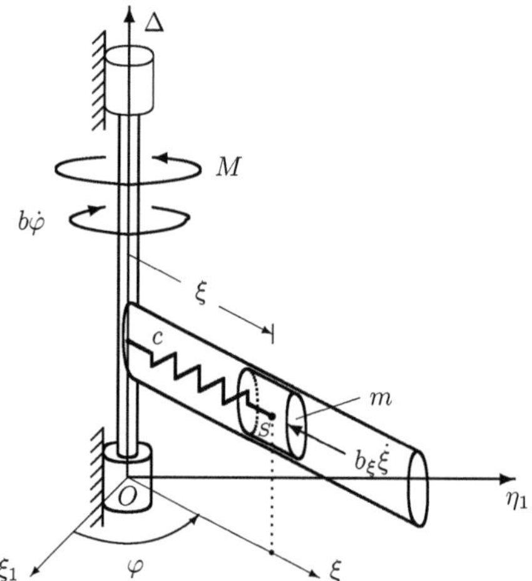

Abbildung 1.60: System mit Körper im horizontalen Rohr

Nummerische Anwendung: $J_\Delta = 0,500\,\mathrm{kg.m^2}$, $m = 2,009\,\mathrm{kg}$, $c = 1.800$ N/m, $\xi^* = 0,250$ m, $\xi(0) = 0,300$ m, $\Omega = 16$ rad/s, $b = 0,750\,\mathrm{kg.m^2/s}$, $b_\xi = 10{,}000$ kg/s.

1.6.1 Bestimmung der Bewegungsdifferentialgleichungen

Die Bewegungsdifferentialgleichungen werden mit den *Lagrange'schen Gleichungen zweiter Art* bestimmt. Diese Gleichungen sind

$$\frac{d}{dt}\left(\frac{\partial E_k}{\partial \dot\varphi}\right) - \frac{\partial E_k}{\partial \varphi} + \frac{\partial E_p}{\partial \varphi} - Q_\varphi^{(nk)} = 0, \qquad \frac{d}{dt}\left(\frac{\partial E_k}{\partial \dot\xi}\right) - \frac{\partial E_k}{\partial \xi} + \frac{\partial E_p}{\partial \xi} - Q_\xi^{(nk)} = 0.$$

Die kinetische Energie der Achse und des Rohres ist $\frac{1}{2}J_\Delta\dot\varphi^2$.

Die Relativgeschwindigkeit der Masse m im Rohr ist $v_r = \dot\xi$ und die Führunggeschwindigkeit ist $v_f = \dot\varphi \cdot \xi$. Diese Geschwindigkeiten sind in der Abb. 1.61 eingezeichnet. Sie sind aufeinander senkrecht und die absolute Geschwindigkeit folgt aus $v_a^2 = v_r^2 + v_f^2 = \dot\xi^2 + \dot\varphi^2\xi^2$. Die kinetische Energie der Masse m ist $\frac{1}{2}mv_a^2$.

Somit ist die kinetische Energie des Systems

$$E_k = \frac{1}{2}J_\Delta\dot\varphi^2 + \frac{1}{2}mv_a^2 = \frac{1}{2}J_\Delta\dot\varphi^2 + \frac{1}{2}m(\dot\xi^2 + \dot\varphi^2\xi^2) = \frac{1}{2}(J_\Delta + m\xi^2)\dot\varphi^2 + \frac{1}{2}m\dot\xi^2.$$

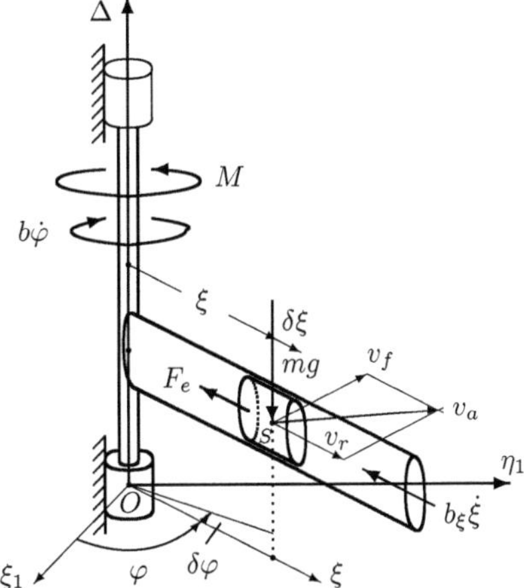

Abbildung 1.61: Geschwindigkeitskomponenten sowie eingeprägte Kräfte und Momente

Die Abb. 1.61 zeigt auch die eingeprägten Kräfte und Momente, die auf das System wirken.

Für die konservativen Kräfte werden Potentiale definiert.

Das Potential der Gewichtskraft der Achse und des Rohres, die nicht eingezeichnet sind, und des Gewichtes mg der Masse m, deren Angriffspunkte sich in horizontalen Ebenen bewegen, sind konstant und werden gleich null angenommen.

Das Potential der Federkraft $F_e = c(\xi - \xi^*)$ ist $\frac{1}{2}c(\xi - \xi^*)^2$.

Somit ist das Potential E_p des Systems

$$E_p = \frac{1}{2}c(\xi - \xi^*)^2.$$

Die Ableitungen sind

$$\frac{\partial E_k}{\partial \varphi} = 0, \quad \frac{\partial E_k}{\partial \dot{\varphi}} = (J_\Delta + m\xi^2)\dot{\varphi}, \quad \frac{d}{dt}\Big(\frac{\partial E_k}{\partial \dot{\varphi}}\Big) = (J_\Delta + m\xi^2)\ddot{\varphi} + 2m\xi\dot{\varphi}\dot{\xi},$$

$$\frac{\partial E_k}{\partial \xi} = m\xi\dot{\varphi}^2, \quad \frac{\partial E_k}{\partial \dot{\xi}} = m\dot{\xi}, \quad \frac{d}{dt}\Big(\frac{\partial E_k}{\partial \dot{\xi}}\Big) = m\ddot{\xi},$$

$$\frac{\partial E_p}{\partial \varphi} = 0, \quad \frac{\partial E_p}{\partial \xi} = c(\xi - \xi^*).$$

Das eingeprägte Moment M, das Dämpfungsmoment $b\dot{\varphi}$ und die Dämpfungskraft $b_\xi\dot{\xi}$ leisten bei den virtuellen Verschiebungen $\delta\varphi$ bzw. $\delta\xi$ die virtuellen Arbeiten

$$\delta A_\varphi^{(nk)} = (M - b\dot{\varphi}) \cdot \delta\varphi = Q_\varphi^{(nk)}\delta\varphi, \quad \rightarrow \quad Q_\varphi^{(nk)} = M - b\dot{\varphi},$$

$$\delta A_\xi^{(nk)} = -b_\xi\dot{\xi} \cdot \delta\xi = Q_\xi^{(nk)}\delta\xi \quad \rightarrow \quad Q_\xi^{(nk)} = -b_\xi\dot{\xi}.$$

Wenn diese Werte in die Lagrange'schen Gleichungen eingesetzt werden, dann erhält man die *Bewegungsdifferentialgleichungen*

$$(J_\Delta + m\xi^2)\ddot{\varphi} + 2m\xi\dot{\varphi}\dot{\xi} + b\dot{\varphi} - M = 0, \tag{1.77}$$

$$m\ddot{\xi} - m\xi\dot{\varphi}^2 + b_\xi\dot{\xi} + c(\xi - \xi^*) = 0. \tag{1.78}$$

1.6.2 Bestimmung der Bilanzgleichungen und des Arbeitssatzes

Zur Bestimmung der Bilanzgleichungen wir die Gleichung (1.77) mit $d\varphi$ und die Gleichung (1.78) mit $d\xi$ multipliziert. Man erhält

$$(J_\Delta + m\xi^2)\ddot{\varphi}d\varphi + 2m\xi\dot{\varphi}\dot{\xi}d\varphi + b\dot{\varphi}d\varphi - Md\varphi = 0, \qquad (1.79)$$

$$m\ddot{\xi}d\xi - m\xi\dot{\varphi}^2 d\xi + b_\xi\dot{\xi}d\xi + c(\xi - \xi^*)d\xi = 0. \qquad (1.80)$$

Die folgenden Umformungen werden berücksichtigt:

$$\ddot{\varphi} \cdot d\varphi = \frac{d\dot{\varphi}}{dt} \cdot d\varphi = d\dot{\varphi} \cdot \frac{d\varphi}{dt} = d\dot{\varphi} \cdot \dot{\varphi} = d\Big(\frac{1}{2}\dot{\varphi}^2\Big),$$

$$\ddot{\xi} \cdot d\xi = \frac{d\dot{\xi}}{dt} \cdot d\xi = d\dot{\xi} \cdot \frac{d\xi}{dt} = d\dot{\xi} \cdot \dot{\xi} = d\Big(\frac{1}{2}\dot{\xi}^2\Big),$$

$$2m\xi\dot{\varphi}\dot{\xi}d\varphi = 2m\xi\dot{\varphi} \cdot \frac{d\xi}{dt} \cdot d\varphi = 2m\xi\dot{\varphi} \cdot d\xi \cdot \frac{d\varphi}{dt} = 2m\dot{\varphi}^2\xi \cdot d\xi = 2m\dot{\varphi}^2 \cdot d\Big(\frac{1}{2}\xi^2\Big)$$

$$m\xi\dot{\varphi}^2 d\xi = m\dot{\varphi}^2 d\Big(\frac{1}{2}\xi^2\Big),$$

$$c(\xi - \xi^*) \cdot d\xi = c(\xi - \xi^*) \cdot d(\xi - \xi^*) = d\Big[\frac{1}{2}c(\xi - \xi^*)^2\Big],$$

$$d\varphi = \dot{\varphi} \cdot dt, \qquad d\xi = \dot{\xi} \cdot dt.$$

Das Produkt $M(t) \cdot d\varphi$ in Gleichung (1.79) bestimmt die infinitesimale Arbeit des eingeprägten Momentes $M(t)$ und es gilt

$$dA_e = M(t) \cdot d\varphi = M(t) \cdot \dot{\varphi} \cdot dt.$$

Das Produkt $b\dot{\varphi} \cdot d\varphi$ in Gleichung (1.79) bestimmt die infinitesimale Arbeit dA_d des Dämpfungsmomentes $b\dot{\varphi}$ und es gilt

$$dA_d = -b\dot{\varphi} \cdot d\varphi = -b\dot{\varphi} \cdot \dot{\varphi} \cdot dt = -b\dot{\varphi}^2 \cdot dt.$$

Das Produkt $b_\xi\dot{\xi} \cdot d\xi$ in Gleichung (1.80) bestimmt die infinitesimale Arbeit dA_ξ der Dämpfungskraft $b_\xi\dot{\xi}$ und es gilt

$$dA_\xi = -b_\xi\dot{\xi} \cdot d\xi = -b_\xi\dot{\xi} \cdot \dot{\xi} \cdot dt = -b_\xi\dot{\xi}^2 \cdot dt.$$

Mit diesen Umformungen können die Gleichungen (1.79) und (1.80) wie folgt geschrieben werden

$$(J_\Delta + m\xi^2)d\left(\frac{1}{2}\dot\varphi^2\right) + 2m\dot\varphi^2 d\left(\frac{1}{2}\xi^2\right) + b\dot\varphi^2 \cdot dt - M(t) \cdot \dot\varphi \cdot dt = 0,$$

$$d\left(\frac{1}{2}m\dot\xi^2\right) + d\left[\frac{1}{2}c(\xi - \xi^*)^2\right] + b_\xi \dot\xi^2 \cdot dt - m\dot\varphi^2 \cdot d\left(\frac{1}{2}\xi^2\right) = 0.$$

Diese Gleichungen sind *Bilanzgleichungen* in Differentialform, welche die durch die Koordinaten φ bzw. ξ bestimmten Anteile der kinetischen Energie und des Potentials sowie die Arbeiten der Nichtpotentialmomente $b\dot\varphi$ und $M(t)$ sowie der Dämpfungskraft $b_\xi\dot\xi$ enthalten. Die Lösungen $\varphi = \varphi(t)$ und $\xi = \xi(t)$ erfüllen zu jedem Zeitpunkt der Bewegung diese Gleichungen. Die Addition der Bilanzgleichungen in Differentialform und die Berücksichtigung von

$$d\left[\frac{1}{2}(J_\Delta + m\xi^2)\dot\varphi^2 + \frac{1}{2}m\dot\xi^2\right] = (J_\Delta + m\xi^2)d\left(\frac{1}{2}\dot\varphi^2\right) + m\dot\varphi^2 \cdot d\left(\frac{1}{2}\xi^2\right) + d\left(\frac{1}{2}m\dot\xi^2\right)$$

führt auf

$$d\left[\frac{1}{2}(J_\Delta + m\xi^2)\dot\varphi^2 + \frac{1}{2}m\dot\xi^2\right] + b\dot\varphi^2 \cdot dt + b_\xi \dot\xi^2 \cdot dt + d\left[\frac{1}{2}c(\xi - \xi^*)^2\right] - M(t) \cdot \dot\varphi \cdot dt = 0$$

oder

$$d(E_k + E_p) + b\dot\varphi^2 \cdot dt + b_\xi \dot\xi^2 \cdot dt - M(t) \cdot \dot\varphi \cdot dt = 0. \tag{1.81}$$

Das ist die Differentialform der *Bilanzgleichung für das System.*
In der Form

$$d(E_k + E_p) = M(t) \cdot \dot\varphi \cdot dt - b\dot\varphi^2 \cdot dt - b_\xi \dot\xi^2 \cdot dt. \tag{1.82}$$

ist es die Differentialform des *Arbeitssatzes.*
Die Bilanzgleichungen und der Arbeitssatz zeigen die Veränderungen der kinetischen Energie, des Potentials und der Arbeiten der nichtkonservativen Momente und Kraft während der Bewegung.

Die berechneten Lösungen können überprüft werden, wenn diese in die Bewegungsdifferentialgleichungen sowie in die Bilanzgleichungen und in den Arbeitssatz eingesetzt werden.

Die Residuen der Bewegungsdifferentialgleichungen und die Abweichungen in den Bilanzgleichungen und im Arbeitssatz geben Hinweise über die Verwendbarkeit dieser Lösungen.

1.6.3 Stationärer Zustand bei gleichförmiger Drehung des Rohres

Es wird angenommen, dass dem System die Bewegung $\varphi = \Omega t$ aufgezwungen wird. Das bedeutet, dass die Koordinate φ eine *zeitabhängige Bindung* ist.

Für diesen Sonderfall mit $\dot{\varphi} = \Omega = konst$ und $\ddot{\varphi} = 0$ sind die Bewegungsdifferentialgleichungen (1.77) und (1.78)

$$2m\xi\dot{\xi}\Omega + b\Omega - M = 0, \qquad m\ddot{\xi} - m\xi\Omega^2 + b_\xi\dot{\xi} + c(\xi - \xi^*) = 0. \quad (1.83)$$

Aus der zweiten dieser Differentialgleichungen folgt

$$m\ddot{\xi} + b_\xi\dot{\xi} + (c - m\Omega^2)\xi = c\xi^*.$$

Aus dieser Gleichung wird das Bewegungsgesetz $\xi = \xi(t)$ des Körpers im Rohr ermittelt.

Mit den Bezeichnungen

$$p = \sqrt{\frac{c}{m}} = 29,933\,\text{rad/s}, \quad \omega = \sqrt{\frac{c}{m} - \Omega^2} = p\sqrt{1 - \left(\frac{\Omega}{p}\right)^2} = 25,298\,\text{rad/s}$$

ist diese Gleichung

$$\ddot{\xi} + \frac{b_\xi}{m}\dot{\xi} + \omega^2\xi = \frac{c\xi^*}{m}. \quad (1.84)$$

Die allgemeine Lösung ξ setzt sich zusammen aus der partikulären Lösung $\xi_p = \xi_s$ der nichthomogenen Differentialgleichung und aus der allgemeinen Lösung ξ_h der homogenen Differentialgleichung $\ddot{\xi} + \frac{b_\xi}{m}\dot{\xi} + \omega^2\xi = 0$.

Mit dem Ansatz für die partikuläre Lösung $\xi_p = \xi_s$, $\dot{\xi}_p = 0$ und $\ddot{\xi}_p = 0$ folgt

$$(c - m\Omega^2)\xi_s = c\xi^* \quad \rightarrow \quad \xi_s = \frac{\xi^*}{1 - \left(\frac{\Omega}{p}\right)^2} = 1,401\,\xi^* = 0,350\,\text{m}. \quad (1.85)$$

Mit dem Lösungsansatz $\xi = Ce^{\lambda t}$ für die allgemeine Lösung der homogenen Differentialgleichung

$$\ddot{\xi}_h + \frac{b_\xi}{m}\dot{\xi}_h + \omega^2\xi_h = 0$$

erhält man die charakteristische Gleichung

$$\lambda^2 + \frac{b_\xi}{m}\lambda + \omega^2 = 0,$$

und ihre Wurzeln sind

$$\lambda_{1,2} = -\frac{b_\xi}{2m} \mp \sqrt{\left(\frac{b_\xi}{2m}\right)^2 - \omega^2} = -\frac{b_\xi}{2m} \mp i\sqrt{\omega^2 - \left(\frac{b_\xi}{2m}\right)^2}.$$

Mit der Annahme einer geringen Dämpfung, $b_\xi < 2m\omega = 101{,}646$ kg/s, und der Bezeichnung

$$p_1 = \sqrt{\omega^2 - \left(\frac{b_\xi}{2m}\right)^2} = \omega\sqrt{1 - \left(\frac{b_\xi}{2m\omega}\right)^2} = 25{,}175\,\text{rad/s}$$

folgt

$$\lambda_1 = -\frac{b_\xi}{2m} - ip_1, \qquad \lambda_2 = -\frac{b_\xi}{2m} + ip_1.$$

Mit den Integrationskonstanten $\hat{\xi}$ und α ist die allgemeine Lösung $\xi_h(t)$ der homogenen Differentialgleichung

$$\xi_h = \hat{\xi}e^{-b_\xi t/(2m)}\cos(p_1 t - \alpha).$$

Somit ist die allgemeine Lösung $\xi = \xi_p + \xi_h$ der nichthomogenen Differentialgleichung (1.84) und das *Bewegungsgesetz der Relativbewegung*

$$\xi(t) = \xi_s + \hat{\xi}e^{-b_\xi t/(2m)}\cos(p_1 t - \alpha). \tag{1.86}$$

Das Ableitung nach der Zeit ist

$$\dot{\xi}(t) = -\frac{b_\xi}{2m}(\xi - \xi_s) - p_1\hat{\xi}e^{-b_\xi t/(2m)}\sin(p_1 t - \alpha). \tag{1.87}$$

Die reellen Integrationskonstanten $\hat{\xi}$ und α werden mit den Anfangsbedingungen $t = 0$, $\xi(0) = \xi_0$ und $\dot{\xi}(0) = v_0$ bestimmt.
In die Gesetze $\xi(t)$ und $\dot{\xi}(t)$ eingesetzt erhält man

$$\xi_0 = \xi_s + \hat{\xi}\cos(-\alpha), \qquad v_0 = -\frac{b_\xi}{2m}(\xi_0 - \xi_s) - p_1\hat{\xi}\sin(-\alpha).$$

Daraus folgt

$$\tan(\alpha) = \frac{1}{p_1}\left(\frac{v_0}{\xi_0 - \xi_s} + \frac{b_\xi}{2m}\right), \qquad \hat{\xi} = \frac{\xi_0 - \xi_s}{\cos(\alpha)}.$$

Das Geschwindigkeitsgesetz (1.87) kann auch wie folgt geschrieben werden

$$\dot{\xi} = -\hat{\xi}\omega e^{-b_\xi t/(2m)} \sin(p_1 t - \alpha + \beta). \tag{1.88}$$

mit

$$\tan(\beta) = \frac{b_\xi/(2m)}{p_1}.$$

Das Beschleunigungsgesetz ist

$$\ddot{\xi} = -\hat{\xi}\omega^2 e^{-b_\xi t/(2m)} \cos(p_1 t - \alpha + 2\beta). \tag{1.89}$$

Die Pseodoperiode dieser gedämpften Schwingung ist $T_1 = 2\pi/p_1$.

Für den Sonderfall der Anfangsbedingungen $\xi(0) = \xi_0 \neq 0$ und $\dot{\xi}(0) = v_0 = 0$ gilt für die Phasenwinkel $\beta = \alpha$ und die Gesetze dieser Bewegung sind

$$\xi = \xi_s + \hat{\xi}e^{-\varepsilon b_\xi t/(2m)} \cos(p_1 t - \alpha), \quad \dot{\xi} = -\hat{\xi}\omega e^{-b_\xi t/(2m)} \sin(p_1 t),$$

$$\ddot{\xi} = -\hat{\xi}\omega^2 e^{-b_\xi t/(2m)} \cos(p_1 t + \alpha).$$

Wegen dem Faktor $e^{-b_\xi t/(2m)}$ folgt $|\xi| \searrow \xi_s$, $|\dot{\xi}| \searrow 0$ und $|\ddot{\xi}| \searrow 0$.

Die Abb. 1.62 zeigt qualitativ das Bewegungsdiagramm der Relativbewegung $\xi(t)$ des Körpers im Rohr.

Der Körper im Rohr nähert sich oszillatorisch der relativen Gleichgewichtslage $\xi = \xi_s$.

Im stationären Zustand mit $\xi \to \xi_s$, $\dot{\xi} \to 0$, $\ddot{\xi} \to 0$, $\dot{\varphi} = \Omega$ und $\ddot{\varphi} = 0$ wirkt auf das System entsprechend der Gleichung (1.77) das Antriebsmoment $M = M_0 = b\Omega$.

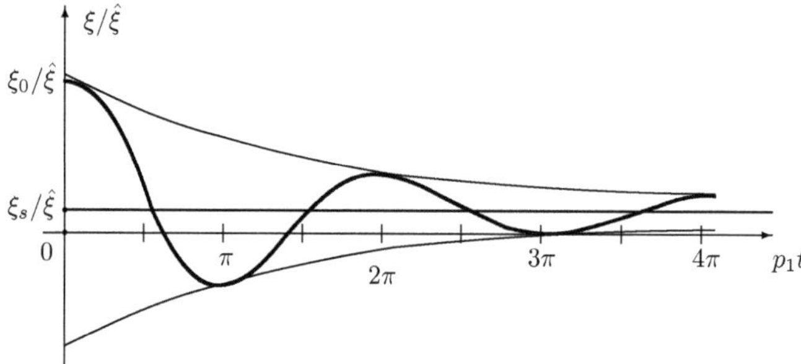

Abbildung 1.62: Bewegungsdiagramm der gedämpften Schwingung $\xi(t)$

1.6.4 Bewegung des Körpers im Rohr ohne Dämpfung

1.6.4.1 Bewegungsgesetz und Momentengesetz

Für die Annahmen $\dot{\varphi} = \Omega = konst$ und $b_\xi = 0$ sind die Bewegungsdifferentialgleichungen (1.77) und (1.78)

$$2m\xi\dot{\xi}\Omega + b\Omega - M = 0, \qquad m\ddot{\xi} - m\xi\Omega^2 + c(\xi - \xi^*) = 0. \qquad (1.90)$$

Aus der zweiten dieser Differentialgleichungen folgt

$$m\ddot{\xi} + (c - m\Omega^2)\xi = c\xi^*.$$

Aus dieser Gleichung wird das Bewegungsgesetz $\xi = \xi(t)$ des Körpers im Rohr ermittelt.

Mit den Bezeichnungen

$$p = \sqrt{\frac{c}{m}} = 29,933\,\text{rad/s}, \quad \omega = \sqrt{\frac{c}{m} - \Omega^2} = p\sqrt{1 - \left(\frac{\Omega}{p}\right)^2} = 25,298\,\text{rad/s}$$

ist diese Gleichung

$$\ddot{\xi} + \omega^2\xi = \frac{c\xi^*}{m}. \qquad (1.91)$$

Die allgemeine Lösung ξ setzt sich zusammen aus der partikulären Lösung $\xi_p = \xi_s$ der nichthomogenen Differentialgleichung und aus der allgemeinen Lösung ξ_h der homogenen Differentialgleichung $\ddot{\xi} + \omega^2\xi = 0$.

Mit dem Ansatz für die partikuläre Lösung $\xi_p = \xi_s$, $\dot{\xi}_p = 0$ und $\ddot{\xi}_p = 0$ folgt

$$(c - m\Omega^2)\xi_s = c\xi^* \quad \rightarrow \quad \xi_s = \frac{\xi^*}{1 - \left(\frac{\Omega}{p}\right)^2} = 1,401\,\xi^* = 0,350\,\text{m}. \quad (1.92)$$

Mit dem Lösungsansatz $\xi_h = Ce^{\lambda t}$ für die allgemeine Lösung der homogenen Differentialgleichung $\ddot{\xi}_h + \omega^2\xi_h = 0$ erhält man die charakteristische Gleichung

$$\lambda^2 + \omega^2 = 0$$

und ihre Wurzeln sind $\lambda_1 = -i\,\omega$ und $\lambda_2 = i\,\omega$.

Mit den reelen Integrationskonstanten C_1 und C_2 ist die allgemeine Lösung der homogenen Differentialgleichung

$$\xi_h = C_1 \cos(\omega t) + C_2 \sin(\omega t).$$

Somit gilt für die allgemeine Lösung der Gleichung (1.91)

$$\xi = \xi_s + C_1 \cos(\omega t) + C_2 \sin(\omega t), \qquad \dot{\xi} = -\omega C_1 \sin(\omega t) + \omega C_2 \cos(\omega t).$$

Die Integrationskonstanten C_1 und C_2 werden mit den Anfangsbedingungen $\xi(0) \neq 0$ und $\dot{\xi}(0) = 0$ ermittelt. Man erhält

$$\xi(0) = \xi_s + C_1, \quad 0 = \omega C_2 \quad \rightarrow \quad C_1 = \xi(0) - \xi_s, \quad C_2 = 0.$$

Somit ist die Lösung der Gleichung (1.91), das ist die *Relativbewegung*, und ihre Ableitungen

$$\xi = \xi_s + [\xi(0) - \xi_s] \cos(\omega t),$$

$$\dot{\xi} = -\omega[\xi(0) - \xi_s] \sin(\omega t), \quad \ddot{\xi} = -\omega^2[\xi(0) - \xi_s] \cos(\omega t).$$

Der Körper bewegt sich im Rohr harmonisch mit der Periode $T = 2\pi/\omega$ im Bereich $\xi \in [\xi(0), 2\xi_s - \xi(0)]$. Mit den nummerischen Werten erhält man

$$\xi = [0,350 - 0,050\,\cos(\omega t)]\,\text{m},$$

$$\dot{\xi} = [1,265\,\sin(\omega t)]\,\text{m/s}, \quad \ddot{\xi} = [31,999\,\cos(\omega t)]\,\text{m/s}^2.$$

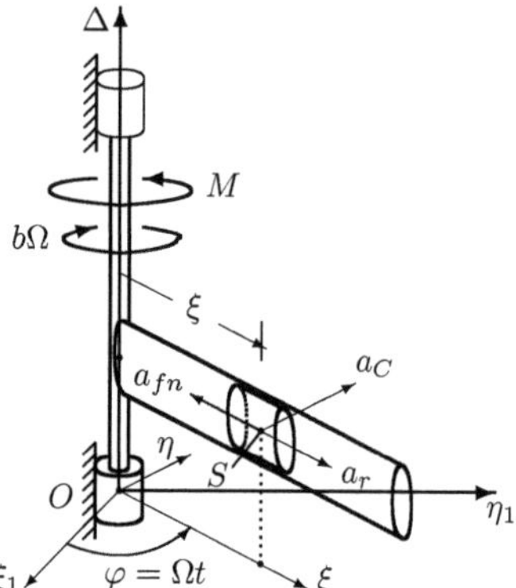

Abbildung 1.63: Beschleunigungen des Körpers im Rohr

In der Abbildung 1.63 sind die Komponenten der Beschleunigung des Schwerpunktes S des Körpers im Rohr eingezeichnet.

Es sind die Relativbeschleunigung $a_r = \ddot{\xi}$, die Normalkomponente der Führungsbeschleunigung $a_{fn} = \Omega^2\xi$ und die Coriolisbeschleinigung $a_C = 2\Omega\dot{\xi}$. Diesen Beschleunigungen entsprechen die Trägheitskräfte $F_r = ma_r = m\ddot{\xi}$, die Fliehkraft $F_{fn} = ma_{fn} = m\Omega^2\xi$ und die Corioliskraft $F_C = ma_C = 2m\Omega\dot{\xi}$, die in der Abbildung 1.64 eingezeichnet sind.

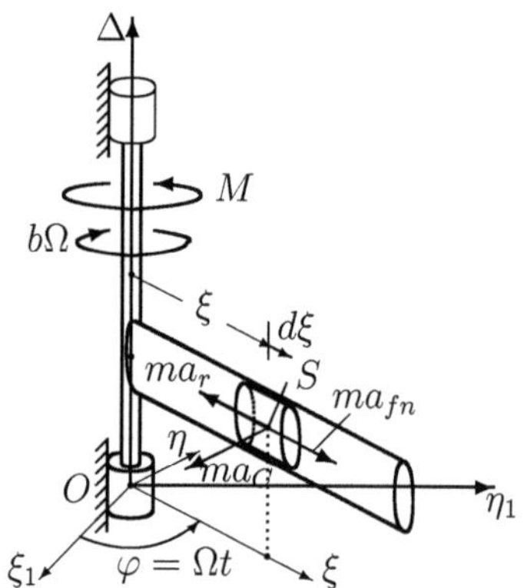

Abbildung 1.64: Trägheitskräfte des Körpers im Rohr

Aus der ersten der Gleichungen (1.90) wird das Moment M berechnet, welches diese Bewegungen des System ermöglicht. Das *Momentengesetz* ist

$$M = b\Omega + 2m\Omega\xi\dot{\xi} = b\Omega - 2m\Omega\omega[\xi(0) - \xi_s]\{\xi_s + [\xi(0) - \xi_s]\cos(\omega t)\}\sin(\omega t)$$

$$\rightarrow \quad M = \hat{M}_0 + \hat{M}_1\sin(\omega t) + \hat{M}_2\sin(2\omega t) \tag{1.93}$$

mit

$$\hat{M}_0 = b\Omega, \quad \hat{M}_1 = -2m\Omega\omega[\xi(0) - \xi_s]\xi_s \quad \hat{M}_2 = m\Omega\omega[\xi(0) - \xi_s]^2. \tag{1.94}$$

Um die gleichförmige Drehung $\dot{\varphi} = \Omega$ aufrechtzuerhalten, wirkt dieses Moment, welches das Dämpfungsmoment $b\Omega$ und das Moment der Trägheitskraft F_C, das gleich ist mit $2m\Omega\dot{\xi} \cdot \xi$, ausgleicht.

Für $\dot{\xi} > 0$ wirkt die Corioliskraft $F_C = ma_C$ wie in der Abbildung 1.64 dargestellt, und ihr Moment wirkt bremsend. Für $\dot{\xi} < 0$ ändert F_C die Richtung und ihr Moment wirkt beschleunigend.

Mit den nummerischen Werten erhält man

$$M = \{12,000 + 28,461\sin(\omega t) - 2,033\sin(2\omega t)\}\,\text{Nm}.$$

Dieses Moment hat positive und negative Werte und ist periodisch mit der Periode $2\pi/\omega$. Die Werte dieses Momentes innerhalb einer Periode sind in der Abbildung 1.65 dargestellt.

1.6.4.2 Bilanzgleichung für die Relativbewegung $\xi(t)$

Die Bilanzgleichung für die Koordinate ξ ist mit $b_\xi = 0$ und bei gleichförmiger Drehung des Rohres $\dot{\varphi} = \Omega$

$$d\left(\frac{1}{2}m\dot{\xi}^2\right) + d\left[\frac{1}{2}c(\xi - \xi^*)^2\right] - m\Omega^2 \cdot d\left(\frac{1}{2}\xi^2\right) = 0.$$

Hier sind

$$E_{kr} = \frac{1}{2}m\dot{\xi}^2 = [1,607\,\sin^2(\omega t)]\,\text{Nm}$$

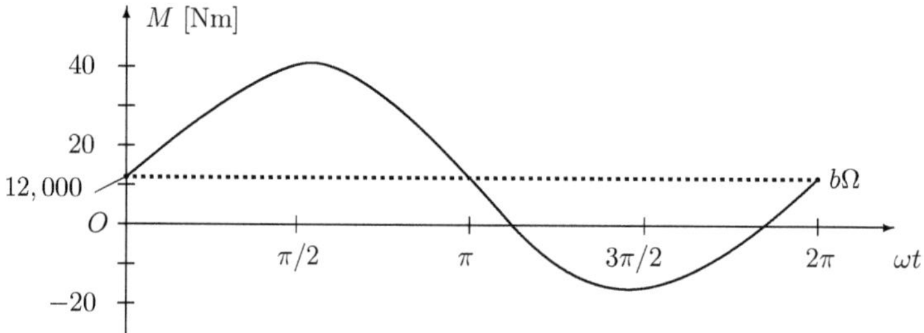

Abbildung 1.65: Momentenverlauf

der Anteil der kinetischen Energie durch die Relativbewegung $\xi(t)$,

$$E_p = \frac{1}{2}c(\xi - \xi^*)^2 = \{2,250[2 - \cos(\omega t)]^2\}\,\text{Nm}$$

ist das Potential des Systems durch die Verformung der Feder und

$$dA_f = m\Omega^2 \cdot d\left(\frac{1}{2}\xi^2\right) = m\Omega^2\xi \cdot d\xi$$

ist die infinitesimale Arbeit der Trägheitskraft $F_{fn} = ma_{fn} = m\Omega^2\xi$, das ist die Fliehkraft des Körpers im Rohr, bei der Relativverschiebung $d\xi$ entlang des Rohres (Abb. 1.64).

Mit $m\Omega^2 \cdot d\left(\frac{1}{2}\xi^2\right) = d\left(\frac{1}{2}m\Omega^2\xi^2\right)$ ist diese Bilanzgleichung

$$d\left[\frac{1}{2}m\dot{\xi}^2 + \frac{1}{2}c(\xi - \xi^*)^2 - \frac{1}{2}m\Omega^2\xi^2\right] = 0.$$

Durch Integration zwischen dem Anfangszeitpunkt $t = 0$ und dem Zwischenzeitpunkt t folgt mit den Anfangsbedingungen $\xi(0) \neq 0$ und $\dot{\xi}(0) = 0$

$$\frac{1}{2}m\dot{\xi}^2(t) + \frac{1}{2}c[\xi(t) - \xi^*]^2 - \frac{1}{2}m\Omega^2\xi^2(t) - \left[\frac{1}{2}c[\xi(0) - \xi^*]^2 - \frac{1}{2}m\Omega^2\xi^2(0)\right] = 0.$$

Diese *Bilanzgleichung ist das Erhaltungsgesetz*

$$\frac{1}{2}m\dot{\xi}^2(t) + \frac{1}{2}c[\xi(t) - \xi^*]^2 - \frac{1}{2}m\Omega^2\xi^2(t) = \frac{1}{2}c[\xi(0) - \xi^*]^2 - \frac{1}{2}m\Omega^2\xi^2(0) = \textit{konst}.$$

Für die angenommenen Zahlenwerte ist diese Konstante gleich mit -20,894 Nm.

Mit den Bezeichnungen $E_{mr} = E_{kr} + E_p$ für die mechanische Energie der Relativbewegung $\xi = \xi(t)$ und

$$A_f = \int_0^t dA_f = \frac{1}{2}m\Omega^2\big[\xi^2(t) - \xi^2(0)\big]$$

$$= 257,152\{[0,350 - 0,050\cos(\omega t)]^2 - 0,090\}\,\text{Nm}$$

für die *mechanische Arbeit der Fliehkraft* $m\Omega^2\xi$ durch die Relativbewegung ist dieses Bilanzgleichung

$$E_{mr}(t) - E_{mr}(0) = A_f(t).$$

In der Abb. 1.66 sind mit den angenommenen nummerischen Werten die periodischen Funktionen $E_{kr}(t)$, $E_p(t)$ und $E_{mr}(t)$ dargestellt.

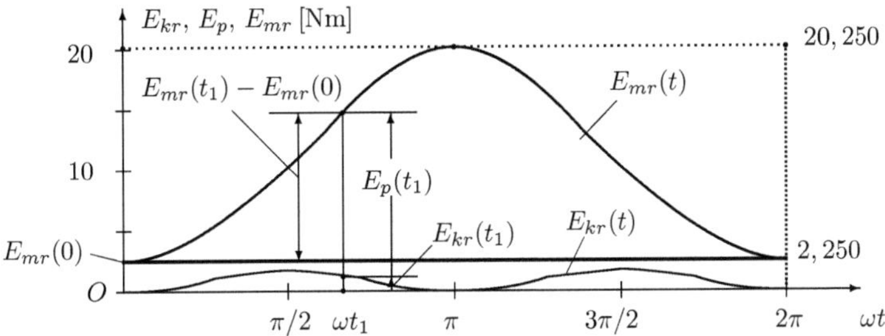

Abbildung 1.66: Kinetische Energie, Potential und mechanische Energie durch die Relativbewegung $\xi(t)$

Die Abb. 1.67 zeigt die periodische Funktion $A_f(t)$.
Diese Abbildungen bestätigen die Bilanzgleichung $E_{mr}(t) - E_{mr}(0) = A_e(t)$. Der Vergleich der Werte der Kurve $E_{mr}(t)$ mit dem Wert $E_{mr}(0)$ zeigt, dass für die hier angenommenen Anfangsbedingungen $\xi(0) = 0,300$ m $<$ $\xi_s = 0,350$ m, $\dot{\xi}(0) = 0$ und $\Omega = 16$ rad/s, die Differenz $E_{mr}(t) - E_{mr}(0)$ positive Werte annimmt und sich zwischen dem maximalen Wert 20,250 Nm und dem minimalen Wert 2,250 Nm verändert. Diese Schwankungen werden durch die Arbeit $\mathcal{A}_f$ der Fliehkraft ausgeglichen.

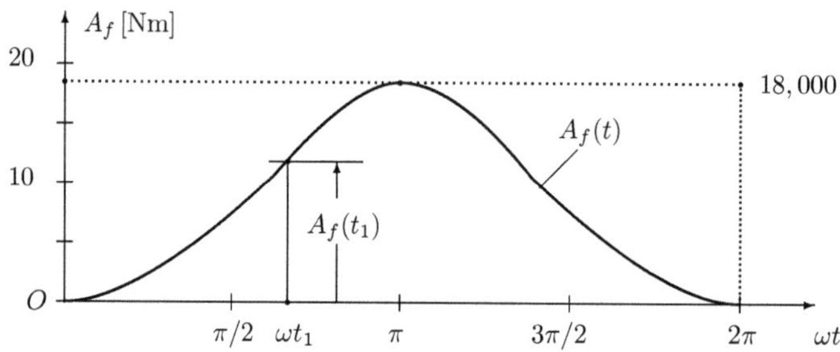

Abbildung 1.67: Mechanische Arbeit der Fliehkraft $m\Omega^2\xi$

1.6.4.3 Arbeitssatz für die gleichförmige Drehung des Rohres

Der Arbeitssatz (1.82) bei der gleichförmigen Drehung des Rohres $\dot\varphi = \Omega$
und $b_\xi = 0$ ist

$$d\Big[\frac{1}{2}(J_\Delta + m\xi^2)\Omega^2 + \frac{1}{2}m\dot\xi^2\Big] + d\Big[\frac{1}{2}c(\xi - \xi^*)^2\Big] = M(t) \cdot \Omega \cdot dt - b\Omega^2 \cdot dt.$$

Die Integration zwischen dem Zeitpunkt $t = 0$ und dem Zwischenzeitpunkt
t führt auf die Integralform des *Arbeitssatzes*

$$\Big[\frac{1}{2}(J_\Delta + m\xi^2)\Omega^2 + \frac{1}{2}m\dot\xi^2 + \frac{1}{2}c(\xi - \xi^*)^2\Big]_0^t = \int_0^t M(t)\cdot\Omega\cdot dt \int_0^t -b\Omega^2\cdot dt \quad (1.95)$$

mit dem Moment $M(t)$ aus der Gleichung (1.93).
Die *Arbeit A_d des Dämpfungsmoments* $b\Omega$ ist

$$A_d = -\int_0^t b\Omega^2 \cdot dt = -b\Omega^2 \cdot t = -\frac{b\Omega^2}{\omega} \cdot \omega t = -7,590\,\omega t \cdot \text{Nm}.$$

Dieses Arbeitsintegral besteht aus einem mit der Zeit sich linear verändern-
dem Glied.
Die *Arbeit A_e des Momentes M* ist

$$A_e = \int_0^t M(t) \cdot \Omega dt = \int_0^t (b\Omega + 2m\Omega\xi\dot\xi) \cdot \Omega dt$$

$$= b\Omega^2 \cdot t - 2m\Omega^2[\xi(0) - \xi_s]\xi_s \int_0^t \sin(\omega t)\,d(\omega t)$$

$$-2m\Omega^2[\xi(0) - \xi_s]^2 \int_0^t \cos(\omega t)\sin(\omega t) \cdot d(\omega t)$$

$$= \frac{b\Omega^2}{\omega} \cdot \omega t + 2m\Omega^2[\xi(0) - \xi_s]\xi_s[\cos(\omega t) - 1] - m\Omega^2[\xi(0) - \xi_s]^2 \sin^2(\omega t).$$

Mit den nummerischen Werten folgt

$$A_e = \{7,590\,\omega t + 18,001[1 - \cos(\omega t)] - 1,286\sin^2(\omega t)\}\mathrm{Nm}.$$

Auch das Arbeitsintegral A_e besteht aus einem mit der Zeit linear anwachsendem Glied und oszillatorischen Gliedern.

Die linear mit der Zeit t anwachsenden Glieder in A_e und $-A_d$ sind gleich. Während einer Periode $T = 2\pi/\omega$ vergrößert sich das linear anwachsende Glied mit $2\pi b\Omega^2/\omega$=47,686 Nm.

Die oszillatorische Komponente ist periodisch mit der Periode $2\pi/\omega$.

Der Arbeitssatz wird durch die Lösungen $\varphi = \Omega t$ und $\xi = \xi(t)$ bestätigt. Mit den Bezeichnungen

$$E_k = \frac{1}{2}(J_\Delta + m\xi^2)\Omega^2 + \frac{1}{2}m\dot{\xi}^2$$

$$= \{64,000 + 0,643[7 - \cos(\omega t)]^2 + 1,607\sin^2(\omega t)\}\,\mathrm{Nm},$$

$$E_p = \frac{1}{2}c(\xi - \xi^*)^2 = \{2,250[2 - \cos(\omega t)]^2\}\,\mathrm{Nm}$$

ist der *Arbeitssatz* (1.95)

$$E_k(t) + E_p(t) - [E_k(0) + E_p(0)] = A_e + A_d. \tag{1.96}$$

Die Abb. 1.68 zeigt im Zeitintervall $\omega t \in [0, 2\pi]$ die Arbeiten A_e des Momentes M und A_d des Dämpfungsmomentes $b\Omega$.

Die Werte von $A_e + A_d$ im Zeitinteval $\omega t \in [0, 2\pi]$ sind positiv und wiederholen sich periodisch mit der Periode $2\pi/\omega$.

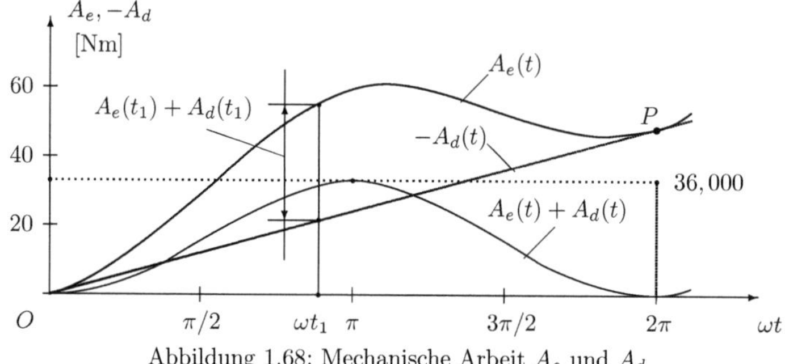

Abbildung 1.68: Mechanische Arbeit A_e und A_d

In der Abbildung 1.69 sind im Zeitintervall $\omega t \in [0, 2\pi]$ die Werte E_k, E_p und $E_m = E_k + E_p$ dargestellt. Der Vergleich der Werte der Kurve $E_m(t)$ mit dem Wert $E_m(0)$ zeigt, dass für die hier angenommenen Anfangsbedingungen $\xi(0) = 0,300$ m $< \xi_s = 0,350$ m, $\dot{\xi}(0) = 0$ und $\Omega = 16$ rad/s, die Differenz $E_m(t) - E_m(0)$ positive Werte annimmt und dass sich die mechanische Energie periodisch mit der Periode $2\pi/\omega$ verändert.

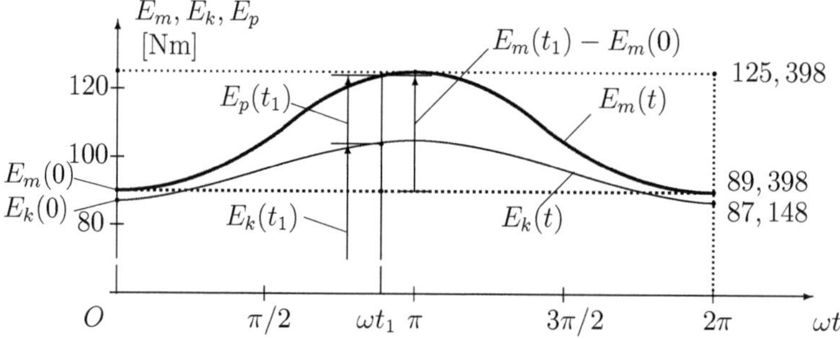

Abbildung 1.69: Veränderungen der mechanischen Energie

Gemäß dem Arbeitssatz (1.96) entspricht $A_e(t) + A_d(t)$ in Abb. 1.68 der Veränderung $E_m(t) - E_m(0)$ der mechanischen Energie in Abb. 1.69.

Die mechanische Energie des Systems $E_m(t)$ verändert sich zwischen den maximalen Wert 125,398 Nm und dem minimalen Wert 89,398 Nm. Diese Schwankungen werden durch die Arbeit des Momentes M und des Dämpfungsmomentes $b\Omega$ ausgeglichen.

1.7 Körper in horizontaler Drehscheibe mit Antriebsmoment und konstanter Winkelgeschwindigkeit

Die Scheibe in Abb. 1.70 dreht sich nach dem Gesetz $\varphi = \varphi(t)$ in einer horizontalen Ebene um die vertikale Achse durch das Gelenk O. Das Trägheitsmoment der Scheibe um diese Achse ist J_O. In der Scheibe befindet sich im Abstand l von O ein Kanal. Im Kanal kann sich ein Körper mit dem Schwerpunkt in S und von der Masse m bewegen. Der Körper kann als Massenpunkt betrachtet werden. Seine Lage im Kanal ist durch die Länge η bestimmt. Der Körper ist durch eine Feder mit der Scheibe verbunden. Die Federkonstante ist c und die unverformte Länge der Feder ist $\eta = \eta^*$. Auf den Körper wirkt eine Dämpfungskraft, die mit der Relativgeschwindigkeit $\dot\eta$ proportional ist. Der Dämpfungskoeffizient ist b_η. Auf die Scheibe wirkt das Moment M und ein Dämpfungsmoment, welches mit der Winkelgeschwindigkeit $\dot\varphi$ proportional ist. Der Dämpfungskoeffizient ist b.

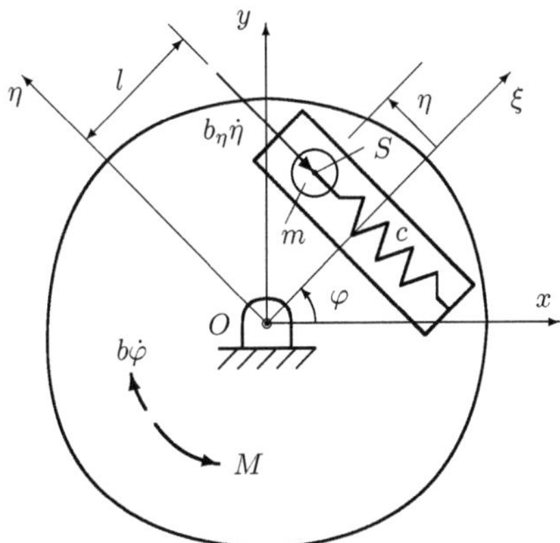

Abbildung 1.70: Körper in drehender Scheibe

Nummerische Anwendung: $J_O = 0,500$ kg.m^2, $l = 0,300$ m, $m = 4,444$ kg, $c = 3.000$ N/m, $\eta^* = 0,100$ m, $\eta_s = 0,150$ m, $\eta(0) = 0,200$ m, $\Omega = 15$ rad/s, $b = 0,600$ kg.m^2/s, $b_\eta = 40,000$ kg/s

1.7.1   Bestimmung der Bewegungsdifferentialgleichungen

Die Bewegungsdifferentialgleichungen werden mit den *Lagrange'schen Gleichungen zweiter Art* bestimmt. Diese Gleichungen sind

$$\frac{d}{dt}\left(\frac{\partial E_k}{\partial \dot{\varphi}}\right) - \frac{\partial E_k}{\partial \varphi} + \frac{\partial E_p}{\partial \varphi} - Q_\varphi^{(nk)} = 0, \qquad \frac{d}{dt}\left(\frac{\partial E_k}{\partial \dot{\eta}}\right) - \frac{\partial E_k}{\partial \eta} + \frac{\partial E_p}{\partial \eta} - Q_\eta^{(nk)} = 0.$$

Die kinetische Energie der Scheibe ist $\frac{1}{2}J_O\dot{\varphi}^2$.

Die Relativgeschwindigkeit der Masse m im Kanal ist $v_r = \dot{\eta}$ und die Führungsgeschwindigkeit ist $v_f = \dot{\varphi} \cdot r$ mit $r = \sqrt{\eta^2 + l^2}$. Diese Geschwindigkeiten sind in der Abb. 1.71 eingezeichnet. Sie bilden den Winkel α und $r\cos(\alpha) = l$.

Die absolute Geschwindigkeit folgt aus

$$v_a^2 = v_r^2 + v_f^2 + 2v_r v_f \cos(\alpha) = \dot{\eta}^2 + \dot{\varphi}^2 r^2 + 2\dot{\eta}\dot{\varphi}r\cos(\alpha) = \dot{\eta}^2 + \dot{\varphi}^2(\eta^2 + l^2) + 2\dot{\eta}\dot{\varphi}l.$$

Diese Geschwindigkeit kann auch durch die Ableitung nach der Zeit der Koordinaten des Schwerpunktes S berechnet werden.

In Bezug auf die Einsvektoren $\vec{e}_x$ und $\vec{e}_y$ des raumfesten Koordinatensystems xOy sind die Einsvektoren $\vec{e}_\xi$ und $\vec{e}_\eta$ des mit der Scheibe verbundenen Koordinatensystems $\xi O\eta$

$$\vec{e}_\xi = \cos(\varphi)\vec{e}_x + \sin(\varphi)\vec{e}_y, \qquad \vec{e}_\eta = -\sin(\varphi)\vec{e}_x + \cos(\varphi)\vec{e}_y.$$

Die Ableitungen nach der Zeit dieser Einsvektoren sind

$$\dot{\vec{e}}_\xi = \dot{\varphi}[-\sin(\varphi)\vec{e}_x + \cos(\varphi)\vec{e}_y] = \dot{\varphi}\vec{e}_\eta,$$

$$\dot{\vec{e}}_\eta = -\dot{\varphi}[\cos(\varphi)\vec{e}_x + \sin(\varphi)\vec{e}_y] = -\dot{\varphi}\vec{e}_\xi.$$

Der Ortsvektor $\vec{r}$ des Schwerpunktes S in Bezug auf das Koordinatensysten $\xi O\eta$ ist $\vec{r} = l\vec{e}_\xi + \eta\vec{e}_\eta$ und seine Ableitung nach der Zeit ist

$$\dot{\vec{r}} = l\dot{\vec{e}}_\xi + \dot{\eta}\vec{e}_\eta + \eta\dot{\vec{e}}_\eta = l\dot{\varphi}\vec{e}_\eta + \dot{\eta}\vec{e}_\eta - \eta\dot{\varphi}\vec{e}_\xi = -\eta\dot{\varphi}\vec{e}_\xi + (\dot{\eta} + l\dot{\varphi})\vec{e}_\eta. \qquad (1.97)$$

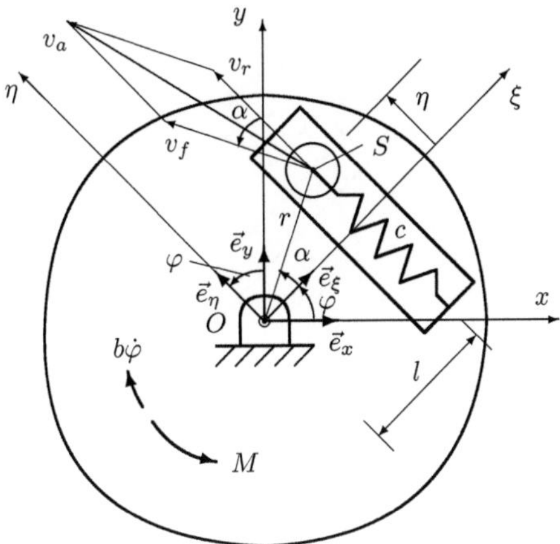

Abbildung 1.71: Geschwindigkeiten des Körpers

Damit ist die absolute Geschwindigkeit v_a von S

$$v_a^2 = (\eta\dot\varphi)^2 + (\dot\eta + l\dot\varphi)^2 = \dot\eta^2 + \dot\varphi^2(\eta^2 + l^2) + 2\dot\eta\dot\varphi l.$$

Die kinetische Energie der Masse m ist $\frac{1}{2}mv_a^2$.
Somit ist die kinetische Energie des Systems

$$E_k = \frac{1}{2}J_O\dot\varphi^2 + \frac{1}{2}mv_a^2 = \frac{1}{2}J_O\dot\varphi^2 + \frac{1}{2}m[\dot\eta^2 + \dot\varphi^2(\eta^2 + l^2) + 2\dot\eta\dot\varphi l]$$

$$= \frac{1}{2}[J_O + m(\eta^2 + l^2)]\dot\varphi^2 + m\dot\eta\dot\varphi l + \frac{1}{2}m\dot\eta^2.$$

Die Abb. 1.72 zeigt die eingeprägten Kräfte und Momente, die auf das System wirken.
Für die konservativen Kräfte werden Potentiale definiert.
Die Bewegung der Scheibe findet in einer horizontalen Ebene statt. Die Gewichtskräfte der Scheibe und des Körpers im Kanal sind senkrecht auf die Abbildungsebene und sind nicht eingezeichnet.

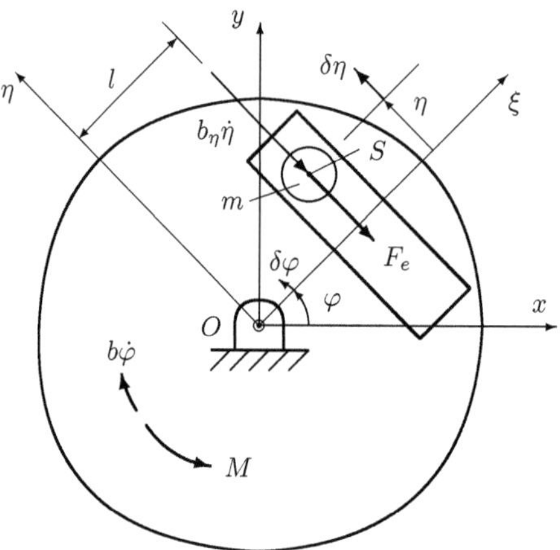

Abbildung 1.72: Eingeprägte Kräfte und Momente

Die Schwerpunkte bewegen sich in horizontalen Ebenen. Die Potentiale
dieser Kräfte sind konstant und werden gleich null angenommen.

Das Potential der Federkraft $F_e = c(\eta - \eta^*)$ ist $\frac{1}{2}c(\eta - \eta^*)^2$.

Somit ist das Potential E_p des Systems

$$E_p = \frac{1}{2}c(\eta - \eta^*)^2.$$

Die Ableitungen sind

$$\frac{\partial E_k}{\partial \varphi} = 0, \qquad \frac{\partial E_k}{\partial \dot{\varphi}} = [J_O + m(\eta^2 + l^2)]\dot{\varphi} + ml\dot{\eta},$$

$$\frac{d}{dt}\left(\frac{\partial E_k}{\partial \dot{\varphi}}\right) = [J_O + m(\eta^2 + l^2)]\ddot{\varphi} + 2m\eta\dot{\eta}\dot{\varphi} + ml\ddot{\eta},$$

$$\frac{\partial E_k}{\partial \eta} = m\eta\dot{\varphi}^2, \qquad \frac{\partial E_k}{\partial \dot{\eta}} = ml\dot{\varphi} + m\dot{\eta}, \qquad \frac{d}{dt}\left(\frac{\partial E_k}{\partial \dot{\eta}}\right) = ml\ddot{\varphi} + m\ddot{\eta},$$

$$\frac{\partial E_p}{\partial \varphi} = 0, \qquad \frac{\partial E_p}{\partial \eta} = c(\eta - \eta^*).$$

Das eingeprägte Moment M, das Dämpfungsmoment $b\dot{\varphi}$ und die Dämpfungskraft $b_\eta\dot{\eta}$ leisten bei den virtuellen Verschiebungen $\delta\varphi$ bzw. $\delta\eta$ die virtuellen Arbeiten

$$\delta A_\varphi^{(nk)} = (M - b\dot{\varphi}) \cdot \delta\varphi = Q_\varphi^{(nk)}\delta\varphi, \quad \rightarrow \quad Q_\varphi^{(nk)} = M - b\dot{\varphi},$$

$$\delta A_\eta^{(nk)} = -b_\eta\dot{\eta}\delta\eta = Q_\eta^{(nk)}\delta\eta \quad \rightarrow \quad Q_\eta^{(nk)} = -b_\eta\dot{\eta}.$$

Wenn diese Werte in die Lagrange'schen Gleichungen eingesetzt werden, dann erhält man die *Bewegungsdifferentialgleichungen*

$$[J_O + m(\eta^2 + l^2)]\ddot{\varphi} + 2m\eta\dot{\eta}\dot{\varphi} + ml\ddot{\eta} + b\dot{\varphi} - M = 0, \tag{1.98}$$

$$ml\ddot{\varphi} + m\ddot{\eta} - m\eta\dot{\varphi}^2 + b_\eta\dot{\eta} + c(\eta - \eta^*) = 0. \tag{1.99}$$

1.7.2 Bilanzgleichungen und Arbeitssatz

Zur Bestimmung der Bilanzgleichungen wird die Gleichung (1.98) mit $d\varphi$ und die Gleichung (1.99) mit $d\eta$ multipliziert. Man erhält

$$[J_O + m(\eta^2 + l^2)]\ddot{\varphi}d\varphi + 2m\eta\dot{\eta}\dot{\varphi}d\varphi + ml\ddot{\eta}d\varphi + b\dot{\varphi}d\varphi - Md\varphi = 0, \tag{1.100}$$

$$ml\ddot{\varphi}d\eta + m\ddot{\eta}d\eta - m\dot{\varphi}^2\eta d\eta + b_\eta\dot{\eta}d\eta + c(\eta - \eta^*)d\eta = 0. \tag{1.101}$$

Die folgenden Umformungen werden berücksichtigt:

$$\ddot{\varphi} \cdot d\varphi = \frac{d\dot{\varphi}}{dt} \cdot d\varphi = d\dot{\varphi} \cdot \frac{d\varphi}{dt} = d\dot{\varphi} \cdot \dot{\varphi} = d\left(\frac{1}{2}\dot{\varphi}^2\right),$$

$$\ddot{\eta} \cdot d\eta = \frac{d\dot{\eta}}{dt} \cdot d\eta = d\dot{\eta} \cdot \frac{d\eta}{dt} = d\dot{\eta} \cdot \dot{\eta} = d\left(\frac{1}{2}\dot{\eta}^2\right),$$

$$d(\dot{\varphi}\dot{\eta}) = \frac{d\dot{\varphi}}{dt} \cdot dt \cdot \frac{d\eta}{dt} + \frac{d\varphi}{dt} \cdot \frac{d\dot{\eta}}{dt} \cdot dt = \ddot{\varphi}d\eta + \ddot{\eta}d\varphi \quad \rightarrow \quad \ddot{\eta}d\varphi = -\ddot{\varphi}d\eta + d(\dot{\varphi}\dot{\eta}),$$

$$2m\eta\dot{\eta}\dot{\varphi}d\varphi = 2m\eta \cdot \frac{d\eta}{dt} \cdot \dot{\varphi}d\varphi = 2m\eta d\eta \cdot \dot{\varphi} \cdot \frac{d\varphi}{dt} = 2m \cdot \left(\frac{1}{2}\eta^2\right) \cdot \dot{\varphi}^2,$$

$$c(\eta - \eta^*) \cdot d\eta = c(\eta - \eta^*) \cdot d(\eta - \eta^*) = d\left[\frac{1}{2}c(\eta - \eta^*)^2\right],$$

$$d\varphi = \dot{\varphi} \cdot dt, \qquad d\eta = \dot{\eta} \cdot dt.$$

Das Produkt $M(t) \cdot d\varphi$ in Gleichung (1.100) bestimmt die infinitesimale Arbeit des eingeprägten Momentes $M(t)$ und es gilt

$$dA_e = M(t) \cdot d\varphi = M(t) \cdot \dot{\varphi} \cdot dt.$$

Das Produkt $b\dot{\varphi} \cdot d\varphi$ in Gleichung (1.100) bestimmt die infinitesimale Arbeit dA_d des Dämpfungsmomentes $b\dot{\varphi}$ und es gilt

$$dA_d = -b\dot{\varphi} \cdot d\varphi = -b\dot{\varphi} \cdot \dot{\varphi} \cdot dt = -b\dot{\varphi}^2 \cdot dt.$$

Das Produkt $b_\eta \dot{\eta} \cdot d\eta$ in Gleichung (1.101) bestimmt die infinitesimale Arbeit dA_d der Dämpfungskraft $b_\eta \dot{\eta}$ und es gilt

$$dA_\eta = -b_\eta \dot{\eta} \cdot d\eta = -b_\eta \dot{\eta} \cdot \dot{\eta} \cdot dt = -b_\eta \dot{\eta}^2 \cdot dt.$$

Mit diesen Umformungen können die Gleichungen (1.100) und (1.101) wie folgt geschrieben werden:

$$[J_O + m(\eta^2 + l^2)]d\left(\frac{1}{2}\dot{\varphi}^2\right) + 2m \cdot d\left(\frac{1}{2}\eta^2\right)\dot{\varphi}^2$$

$$+ml \cdot d(\dot{\varphi}\dot{\eta}) - ml\ddot{\varphi}d\eta + b\dot{\varphi}^2 \cdot dt - M(t) \cdot \dot{\varphi} \cdot dt = 0,$$

$$ml\ddot{\varphi}d\eta + d\left(\frac{1}{2}m\dot{\eta}^2\right) - m \cdot d\left(\frac{1}{2}\eta^2\right) \cdot \dot{\varphi}^2 + b_\eta \dot{\eta}^2 \cdot dt + d\left[\frac{1}{2}c(\eta - \eta^*)^2\right] = 0.$$

Diese Gleichungen sind *Bilanzgleichungen* in Differentialform, welche die durch die Koordinaten φ bzw. η bestimmten Anteile der kinetischen Energie und des Potentials sowie die Arbeiten von Komponenten der Trägheitskräfte, der Dämpfungskraft $b_\eta \dot{\eta}$, des Dämpfungsmomentes $b\dot{\varphi}$ und des Momentes $M(t)$ enthalten.

Die Lösungen $\varphi = \varphi(t)$ und $\eta = \eta(t)$ erfüllen zu jedem Zeitpunkt der Bewegung diese Gleichungen.

Die Addition der Bilanzgleichungen in Differentialform und die Berücksichtigung von

$$d(E_k) = d\left\{\frac{1}{2}[J_O + m(\eta^2 + l^2)]\dot{\varphi}^2 + ml\dot{\varphi}\dot{\eta} + \frac{1}{2}m\dot{\eta}^2\right\}$$

$$= [J_O + m(\eta^2 + l^2)]d\left(\frac{1}{2}\dot{\varphi}^2\right) + m \cdot d\left(\frac{1}{2}\eta^2\right) \cdot \dot{\varphi}^2 + ml \cdot d(\dot{\varphi}\dot{\eta}) + d\left(\frac{1}{2}m\dot{\eta}^2\right)$$

führt auf die Bilanzgleichung für das System

$$d\left\{\frac{1}{2}[J_O + m(\eta^2 + l^2)]\dot\varphi^2 + ml\dot\varphi\dot\eta + +\frac{1}{2}m\dot\eta^2\right\}$$

$$+b\dot\varphi^2 \cdot dt + b_\eta\dot\eta^2 \cdot dt + d\left[\frac{1}{2}c(\eta - \eta^*)^2\right] - M(t) \cdot \dot\varphi \cdot dt = 0$$

oder

$$d(E_k + E_p) + b\dot\varphi^2 \cdot dt + b_\eta\dot\eta^2 \cdot dt - M(t) \cdot \dot\varphi \cdot dt = 0.$$

In der Form

$$d(E_k + E_p) = M(t) \cdot \dot\varphi \cdot dt - b\dot\varphi^2 \cdot dt - b_\eta\dot\eta^2 \cdot dt \tag{1.102}$$

ist diese Gleichung die Differentialform des *Arbeitssatzes*.

Der Arbeitssatz zeigt die Veränderungen der kinetischen Energie, des Potentials und der Arbeiten der nichtkonservativen Kraft $b_\eta\dot\eta$, der nichtkonservativen Momente $b\dot\varphi$ und $M(t)$ während der Bewegung.

Die berechneten Lösungen können überprüft werden, wenn diese in die Bewegungsdifferentialgleichungen sowie in die Bilanzgleichungen und in den Arbeitssatz eingesetzt werden.

Die Residuen der Bewegungsdifferentialgleichungen und die Abweichungen in den Bilanzgleichungen und im Arbeitssatz geben Hinweise über die Verwendbarkeit dieser Lösungen.

1.7.3 Stationärer Zustand bei gleichförmiger Drehung der Scheibe

Es wird angenommen, dass dem System die Bewegung $\varphi = \Omega t$ aufgezwungen wird. Das bedeutet, dass die Koordinate φ eine zeitabhängige Bindung ist.

Für diesen Sonderfall mit $\dot\varphi = \Omega = konst$ und $\ddot\varphi = 0$ sind die Bewegungsdifferentialgleichungen (1.98) und (1.99)

$$2m\eta\dot\eta\Omega + b\Omega - M = 0, \qquad m\ddot\eta - m\eta\Omega^2 + b_\eta\dot\eta + c(\eta - \eta^*) = 0. \tag{1.103}$$

Aus der zweiten dieser Differentialgleichungen folgt

$$m\ddot\eta + b_\eta\dot\eta + (c - m\Omega^2)\eta = c\eta^*.$$

Aus dieser Gleichung wird das Bewegungsgesetz $\eta = \eta(t)$ des Körpers in der Scheibe ermittelt.

Mit den Bezeichnungen

$$p = \sqrt{\frac{c}{m}} = 25,982 \,\text{rad/s}, \quad \omega = \sqrt{\frac{c}{m} - \Omega^2} = p\sqrt{1 - \left(\frac{\Omega}{p}\right)^2} = 21,215 \,\text{rad/s}$$

ist diese Gleichung

$$\ddot{\eta} + \frac{b_\eta}{m}\dot{\eta} + \omega^2\eta = \frac{c\eta^*}{m}. \tag{1.104}$$

Die allgemeine Lösung η setzt sich zusammen aus der partikulären Lösung $\eta_p = \eta_s$ der nichthomogenen Differentialgleichung und aus der allgemeinen Lösung η_h der homogenen Differentialgleichung $\ddot{\eta} + \frac{b_\eta}{m}\dot{\eta} + \omega^2\eta = 0$.

Mit dem Ansatz für die partikuläre Lösung $\eta_p = \eta_s$, $\dot{\eta}_p = 0$ und $\ddot{\eta}_p = 0$ folgt

$$(c - m\Omega^2)\eta_s = c\eta^* \quad \rightarrow \quad \eta_s = \frac{\eta^*}{1 - \left(\frac{\Omega}{p}\right)^2} = 1,500\,\eta^* = 0,150\,\text{m}. \tag{1.105}$$

Mit den Lösungsansatz $\eta = Ce^{\lambda t}$ für die allgemeine Lösung der homogenen Differentialgleichung

$$\ddot{\eta}_h + \frac{b_\eta}{m}\dot{\eta}_h + \omega^2\eta_h = 0$$

erhält man die charakteristische Gleichung

$$\lambda^2 + \frac{b_\eta}{m}\lambda + \omega^2 = 0,$$

und ihre Wurzeln sind

$$\lambda_{1,2} = -\frac{b_\eta}{2m} \mp \sqrt{\left(\frac{b_\eta}{2m}\right)^2 - \omega^2} = -\frac{b_\eta}{2m} \mp i\sqrt{\omega^2 - \left(\frac{b_\eta}{2m}\right)^2}.$$

Mit der Annahme einer geringen Dämpfung, $b_\eta < 2m\omega = 191,225$ kg/s, und der Bezeichnung

$$p_1 = \sqrt{\omega^2 - \left(\frac{b_\eta}{2m}\right)^2} = \omega\sqrt{1 - \left(\frac{b_\eta}{2m\omega}\right)^2} = 20,260 \,\text{rad/s}$$

folgt

$$\lambda_1 = -\frac{b_\eta}{2m} - ip_1, \qquad \lambda_2 = -\frac{b_\eta}{2m} + ip_1.$$

Mit den Integrationskonstanten $\hat{\eta}$ und α ist die allgemeine Lösung der homogenen Differentialgleichung

$$\eta_h = \hat{\eta}e^{-b_\eta t/(2m)}\cos(p_1 t - \alpha).$$

Somit ist die allgemeine Lösung $\eta = \eta_p + \eta_h$ der nichthomogenen Differentialgleichung (1.104), das ist die *Relativbewegung*,

$$\eta(t) = \eta_s + \hat{\eta}e^{-b_\eta t/(2m)}\cos(p_1 t - \alpha). \tag{1.106}$$

Das Ableitung nach der Zeit ist

$$\dot{\eta}(t) = -\frac{b_\eta}{2m}(\eta - \eta_s) - p_1\hat{\eta}e^{-b_\eta t/(2m)}\sin(p_1 t - \alpha). \tag{1.107}$$

Die reellen Integrationskonstanten $\hat{\eta}$ und α werden mit den Anfangsbedingungen $t = 0$, $\eta(0) = \eta_0$ und $\dot{\eta}(0) = v_0$ bestimmt.
In die Gesetze $\eta(t)$ und $\dot{\eta}(t)$ eingesetzt erhält man

$$\eta_0 = \eta_s + \hat{\eta}\cos(-\alpha), \qquad v_0 = -\frac{b_\eta}{2m}(\eta_0 - \eta_s) - p_1\hat{\eta}\sin(-\alpha).$$

Daraus folgt

$$\tan(\alpha) = \frac{1}{p_1}\Big(\frac{v_0}{\eta_0 - \eta_s} + \frac{b_\eta}{2m}\Big), \qquad \hat{\eta} = \frac{\eta_0 - \eta_s}{\cos(\alpha)}.$$

Das Geschwindigkeitsgesetz (1.107) kann auch wie folgt geschrieben werden

$$\dot{\eta} = -\hat{\eta}\omega e^{-b_\eta t/(2m)}\sin(p_1 t - \alpha + \beta). \tag{1.108}$$

mit

$$\tan(\beta) = \frac{b_\eta/(2m)}{p_1}.$$

Das Beschleunigungsgesetz ist

$$\ddot{\eta} = -\hat{\eta}\omega^2 e^{-b_\eta t/(2m)}\cos(p_1 t - \alpha + 2\beta). \tag{1.109}$$

Die Pseodoperiode dieser gedämpften Schwingung ist $T_1 = 2\pi/p_1$.

Für den Sonderfall der Anfangsbedingungen $\eta(0) = \eta_0 \neq 0$ und $\dot{\eta}(0) = v_0 = 0$ gilt für die Phasenwinkel $\beta = \alpha$ und die Gesetze dieser Bewegung sind

$$\eta = \eta_s + \hat{\eta}e^{-\eta b_\eta t/(2m)}\cos(p_1 t - \alpha), \quad \dot{\eta} = -\hat{\eta}\omega e^{-b_\eta t/(2m)}\sin(p_1 t),$$

$$\ddot{\eta} = -\hat{\eta}\omega^2 e^{-b_\eta t/(2m)}\cos(p_1 t + \alpha).$$

Wegen dem Faktor $e^{-b_\eta t/(2m)}$ folgt $|\eta| \searrow \eta_s$, $|\dot{\eta}| \searrow 0$ und $|\ddot{\eta}| \searrow 0$.

Die Abb. 1.73 zeigt qualitativ das Bewegungsdiagramm der *Relativbewegung* $\eta(t)$ des Körpers in der Scheibe.

Der Körper in der Scheibe nähert sich oszillatorisch der relativen Gleichgewichtslage $\eta = \eta_s$.

Im stationären Zustand mit $\eta \to \eta_s$, $\dot{\eta} \to 0$, $\ddot{\eta} \to 0$, $\dot{\varphi} = \Omega$ und $\ddot{\varphi} = 0$ wirkt auf das System entsprechend der Gleichung (1.98) das *Antriebsmoment* $M = M_0 = b\Omega$.

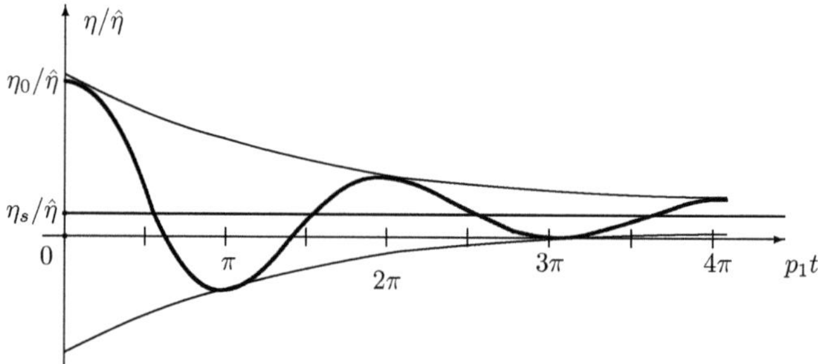

Abbildung 1.73: Bewegungsdiagramm der gedämpften Schwingung $\eta(t)$

1.7.4 Stationärer Zustand für $\dot{\varphi} = \Omega$ und $b_\eta = 0$

Für diesen Sonderfall mit $\dot{\varphi} = \Omega = konst$ und $b_\eta = 0$ sind die *Bewegungsdifferentialgleichungen* (1.98) und (1.99)

$$2m\eta\dot{\eta}\Omega + ml\ddot{\eta} + b\Omega - M = 0, \quad m\ddot{\eta} - m\eta\Omega^2 + c(\eta - \eta^*) = 0. \quad (1.110)$$

Aus der zweiten dieser Gleichungen folgt

$$m\ddot{\eta} + c(\eta - m\Omega^2)\eta = c\eta^*, \tag{1.111}$$

aus welcher das Bewegungsgesetz $\eta(t)$ des Körpers im Kanal bestimmt wird. Die allgemeine Lösung ηsetzt sich zusammen aus der partikulären Lösung $\eta_p = \eta_s$ der nichthomogenen Differentialgleichung und aus der allgemeinen Lösung η_h der homogenen Differentialgleichung $\ddot{\eta} + \omega^2\eta = 0$,

$$\eta = \eta_s + C_1\cos(\omega t) + C_2\sin(\omega t), \qquad \dot{\eta} = -\omega C_1\sin(\omega t) + \omega C_2\cos(\omega t).$$

Die Integrationskonstanten C_1 und C_2 werden mit den Anfangsbedingungen $\eta(0) \neq 0$ und $\dot{\eta}(0) = 0$ ermittelt. Man erhält

$$\eta(0) = \eta_s + C_1, \quad 0 = \omega C_2 \quad \rightarrow \quad C_1 = \eta(0) - \eta_s, \quad C_2 = 0.$$

Somit ist die Lösung dieser Gleichung, die *Relativbewegung*, und die erste und zweite Ableitung

$$\eta = \eta_s + [\eta(0) - \eta_s]\cos(\omega t),$$

$$\dot{\eta} = -\omega[\eta(0) - \eta_s]\sin(\omega t), \quad \ddot{\eta} = -\omega^2[\eta(0) - \eta_s]\cos(\omega t).$$

Der Körper schwingt im Kanal harmonisch mit der Periode $T = 2\pi/\omega$ zwischen der Anfangslage $\eta(0) = 0,200$ m um den Schwingungsmittelpunkt $\eta_s = 0,150$ m bis in die Lage $-\eta(0) + 2\eta_s = 0,100$ m.
Mit den nummerischen Werten erhält man

$$\eta = [0,150 + 0,050\cos(\omega t)]\,\text{m},$$

$$\dot{\eta} = -[1,061\sin(\omega t)]\,\text{m/s}, \qquad \ddot{\eta} = -[22,504\cos(\omega t)]\,\text{m/s}^2.$$

Die Abb. 1.74 zeigt die Beschleunigungen des Schwerpunktes S des Körpers im Kanal. Die Komponenetn der Beschleunigung sind die Relativbeschleunigung $a_r = \ddot{\eta}$, die Normalkomponente der Führungsbeschleunigung $a_{fn} = \Omega^2 r$ und die Coriolisbeschleunigung $a_C = 2\Omega\dot{\eta}$.

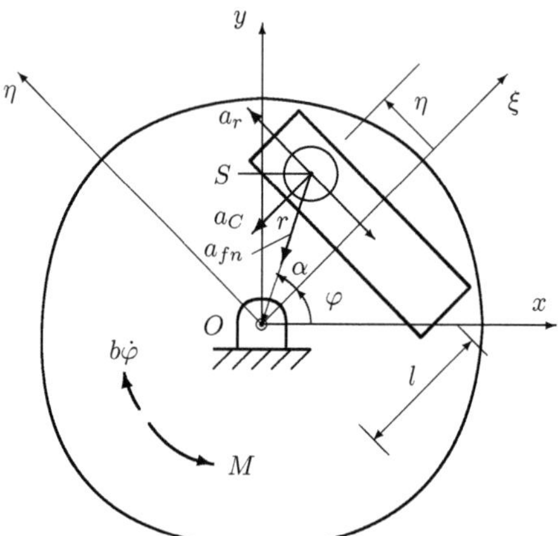

Abbildung 1.74: Beschleunigungskomponenten

Diese Beschleunigungskomponenten können auch durch die Ableitung nach
der Zeit des Geschwindikeitsvektors $\vec{v}_a = \dot{\vec{r}}$, Gleichung (1.97), berechnet
werden. Für den Sonderfall $\dot{\varphi} = \Omega$ gilt

$$\vec{v}_a = \dot{\vec{r}} = -\eta\Omega\vec{e}_\xi + (\dot{\eta} + l\Omega)\vec{e}_\eta$$

und die Ableitung ist

$$\vec{a}_a = \ddot{\vec{r}} = -\dot{\eta}\Omega\vec{e}_\xi - \eta\Omega\dot{\vec{e}}_\xi + \ddot{\eta}\vec{e}_\eta + (\dot{\eta} + l\Omega)\dot{\vec{e}}_\eta$$

$$= -(2\Omega\dot{\eta} + \Omega^2 l)\vec{e}_\xi + (\ddot{\eta} - \Omega^2\eta)\vec{e}_\eta. \tag{1.112}$$

Mit $\vec{a}_r = \ddot{\eta}\vec{e}_\eta$ und $\vec{a}_C = -2m\Omega\dot{\eta}\vec{e}_\xi$ sowie

$$\vec{a}_{fn} = -a_{fn}\cos(\alpha)\vec{e}_\xi - a_{fn}\sin(\alpha)\vec{e}_\eta$$

$$= -\Omega^2[r\cos(\alpha)\vec{e}_\xi + r\sin(\alpha)\vec{e}_\eta] = -\Omega^2 l\vec{e}_\xi - \Omega^2\eta\vec{e}_\eta$$

erhält man für $\vec{a}_a = \vec{a}_r + \vec{a}_{fn} + \vec{a}_C$ das gleiche Ergebnis.

In der Abb. 1.75 sind die entsprechenden Trägheitskräfte $F_r = ma_r$, $F_{fn} = ma_{fn}$ mit den Komponenten $F_{fn\xi} = m\Omega^2 l$ und $F_{fn\eta} = m\Omega^2\eta$ sowie $F_C = ma_C$ eingezeichnet.

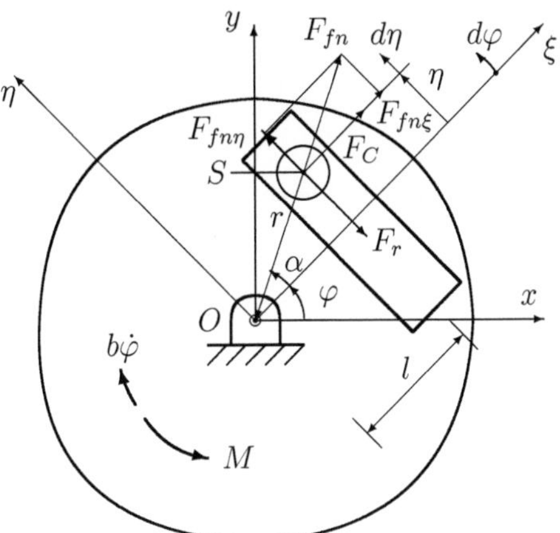

Abbildung 1.75: Trägheitskräfte

Aus der ersten der Gleichungen (1.110) wird das *Momentengesetz M* berechnet, welches diese Bewegungen des System ermöglicht,

$$M = b\Omega + ml\ddot{\eta} + 2m\Omega\eta\dot{\eta} \qquad (1.113)$$

$$= b\Omega - ml\omega^2[\eta(0) - \eta_s]\cos(\omega t) - 2m\Omega\omega[\eta(0) - \eta_s]\{\eta_s + [\eta(0) - \eta_s]\cos(\omega t)\}\sin(\omega t).$$

Um die gleichförmige Drehung $\dot{\varphi} = \Omega$ aufrechtzuerhalten, wirkt dieses Moment, welches das Dämpfungsmoment $b\Omega$, das Moment der Trägheitskraft F_r gleich mit $F_r \cdot l = ml\ddot{\eta}$ sowie das Moment der Trägheitskraft F_C gleich mit $F_C \cdot \eta = 2m\Omega\dot{\eta} \cdot \eta$ ausgleicht.

Mit den nummerischen Werten erhält man

$$M = \{9,000 - 30,002\cos(\omega t) - 7,071[3,000 + \cos(\omega t)]\sin(\omega t)\}\,\text{Nm}.$$

Dieses Moment hat negative und positive Werte und ist periodisch mit der Periode $2\pi/\omega$. Die Werte dieses Momentes innerhalb einer Periode sind in der Abb. 1.76 dargestellt.

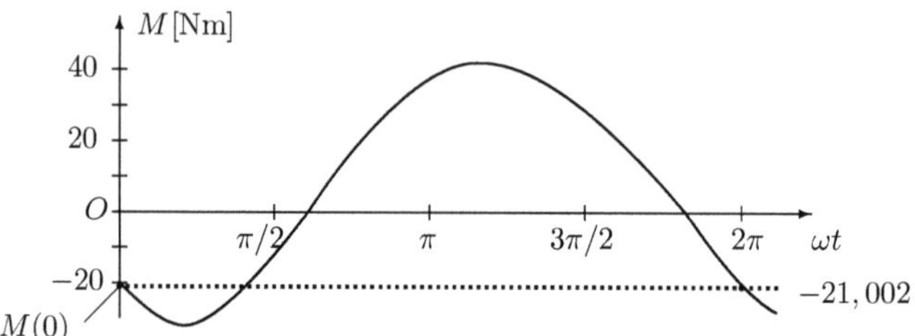

Abbildung 1.76: Momentenverlauf

1.7.4.1 Bilanzgleichung für die Relativbewegung $\eta(t)$

Die Bilanzgleichung für die Koordinate η für den betrachteten Sonderfall mit $\dot{\varphi} = \Omega$ und $b_\eta = 0$ ist

$$d\left(\frac{1}{2}m\dot{\eta}^2\right) + d\left[\frac{1}{2}c(\eta - \eta^*)^2\right] - m\Omega^2 \cdot d\left(\frac{1}{2}\eta^2\right) = 0.$$

Hier sind

$$E_{kr} = \frac{1}{2}m\dot{\eta}^2 = [2,500 \, \sin^2(\omega t)] \, \text{Nm}$$

der Anteil der kinetischen Energie durch die Relativbewegung $\eta(t)$,

$$E_p = \frac{1}{2}c(\eta - \eta^*)^2 = [3,750 \cos^2(\omega t) + 7,500 \cos(\omega t) + 3,750] \, \text{Nm}$$

ist das Potential des Systems durch die Verformung der Feder und

$$dA_f = m\Omega^2 \cdot d\left(\frac{1}{2}\eta^2\right) = m\Omega^2\eta \cdot d\eta$$

ist die infinitesimale Arbeit der Komponente $F_{fn\eta} = m\Omega^2\eta$ der Fliehkraft F_{fn} des Körpers durch die Führungsbewegung $\varphi = \Omega t$, bei der Relativverschiebung $d\eta$ entlang des Kanals.

Mit $m\Omega^2 \cdot d\left(\frac{1}{2}\eta^2\right) = d\left(\frac{1}{2}m\Omega^2\eta^2\right)$ ist diese Bilanzgleichung

$$d\left[\frac{1}{2}m\dot{\eta}^2 + \frac{1}{2}c(\eta - \eta^*)^2 - \frac{1}{2}m\Omega^2\eta^2\right] = 0.$$

Durch Integration zwischen dem Anfangszeitpunkt $t = 0$ und dem Zwischenzeitpunkt t folgt mit den Anfangsbedingungen $\eta(0) \neq 0$ und $\dot{\eta}(0) = 0$

$$\frac{1}{2}m\dot{\eta}^2(t) + \frac{1}{2}c[\eta(t) - \eta^*]^2 - \frac{1}{2}m\Omega^2\eta^2(t) - \left[\frac{1}{2}c[\eta(0) - \eta^*]^2 - \frac{1}{2}m\Omega^2\eta^2(0)\right] = 0.$$

Diese *Bilanzgleichung* ist äquivalent mit dem *Erhaltungsgesetz*

$$\frac{1}{2}m\dot{\eta}^2(t) + \frac{1}{2}c[\eta(t) - \eta^*]^2 - \frac{1}{2}m\Omega^2\eta^2(t) = \frac{1}{2}c[\eta(0) - \eta^*]^2 - \frac{1}{2}m\Omega^2\eta^2(0) = konst.$$

Für die angenommenen Zahlenwerte ist diese Konstante gleich mit -4,998 Nm.

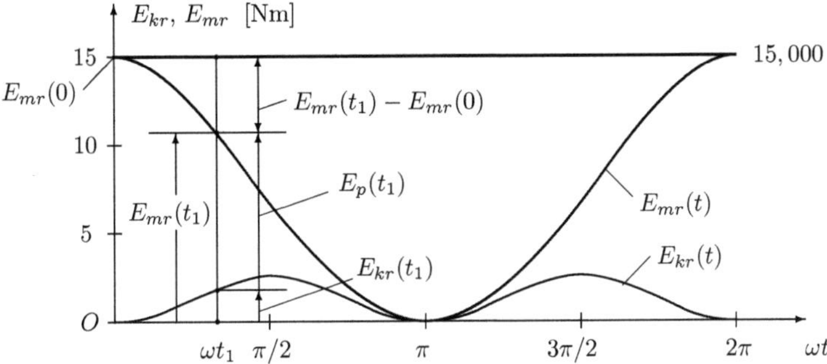

Abbildung 1.77: Kinetische Energie, Potential und mechanische Energie der Relativbewegung

Mit den Bezeichnungen $E_{mr} = E_{kr} + E_p$ und

$$A_f = \int_0^t dA_f = \frac{1}{2}m\Omega^2\left[\eta^2(t) - \eta^2(0)\right]$$

$$= 499,950\{[0,150 + 0,050\cos(\omega t)]^2 - 0,040\}\,\text{Nm}$$

ist dieses Bilanzgleichung

$$E_{mr}(t) - E_{mr}(0) = A_f(t).$$

Die Abb. 1.77 zeigt die mit den angenommenen nummerischen Werten dargestellten Funktionen $E_{kr}(t)$ und $E_{mr}(t)$ mit der Periode $2\pi/\omega$.

Die Abb. 1.78 zeigt die periodische Funktion $A_f(t)$.

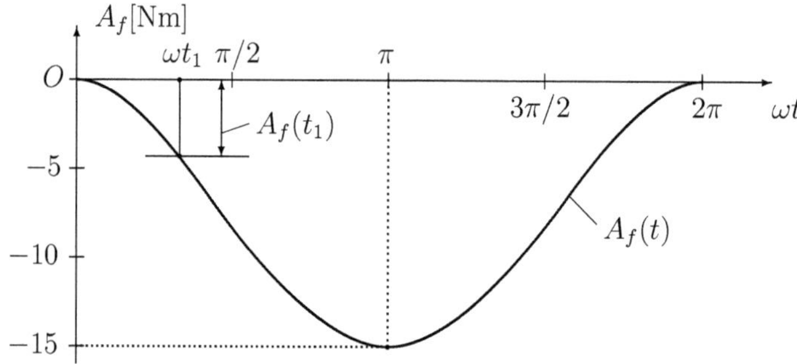

Abbildung 1.78: Arbeit $A_f(t)$ der Fliehkraft

Der Verlauf der Kurven bestätigt die Bilanzgleichung $E_{mr}(t) - E_{mr}(0) = A_f(t)$.

Für den hier angenommenen Zustand des mechanischen Systems zum Zeitpunkt $t = 0$, $\dot{\varphi} = \Omega = 15$ rad/s, $\eta(0) = 0,200$ m $> \eta_s = 0,150$ m und $\ddot{\varphi}(0) = 0$, verändert sich die mechanische Energie der Relativbewegung E_{mr} zwischen dem maximalen Wert 15,000 Nm und dem minimalen Wert 0.

Diese Schwankungen werden durch die Arbeit A_f der Fliehkraft F_{fn} ausgeglichen.

1.7.4.2 Arbeitssatz

Der Arbeitssatz (1.102) für den Sonderfall $\varphi = \Omega t$ und $b_\eta = 0$ ist

$$d\left\{\frac{1}{2}[J_O + m(\eta^2 + l^2)]\Omega^2 + ml\Omega\dot{\eta} + \frac{1}{2}m\dot{\eta}^2\right\} + d\left[\frac{1}{2}c(\eta - \eta^*)^2\right] = M(t)\cdot\Omega\cdot dt - b\Omega^2\cdot dt.$$

Die Integration zwischen dem Zeitpunkt $t = 0$ und dem Zwischenzeitpunkt t führt auf die Integralform des Arbeitssatzes

$$\left[\frac{1}{2}[J_O + m(\eta^2 + l^2)]\Omega^2 + ml\Omega\dot{\eta} + \frac{1}{2}m\dot{\eta}^2\right.$$

$$\left. + \frac{1}{2}c(\eta - \eta^*)^2\right]_0^t = \int_0^t M(t)\cdot\Omega\cdot dt - \int_0^t b\Omega^2\cdot dt \tag{1.114}$$

mit dem Moment $M(t)$ aus der Gleichung (1.113).
Die *Arbeit A_d des Dämpfungsmoments $b\Omega$* ist

$$A_d = -\int_0^t b\Omega^2\cdot dt = -b\Omega^2\cdot t = \frac{b\Omega^2}{\omega}\cdot\omega t = -6,363\,\omega t\cdot\text{Nm}.$$

Dieses Arbeitsintegral besteht aus einem mit der Zeit linear sich verändernden Glied.
Die *Arbeit A_e des Momentes M* aus der Gleichung (1.113) ist

$$A_e = \int_0^t M(t)\cdot\Omega dt = \int_0^t (b\Omega + ml\ddot{\eta} + 2m\Omega\eta\dot{\eta})\cdot\Omega dt$$

$$= b\Omega^2\cdot t - ml\Omega\omega[\eta(0) - \eta_s]\int_0^t \cos(\omega t)d(\omega t)$$

$$-2m\Omega^2[\eta(0) - \eta_s]\eta_s\int_0^t \sin(\omega t)d(\omega t) - 2m\Omega^2[\eta(0) - \eta_s]^2\int_0^t \cos(\omega t)\sin(\omega t)\cdot d(\omega t)$$

$$= \frac{b\Omega^2}{\omega}\cdot\omega t - ml\Omega\omega[\eta(0) - \eta_s]\sin(\omega t)$$

$$+2m\Omega^2[\eta(0) - \eta_s]\eta_s[\cos(\omega t) - 1] - m\Omega^2[\eta(0) - \eta_s]^2\sin^2(\omega t).$$

Mit den nummerischen Werten folgt

$$A_e = \{6,363\,\omega t - 21,213\sin(\omega t) - 14,998[1 - \cos(\omega t)] - 2,500\sin^2(\omega t)\}\text{Nm}.$$

Auch das Arbeitsintegral A_e besteht aus einem mit der Zeit linear anwachsendem Glied und oszillatorischen Gliedern.

Die linear mit der Zeit t anwachsenden Glieder in A_e und A_d sind gleich.

Während einer Periode $T = 2\pi/\omega$ vergrößert sich das linear anwachsende Glied mit $2\pi b\Omega^2/\omega$=39,983 Nm.

Die oszillatorische Komponente ist periodisch mit der Periode $2\pi/\omega$.

Der Arbeitssatz wird durch die Lösungen $\varphi = \Omega t$ und $\eta = \eta(t)$ bestätigt.

Mit den Bezeichnungen

$$E_k = \frac{1}{2}[J_O + m(\eta^2 + l^2)]\Omega^2 + ml\Omega\dot{\eta} + \frac{1}{2}m\dot{\eta}^2$$

$$= \{112,500+7,500\cos(\omega t)+1,250\cos^2(\omega t)-21.213\sin(\omega t)+2,500\sin^2(\omega t)\}\,\text{Nm},$$

$$E_p = \frac{1}{2}c(\eta - \eta^*)^2 = [3,750\cos^2(\omega t) + 7,500\cos(\omega t) + 3,750]\,\text{Nm}$$

wird der *Arbeitssatz* (1.114) wie folgt geschrieben

$$E_k(t) + E_p(t) - [E_k(0) + E_p(0)] = A_e + A_d. \tag{1.115}$$

Die Abb. 1.79 zeigt im Zeitintervall $\omega t \in [0, 2\pi]$ die Arbeiten A_e des Momentes M und $-A_d$ des Dämpfungsmomentes $b\Omega$.

Die Werte $A_e + A_d$ im Zeitinteval $\omega t \in [0, 2\pi]$ sind negativ und positiv und wiederholen sich periodisch mit der Periode $2\pi/\omega$.

In der Abbildung 1.80 sind im Zeitintervall $\omega t \in [0, 2\pi]$ die Werte E_k, E_p und $E_m = E_k + E_p$ dargestellt.

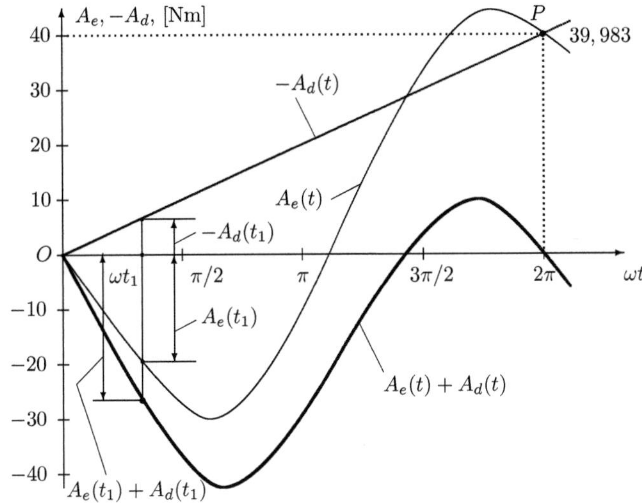

Abbildung 1.79: Arbeit A_e des Momentes und A_d des Dämpfungsmomentes

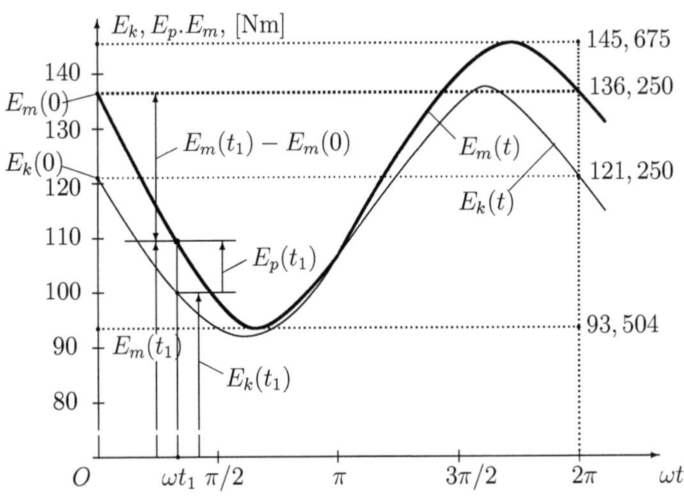

Abbildung 1.80: Kinetische Energie, Potential und mechanische Energie

Für den hier angenommenen Zustand des mechanischen Systems zum Zeitpunkt $t = 0$, $\dot{\varphi} = \Omega = 15$ rad/s, $\eta(0) = 0,200$ m $> \eta_s = 0,150$ m und $\ddot{\varphi}(0) = 0$, verändert sich die mechanische Energie E_m zwischen dem minimalen Wert 93,504 Nm und dem maximalen Wert 145,675 Nm.

Der Vergleich der Werte der Kurve $E_m(t)$ mit dem Wert $E_m(0)$ zeigt, dass die Differenz $E_m(t) - E_m(0)$ negative und positive Werte annimmt und dass sich die mechanische Energie periodisch mit der Periode $2\pi/\omega$ verändert.

Gemäß dem Arbeitssatz (1.115) entspricht $A_e(t) + A_d(t)$ in Abb. 1.79 der Veränderung $E_m(t) - E_m(0)$ der mechanischen Energie in Abb. 1.80

Diese Schwankungen werden durch die Arbeiten A_e des Momentes M und A_d des Dämpfungsmomentes $b\Omega$ ausgeglichen.

1.8 Drehsystem aus elastisch verbundenen Scheibe und Stab mit Antriebsmoment

Die System in Abb. 1.81 besteht aus einer Scheibe und einem Stab OA, die sich in einer horizontalen Ebene um die vertikale Achse durch O drehen können. Die axialen Trägheitsmomente der Scheibe und des Stabes betragen J_1 bzw. J_2. Die Lage des Systems ist durch die Winkel q_1 und q_2 bestimmt. Die Scheibe verformt eine Drehfeder mit der Federkonstanten c_1, die in der Lage $q_1 = q_1^*$ unverformt ist. Zwischen Scheibe und Stab wirkt eine Drehfeder mit der Federkonstanten c_2, die in der Lage $q_2 = q_2^*$ unverformt ist. Die Verformungen der Drehfedern werden mit φ_1 und φ_2 bezeichnet. Auf die Scheibe wirkt das Moment M und auf den Stab ein Dämpfungsmoment, welches mit der Winkelgeschwindigkeit $\dot{\varphi}_2$ proportional ist. Der Dämpfungskoeffizient ist b.

Nummerische Anwendung: $J_1 = 0,250$ kg.m^2, $J_2 = 0,220$ kg.m^2, $c_1 = 300$ Nm, $c_2 = 400$ Nm, $\nu_0 = 35$ rad/s, $b = 5$ kg.m^2/s.

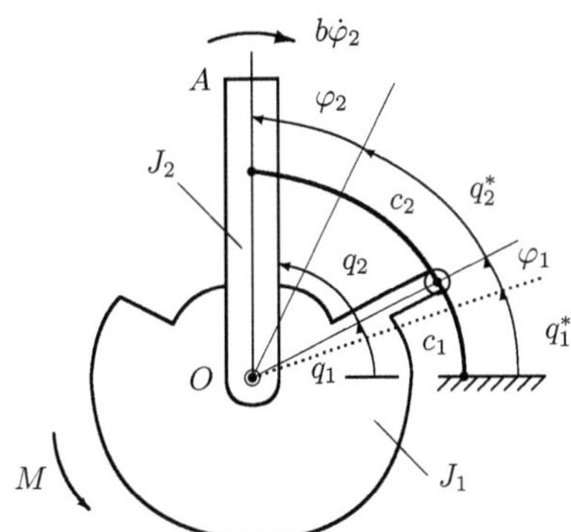

Abbildung 1.81: Elastisches Drehsystem aus Scheibe und Stab

1.8.1 Bestimmung der Bewegungsdifferentialgleichungen

Die Bewegungsdifferentialgleichungen werden mit den *Lagrange'schen Gleichungen zweiter Art* bestimmt. Als verallgemeinerte Koordinaten werden die Winkel φ_1 und φ_2 verwendet.

Diese Gleichungen sind

$$\frac{d}{dt}\left(\frac{\partial E_k}{\partial \dot\varphi_1}\right) - \frac{\partial E_k}{\partial \varphi_1} + \frac{\partial E_p}{\partial \varphi_1} - Q^{(nk)}_{\varphi_1} = 0, \quad \frac{d}{dt}\left(\frac{\partial E_k}{\partial \dot\varphi_2}\right) - \frac{\partial E_k}{\partial \varphi_2} + \frac{\partial E_p}{\partial \varphi_2} - Q^{(nk)}_{\varphi_2} = 0.$$

Die kinetische Energie der Scheibe ist $\frac{1}{2}J_1\dot\varphi_1^2$ und die des Stabes ist $\frac{1}{2}J_2\left(\dot\varphi_1 + \dot\varphi_2\right)^2$. Somit ist die kinetische Energie des Systems

$$E_k = \frac{1}{2}\left(J_1 + J_2\right)\dot\varphi_1^2 + J_2\dot\varphi_1\dot\varphi_2 + \frac{1}{2}J_2\dot\varphi_2^2.$$

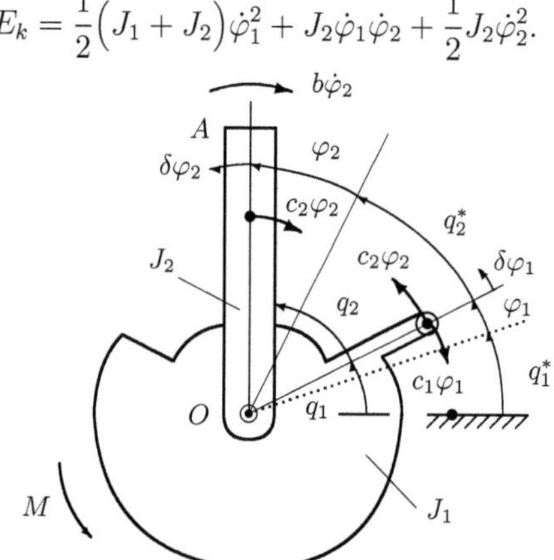

Abbildung 1.82: Eingeprägte Momente, die auf das System wirken

Die Abb. 1.82 zeigt die eingeprägten Momente, die auf das System wirken. Für die konservativen Momente werden Potentiale definiert.

Die Bewegung der Scheibe und des Stabes findet in einer horizontalen Ebene statt. Die Gewichtskräfte der Scheibe und des Stabes sind senkrecht auf die Abbildungsebene und sind nicht eingezeichnet. Die Schwerpunkte bewegen sich in horizontalen Ebenen. Die Potentiale dieser Kräfte sind konstant und werden gleich null angenommen.

Die Potentiale der Momente $c_1\varphi_1$ und $c_2\varphi_2$ der Drehfedern sind $\frac{1}{2}c_1\varphi_1^2$ und $\frac{1}{2}c_2\varphi_2^2$.

Somit ist das Potential E_p des Systems

$$E_p = \frac{1}{2}c_1\varphi_1^2 + \frac{1}{2}c_2\varphi_2^2.$$

Die Ableitungen zur Bildung der Lagrange'schen Gleichungen sind:

$$\frac{\partial E_k}{\partial \varphi_1} = 0, \qquad \frac{\partial E_k}{\partial \dot\varphi_1} = (J_1 + J_2)\dot\varphi_1 + J_2\dot\varphi_2, \qquad \frac{d}{dt}\left(\frac{\partial E_k}{\partial \dot\varphi_1}\right) = (J_1 + J_2)\ddot\varphi_1 + J_2\ddot\varphi_2,$$

$$\frac{\partial E_k}{\partial \varphi_2} = 0, \qquad \frac{\partial E_k}{\partial \dot\varphi_2} = J_2\dot\varphi_1 + J_2\dot\varphi_2, \qquad \frac{d}{dt}\left(\frac{\partial E_k}{\partial \dot\varphi_2}\right) = J_2\ddot\varphi_1 + J_2\ddot\varphi_2,$$

$$\frac{\partial E_p}{\partial \varphi_1} = c_1\varphi_1, \qquad \frac{\partial E_p}{\partial \varphi_2} = c_2\varphi_2.$$

Das eingeprägte Moment M und das Dämpfungsmoment $b\dot\varphi_2$ leisten bei den virtuellen Verschiebungen $\delta\varphi_1$ bzw. $\delta\varphi_2$ die virtuellen Arbeiten

$$\delta A_{\varphi_1}^{(nk)} = M \cdot \delta\varphi_1 = Q_{\varphi_1}^{(nk)}\delta\varphi_1, \quad \rightarrow \quad Q_{\varphi_1}^{(nk)} = M,$$

$$\delta A_{\varphi_2}^{(nk)} = -b\dot\varphi_2 \cdot \delta\varphi_2 = Q_{\varphi_2}^{(nk)}\delta\varphi_2 \quad \rightarrow \quad Q_{\varphi_2}^{(nk)} = -b\dot\varphi_2.$$

Wenn diese Werte in die Lagrange'schen Gleichungen eingesetzt werden, dann erhält man die Bewegungsdifferentialgleichungen

$$(J_1 + J_2)\ddot\varphi_1 + J_2\ddot\varphi_2 + c_1\varphi_1 - M = 0, \tag{1.116}$$

$$J_2\ddot\varphi_1 + J_2\ddot\varphi_2 + b\dot\varphi_2 + c_2\varphi_2 = 0. \tag{1.117}$$

1.8.2 Bestimmung der Bilanzgleichungen und des Arbeitssatzes

Zur Bestimmung der Bilanzgleichungen wird die Gleichung (1.116) mit $d\varphi_1$ und die Gleichung (1.117) mit $d\varphi_2$ multipliziert. Man erhält

$$(J_1 + J_2)\ddot\varphi_1 d\varphi_1 + J_2\ddot\varphi_2 d\varphi_1 + c_1\varphi_1 d\varphi_1 - M d\varphi_1 = 0, \tag{1.118}$$

$$J_2\ddot\varphi_1 d\varphi_2 + J_2\ddot\varphi_2 d\varphi_2 + b\dot\varphi_2 d\varphi_2 + c_2\varphi_2 d\varphi_2 = 0. \tag{1.119}$$

Die folgenden Umformungen werden berücksichtigt:

$$\ddot\varphi_i \cdot d\varphi_i = \frac{d\dot\varphi_i}{dt} \cdot d\varphi_i = d\dot\varphi_i \cdot \frac{d\varphi_i}{dt} = d\dot\varphi_i \cdot \dot\varphi_i = d\left(\frac{1}{2}\dot\varphi_i^2\right), \quad i = 1, 2,$$

$$d(\dot\varphi_1\dot\varphi_2) = \frac{d\dot\varphi_1}{dt} \cdot dt \cdot \frac{d\varphi_2}{dt} + \frac{d\varphi_1}{dt} \cdot \frac{d\dot\varphi_2}{dt} \cdot dt = \ddot\varphi_1 d\varphi_2 + \ddot\varphi_2 d\varphi_1$$

$$\rightarrow \quad \ddot\varphi_2 d\varphi_1 = -\ddot\varphi_1 d\varphi_2 + d(\dot\varphi_1\dot\varphi_2),$$

$$c_i \varphi_i \cdot d\varphi_i == d\Big(\frac{1}{2} c_i \varphi_i^2\Big), \qquad d\varphi_i = \dot{\varphi}_i \cdot dt, \qquad i = 1, 2.$$

Das Produkt $M(t) \cdot d\varphi_1$ in Gleichung (1.118) ist die infinitesimale Arbeit des eingeprägten Momentes $M(t)$ und es gilt

$$dA_e = M(t) \cdot d\varphi_1 = M(t) \cdot \dot{\varphi}_1 \cdot dt.$$

Das Produkt $b\dot{\varphi}_2 \cdot d\varphi_2$ in Gleichung (1.119) bestimmt die infinitesimale Arbeit dA_d des Dämpfungsmomentes $b\dot{\varphi}_2$ und es gilt

$$dA_d = -b\dot{\varphi}_2 \cdot d\varphi_2 = -b\dot{\varphi}_2 \cdot \dot{\varphi}_2 \cdot dt = -b\dot{\varphi}_2^2 \cdot dt.$$

Mit diesen Umformungen können die Gleichungen (1.118) und (1.119) wie folgt geschrieben werden

$$(J_1 + J_1)d\Big(\frac{1}{2}\dot{\varphi}_1^2\Big) - J_2\ddot{\varphi}_1 d\varphi_2 + J_2 d(\dot{\varphi}_1\dot{\varphi}_2) + d\Big(\frac{1}{2}c_1\varphi_1^2\Big) - M(t) \cdot \dot{\varphi}_1 \cdot dt = 0,$$

$$J_2\ddot{\varphi}_1 d\varphi_2 + J_2 d\Big(\frac{1}{2}\dot{\varphi}_2^2\Big) + b\dot{\varphi}_2^2 dt + d\Big(\frac{1}{2}c_2\varphi_2^2\Big) = 0. \qquad (1.120)$$

Diese Gleichungen sind *Bilanzgleichungen in Differentialform*, welche die durch die Koordinaten φ_1 bzw. φ_2 bestimmten Anteile der kinetischen Energie und des Potentials sowie die Arbeiten der Nichtpotentialmomente $M(t)$ und $b\dot{\varphi}_2$ enthalten.

Die Lösungen $\varphi_1 = \varphi_1(t)$ und $\varphi_2 = \varphi_2(t)$ erfüllen zu jedem Zeitpunkt der Bewegung diese Gleichungen.

Die Addition der Bilanzgleichungen in Differentialform und die Berücksichtigung von

$$d(E_k) = (J_1 + J_2)\Big(\frac{1}{2}\dot{\varphi}_1^2\Big) + J_1 J_2 d(\dot{\varphi}_1\dot{\varphi}_2) + J_2\Big(\frac{1}{2}\dot{\varphi}_2^2\Big)$$

führt auf

$$d(E_k + E_p) + b\dot{\varphi}_2^2 \cdot dt - M(t) \cdot \dot{\varphi}_1 \cdot dt = 0.$$

In der Form

$$d(E_k + E_p) = M(t) \cdot \dot{\varphi}_1 \cdot dt - b\dot{\varphi}_2^2 \cdot dt \qquad (1.121)$$

ist diese Gleichung die Differentialform des *Arbeitssatzes*.

Die Bilanzgleichungen und der Arbeitssatz zeigen die Veränderungen der kinetischen Energie, des Potentials und der Arbeiten der nichtkonservativen Momente während der Bewegung.

Die berechneten Lösungen können überprüft werden, wenn diese in die Bewegungsdifferentialgleichungen sowie in die Bilanzgleichungen und in den Arbeitssatz eingesetzt werden.

Die Residuen der Bewegungsdifferentialgleichungen und die Abweichungen in den Bilanzgleichungen und im Arbeitssatz geben Hinweise über die Verwendbarkeit dieser Lösungen.

1.8.3 Bestimmung der Eigenkreisfrequenzen

Um die Eigenkreisfrequenzen zu bestimmen, wird das System ohne Dämpfung, d.h. $b = 0$, und ohne Erregung, d.h. $M = 0$, betrachtet und mit dem Lösungsansatz $\varphi_1 = A_1 \cos(pt)$ und $\varphi_2 = A_2 \cos(pt)$ werden die Werte der Eigenkreisfrequenzen p_1 und p_2 ermittelt.

Die Differentialgleichungen für diesen Fall sind

$$(J_1 + J_2)\ddot{\varphi}_1 + J_2\ddot{\varphi}_2 + c_1\varphi_1 = 0, \qquad J_2\ddot{\varphi}_1 + J_2\ddot{\varphi}_2 + c_2\varphi_2 = 0.$$

Die Gleichungen zur Berechnung der Amplituden sind

$$A_1[c_1 - p^2(J_1 + J_2)] + A_2(-p^2 J_2) = 0, \qquad A_1(-p^2 J_2) + A_2(c_2 - p^2 J_2) = 0.$$

Damit es von null verschiedene Lösungen für die Amplituden A_1 und A_2 gibt, muss die Systemdeterminate $\Delta(p^2)$ gleich sein mit null,

$$\Delta(p^2) = \begin{vmatrix} c_1 - p^2(J_1 + J_2) & -p^2 J_2 \\ -p^2 J_2 & c_2 - p^2 J_2 \end{vmatrix} = [c_1 - p^2(J_1 + J_2)](c_2 - p^2 J_2) - p^4 J_2^2 = 0$$

$$\rightarrow \quad J_1 J_2 p^4 - [c_1 J_2 + c_2(J_1 + J_2)]p^2 + c_1 c_2 = 0$$

Das ist die *charakteristische Gleichung* zur Berechnung der *Eigenkreisfrequenzen* p_1 und p_2

$$p_{1,2}^2 = \frac{1}{2J_1 J_2}\left\{c_1 J_2 + c_2(J_1 + J_2) \mp \sqrt{[c_1 J_2 + c_2(J_1 + J_2)]^2 - 4J_1 J_2 c_1 c_2}\right\}.$$

Mit den angenommenen nummerischen Werten $J_1 = 0,250$ kg.m^2, $J_2 = 0,220$ kg.m^2, $J_1/J_2 = 1,136$, $c_1 = 300$ Nm und $c_2 = 400$ Nm erhält man $p_1 = 23,114$ rad/s und $p_2 = 63,906$ rad/s.

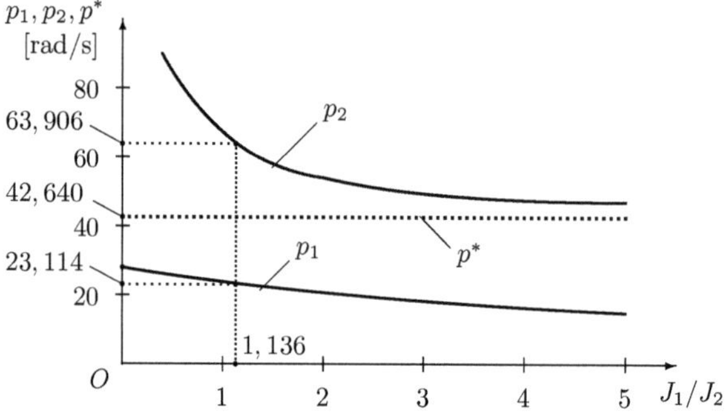

Abbildung 1.83: Eigenkreisfrequenzen als Funktionen von J_1/J_2

In der Abbildung 1.83 sind die Eigenkreisfrequenzen p_1 und p_2 für steigende Werte von J_1/J_2 eingezeichnet.

Der Wert $p^* = \sqrt{c_2/J_2} = 42{,}640$ rad/s entspricht für p_2 mit sehr großen Werten von J_1/J_2.

1.8.4   Erregung durch zeitabhängige Bindung

Es wird angenommen, dass dem System die Bewegung $\varphi_1 = \hat{\varphi}_1 \cos(\nu t)$ aufgezwunngwn wird. Das bedeutet, dass die Koordinate φ_1 eine zeitabhängige Bindung ist.

Für diesen Sonderfall sind die *Bewegungsdifferentialgleichungen* (1.116) und (1.117)

$$-\nu^2(J_1 + J_2)\hat{\varphi}_1 \cos(\nu t) + J_2\ddot{\varphi}_2 + c_1\hat{\varphi}_1 \cos(\nu t) - M = 0, \qquad (1.122)$$

$$-\nu^2 J_2\hat{\varphi}_1 \cos(\nu t) + J_2\ddot{\varphi}_2 + b\dot{\varphi}_2 + c_2\varphi_2 = 0. \qquad (1.123)$$

Aus der Differentialgleichung (1.123) folgt

$$J_2\ddot{\varphi}_2 + b\dot{\varphi}_2 + c_2\varphi_2 = \nu^2 J_2\hat{\varphi}_1 \cos(\nu t),$$

aus welcher das Gesetz der *Relativbewegung* $\varphi_2 = \varphi_2(t)$ des Stabe OA bestimmt wird.

Für diesen Fall der Erregung durch die harmonischen Bewegung $\varphi_1 = \hat{\varphi}_1 \cos(\nu t)$ wird die erzwungene Schwingung $\varphi_2(t)$ des Stabes OA in der Form

$$\varphi_2 = \hat{\varphi}_2 \cos(\nu t - \vartheta)$$

angenommen. Es ist die partikuläre Lösung dieser Differentialgleichung. Durch einsetzen der partikulären Lösung in diese Gleichung folgt

$$(c_2 - \nu^2 J_2)\hat{\varphi}_2 \cos(\nu t - \vartheta) - b\nu\hat{\varphi}_2 \sin(\nu t - \vartheta) = \nu^2 J_2\hat{\varphi}_1 \cos(\nu t),$$

$$\rightarrow \quad [(c_2 - \nu^2 J_2) \cdot \cos(\vartheta) + b\nu \cdot \sin(\vartheta)] \cdot \hat{\varphi}_2 \cos(\nu t) = \nu^2 J_2\hat{\varphi}_1 \cos(\nu t)$$

$$\rightarrow \quad [(c_2 - \nu^2 J_2) \cdot \sin(\vartheta) - b\nu \cdot \cos(\vartheta)] \cdot \hat{\varphi}_2 \sin(\nu t) = 0.$$

Der Koeffizientenvergleich ergibt

$$\rightarrow \quad \hat{\varphi}_2 = \frac{\nu^2 J_2\hat{\varphi}_1}{\sqrt{(c_2 - \nu^2 J_2)^2 + (b\nu)^2}},$$

$$\tan(\vartheta) = \frac{b\nu}{c_2 - \nu^2 J_2}, \qquad \sin(\vartheta) = \frac{\tan(\vartheta)}{\sqrt{1 + \tan^2(\vartheta)}} = \frac{b\nu}{\sqrt{(c_2 - \nu^2 J_2)^2 + (b\nu)^2}}.$$

Die Abhängigkeit der auf $\hat{\varphi}_1$ bezogenen Amplituden $\hat{\varphi}_2$ von ν, die *Resonanzkurve*, ist in der Abbildung 1.84 dargestellt.

Für $\nu = \nu_0 = 35$ rad/s erhält man aus diesen Gleichungen die Werte $\hat{\varphi}_2/\hat{\varphi}_1 = 1,235$ und $\vartheta = 53,29^0 \rightarrow 0,296\pi$.

Das Maximum der Kurve $\hat{\varphi}_2/\hat{\varphi}_1$ ist in der Nähe von $p^* = \sqrt{c_2/J_2} = 42,640$ rad/s.

Die mit dünnem Strich gezeichneten Kurven entsprechen dem Fall ohne Dämpfung.

Aus der Gleichung (1.122) folgt für diesen Fall

$$M = [c_1 - \nu^2(J_1 + J_2)]\hat{\varphi}_1 \cos(\nu t) + J_2\ddot{\varphi}_2. \qquad (1.124)$$

Aus dieser Gleichung wird das Momentengesetz $M = M(t)$ ermittelt, welches die Bewegungen $\varphi_1 = \varphi_1(t)$ und $\varphi_2 = \varphi_2(t)$ bewirkt.

Für diesen Fall gilt

$$M = [c_1 - \nu^2(J_1 + J_2)]\hat{\varphi}_1 \cos(\nu t) - \nu^2 J_2\hat{\varphi}_2 \cos(\nu t - \vartheta). \qquad (1.125)$$

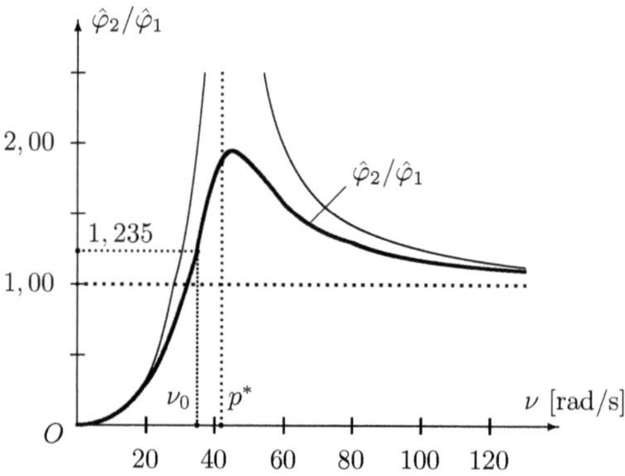

Abbildung 1.84: Amplitudenverhältnis $\hat{\varphi}_2/\hat{\varphi}_1$ in Abhängigkeit von ν

Für das *Momentengesetz* wird der Ausdruck $M(t) = \hat{M}\cos(\nu t + \psi)$ angenommen. Das führt auf

$$\{[c_1 - \nu^2(J_1 + J_2)]\hat{\varphi}_1 - \nu^2 J_2\hat{\varphi}_2\cos(\vartheta)\}\cos(\nu t) = \hat{M}\cos(\psi)\cdot\cos(\nu t)$$

$$-\nu^2 J_2\hat{\varphi}_2\sin(\vartheta)\cdot\sin(\nu t) = -\hat{M}\sin(\psi)\cdot\sin(\nu t).$$

Der Koeffizientenvergleich ergibt

$$\rightarrow\quad \hat{M} = \sqrt{\{[c_1 - \nu^2(J_1 + J_2)]\hat{\varphi}_1 - \nu^2 J_2\hat{\varphi}_2\cos(\vartheta)\}^2 + [\nu^2 J_2\hat{\varphi}_2\sin(\vartheta)]^2},$$

$$\rightarrow\quad \tan(\psi) = \frac{\nu^2 J_2\hat{\varphi}_2\sin(\vartheta)}{[c_1 - \nu^2(J_1 + J_2)]\hat{\varphi}_1 - \nu^2 J_2\hat{\varphi}_2\cos(\vartheta)}.$$

Mit den nummerischen Werten und $\nu = \nu_0 = 35$ rad/s erhält man

$$M = \{[-275,750\cos(\nu_0 t) - 332,832\cos(\nu_0 t - 53,29^0)]\hat{\varphi}_1\}\,\text{Nm} = \hat{M}\cos(\nu_0 t + \psi)$$

mit $\hat{M} = 544,554\,\hat{\varphi}_1$ Nm und $\psi = 150,66^0 \rightarrow 0,837\pi$

Die Abbildungen 1.85 zeigen qualitativ die Funktionen $M(t) = \hat{M}\cos(\nu_0 t + \psi)$, $\varphi_1 = \hat{\varphi}_1\cos(\nu_0 t)$ und $\varphi_2 = \hat{\varphi}_2\cos(\nu t_0 - \vartheta)$ in Abhängigkeit von $\nu_0 t$.

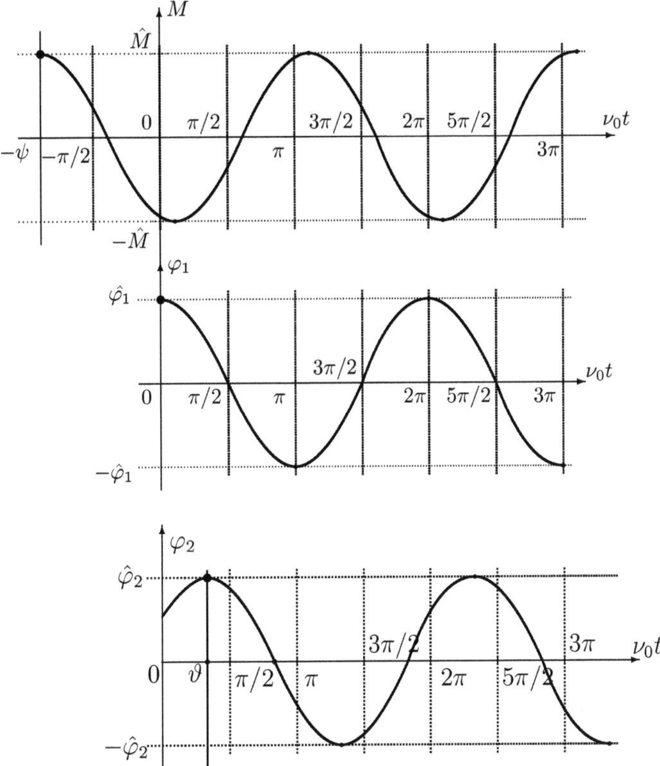

Abbildung 1.85: Das Moment M sowie die Bewegungsgesetze $\varphi_1(t)$ und $\varphi_2(t)$

1.8.4.1 Bilanzgleichung für die Relativbewegung φ_2

Die Bilanzgleichung für die Koordinate φ_2 in Differentialform, Gleichung (1.120), wird wie folgt geschrieben

$$d\left(\frac{1}{2}J_2\dot{\varphi}_2^2 + \frac{1}{2}c_2\varphi_2^2\right) = -J_2\ddot{\varphi}_1 d\varphi_2 - b\dot{\varphi}_2^2 dt.$$

Die Integration zwischen dem Anfangszeitpunkt $t = 0$ und dem Zwischenzeitpunkt t führt auf die Integralform der Bilanzgleichung

$$\left[\frac{1}{2}J_2\dot{\varphi}_2^2 + \frac{1}{2}c_2\varphi_2^2\right]_0^t = -\int_0^t J_2\ddot{\varphi}_1 \cdot d\varphi_2 - \int_0^t b\dot{\varphi}_2^2 \cdot dt. \tag{1.126}$$

Das *Arbeitsintegral* A_f des Momentes der Trägheitskräfte $J_2\ddot{\varphi}_1$ durch die Führsbeschleunigung $\ddot{\varphi}_1 = -\nu^2\hat{\varphi}_1\cos(\nu t)$ während der Relativbewegung $\varphi_2 = \hat{\varphi}_2\cos(\nu t - \vartheta)$ ist mit $d\varphi_2 = -\nu\hat{\varphi}_2\sin(\nu t - \vartheta)$ gleich mit

$$A_f = \mathcal{A}_f \cdot \hat{\varphi}_1^2 = -\int_0^t J_2\ddot{\varphi}_1 \cdot d\varphi_2 = -J_2\nu^2\hat{\varphi}_1\hat{\varphi}_2 \int_0^t \cos(\nu t) \cdot \sin(\nu t - \vartheta) \cdot d(\nu t)$$

$$= \frac{1}{2}J_2\nu^2\hat{\varphi}_1\hat{\varphi}_2\big[(\nu t)\sin(\vartheta) - \sin(\nu t) \cdot \sin(\nu t - \vartheta)\big].$$

Das *Arbeitsintegral* A_d des *Dämpfungsmomentes* $b\dot{\varphi}_2$ ist

$$A_d = \mathcal{A}_d \cdot \hat{\varphi}_1^2 = -\int_0^t b\dot{\varphi}_2^2 \cdot dt = -b\hat{\varphi}_2^2\nu \int_0^t \sin^2(\nu t - \vartheta) \cdot d(\nu t - \vartheta)$$

$$= -\frac{1}{2}b\hat{\varphi}_2^2\nu\big[(\nu t) - \sin(\nu t - \vartheta) \cdot \cos(\nu t - \vartheta) - \sin(\vartheta) \cdot \cos(\vartheta)\big].$$

Die Arbeitsintegrale A_f und A_d bestehen aus einem mit der Zeit linear sich verändernden Glied und einer oszillatorischen Komponente.
Die Koeffizienten der in νt linearen Glieder sind gleich,

$$k = \kappa \cdot \hat{\varphi}_1^2 = \frac{1}{2}J_2\nu^2\hat{\varphi}_1\hat{\varphi}_2\sin(\vartheta) = \frac{1}{2}J_2\nu^2\hat{\varphi}_1\hat{\varphi}_2\frac{b\nu}{\sqrt{(-\nu^2 J_2 + c_2)^2 + (b\nu)^2}}$$

$$= \frac{1}{2}b\nu\hat{\varphi}_2\frac{J_2\nu^2\hat{\varphi}_1}{\sqrt{(-\nu^2 J_2 + c_2)^2 + (b\nu)^2}} = \frac{1}{2}b\hat{\varphi}_2^2\nu.$$

Mit den angenommenen nummerischen Werten und $\nu = \nu_0 = 35$ rad/s erhält man $k = \kappa \cdot \hat{\varphi}_1^2 = (133,41 \text{ N.m}) \cdot \hat{\varphi}_1^2$.
In einem Zeitinterval von $\nu t = \pi$ verändert sich der linear anwachsende Anteil um $(419,120 \text{ N.m}) \cdot \hat{\varphi}_1^2$.
Zu den Zeitpunkten νt und $\nu t + \pi$ gilt

$$\sin(\nu t + \pi) \cdot \sin(\nu t + \pi - \vartheta) = \sin(\nu t) \cdot \sin(\nu t - \vartheta),$$

$$\sin(\nu t + \pi - \vartheta) \cdot \cos(\nu t + \pi - \vartheta) = \sin(\nu t - \vartheta) \cdot \cos(\nu t - \vartheta).$$

Deshalb sind die oszillatorischen Komponenten periodisch mit der Periode π/ν.

Die *Bilanzgleichung* (1.126) wird wie folgt geschrieben

$$\left[\frac{1}{2} J_2 \dot{\varphi}_2^2 + \frac{1}{2} c_2 \varphi_2^2 \right]_0^t = A_f + A_d$$

und wird durch die Lösung $\varphi_2(t) = \hat{\varphi}_2 \cos(\nu t - \vartheta)$ bestätigt.

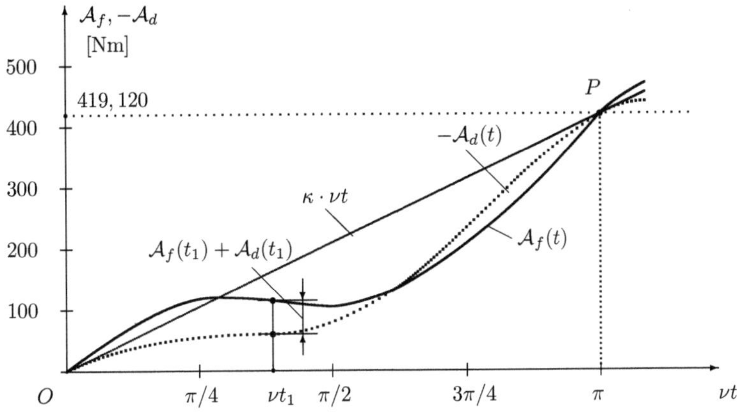

Abbildung 1.86: Bezogene Arbeiten des Momentes $J_2 \ddot{\varphi}_1$ und des Dämpfungsmomentes

Die Abb. 1.86 zeigt im Zeitintervall $\nu t \in [0, \pi]$ die Werte des linearen Anteils $\kappa \cdot \nu t$ der mechanischen Arbeiten sowie die bezogenen Arbeiten A_f und A_d.

Die Werte $A_f + A_d$ im Zeitinteval $\nu t \in [0, \pi]$ sind positiv und negativ und wiederholen sich periodisch mit der Periode π/ν.

In der Bilanzgleichung (1.126) sind

$$E_{kr} = \mathcal{E}_{kr} \cdot \hat{\varphi}_1^2 = \frac{1}{2} J_2 \dot{\varphi}_2(t)^2, \qquad E_{pr} = \mathcal{E}_{pr} \cdot \hat{\varphi}_1^2 = \frac{1}{2} c_2 \varphi_2(t)^2$$

und $E_{mr} = E_{kr} + E_{pr} = \mathcal{E}_{mr} \cdot \hat{\varphi}_1^2$ die kinetischen Energie, das Potential und die mechanischen Energie des Stabes OA durch die Relativbewegung $\varphi_2 = \varphi_2(t)$.

Die Veränderung der mechanischen Energie der Relativbewegung $\Delta E_{mr}(t) = E_{mr}(t) - E_{mr}(0)$ ist

$$\Delta E_{mr}(t) = [\mathcal{E}_{mr}(t) - \mathcal{E}_{mr}(0)] \cdot \hat{\varphi}_1^2. = \Big[\frac{1}{2}J_2\dot{\varphi}_2(t)^2 + \frac{1}{2}c_2\varphi_2(t)^2\Big]_0^t$$

$$= \frac{1}{2}J_2\nu^2\hat{\varphi}_2^2[\sin^2(\nu t - \vartheta) - \sin^2(\vartheta)] + \frac{1}{2}c_2\hat{\varphi}_2^2[\cos^2(\nu t - \vartheta) - \cos^2(\vartheta)]$$

$$= \frac{1}{2}\hat{\varphi}_2^2(-\nu^2 J_2 + c_2)[\sin^2(\vartheta) - \sin^2(\nu t - \vartheta)]$$

und es gilt $\Delta E_{mr}(t + \pi/\nu) = \Delta E_{mr}(t)$.

Mit den auf $\hat{\varphi}_1^2$ bezogenen Größen wird die Bilanzgleichung wie folgt geschrieben

$$\mathcal{E}_{kr}(t) + \mathcal{E}_{pr}(t) - [\mathcal{E}_{kr}(0) + \mathcal{E}_{pr}(0)] = \mathcal{A}_f + \mathcal{A}_d$$

oder

$$\mathcal{E}_{mr}(t) - \mathcal{E}_{mr}(0) = \mathcal{A}_f + \mathcal{A}_d. \tag{1.127}$$

Die Abbildung 1.87 zeigt im Zeitintervall $\nu t \in [0, \pi]$ die auf $\hat{\varphi}_1^2$ bezogenen Werte der Energien der Relativbewegung $\mathcal{E}_{kr} = E_{kr}/\hat{\varphi}_1^2$, $\mathcal{E}_{pr} = E_{pr}/\hat{\varphi}_1^2$ und $\mathcal{E}_{mr} = E_{mr}/\hat{\varphi}_1^2$.

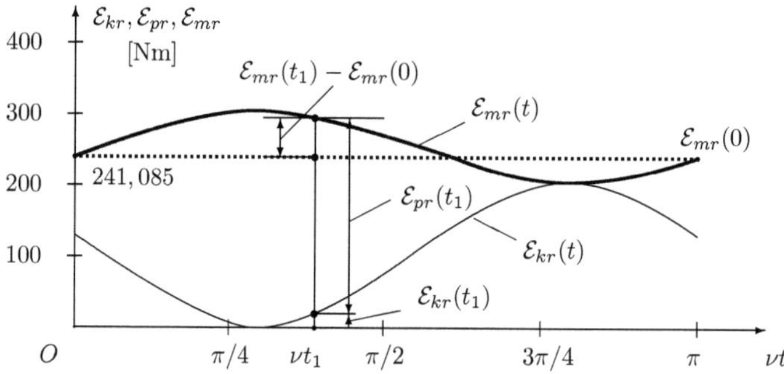

Abbildung 1.87: Bezogene kinetische Energie, Potential und mechanische Energie durch die Relativbewegung φ_2

Der Vergleich der Werte der Kurve $\mathcal{E}_{mr}(t)$ mit dem Wert $\mathcal{E}_{mr}(0)$ zeigt, dass die Differenz $\mathcal{E}_{mr}(t) - \mathcal{E}_{mr}(0)$ positive und negative Werte annimmt und dass sich diese mechanische Energie periodisch mit der Periode π/ν verändert.

Gemäß der Bilanzgleichung (1.127) entspricht $\mathcal{A}_f(t) + \mathcal{A}_d(t)$ in Abb. 1.86 der Veränderung der mechanischen Energie der Relativbewegung $\mathcal{E}_{mr}(t) - \mathcal{E}_{mr}(0)$ in Abb. 1.87

Für den Fall ohne Dämpfung, d.h. mit $b = 0$, und mit $\nu = \nu_0 = 35$ rad/s entsprechen die Ergebnisse

$$\vartheta = 0, \quad \hat{\varphi}_2 = \frac{J_2\nu^2\hat{\varphi}_1}{-\nu^2 J_2 + c_2} = 2,065\,\hat{\varphi}_1, \quad \kappa = 0, \quad \mathcal{A}_d = 0,$$

$$\mathcal{A}_f(t) = -\frac{1}{2}J_2\nu^2\frac{\hat{\varphi}_2}{\hat{\varphi}_1}\sin^2(\nu t) = -(278,259\,\mathrm{Nm})\sin^2(\nu t),$$

$$\mathcal{E}_{kr}(t) = \frac{1}{2}J_2\left(\frac{\hat{\varphi}_2}{\hat{\varphi}_1}\right)^2\nu^2\sin^2(\nu t) = (574,604\,\mathrm{Nm})\sin^2(\nu t),$$

$$\mathcal{E}_{pr}(t) = \frac{1}{2}c_2\left(\frac{\hat{\varphi}_2}{\hat{\varphi}_1}\right)^2\cos^2(\nu t) = (852,845\,\mathrm{Nm})\cos^2(\nu t).$$

Mit den analytischen Ausdrücken dieser Werte ist die Bilanzgleichung

$$\mathcal{B}_2 = \mathcal{E}_{kr}(t) + \mathcal{E}_{pr}(t) - [\mathcal{E}_{kr}(0) + \mathcal{E}_{pr}(0)] - \mathcal{A}_f(t) = 0$$

erfüllt.

Mit den nummerisch berechneten Werten gibt es wegen Rundungsfehler in dieser Bilanzgleichung die *Abweichung* $\mathcal{B}_2 = (0,018\,\mathrm{Nm})\sin^2(\nu t)$.

In der Abb. 1.88 sind diese periodischen Funktionen mit der Periode π/ν im Bereich $\nu t \in [0, \pi]$ dargestellt.

Das Moment der Trägheitskräfte $J_2\ddot{\varphi}_1$ des Stabes OA durch die Führungsbeschleunigung $\ddot{\varphi}_1 = -\nu^2\hat{\varphi}_1\cos(\nu t)$ während er Relativbewegung $\varphi_2 = \hat{\varphi}_2\cos(\nu t - \vartheta)$ leistet die mechanische Arbeit $\mathcal{A}_f(t)$, welche negative Werte hat, und gleich ist mit der Veränderung der mechanischen Energie $\mathcal{E}_{mr}(t) - \mathcal{E}_{mr}(0)$ des Stabes durch die Relativbewegung $\varphi_2(t) = \hat{\varphi}_2\cos(\nu t)$.

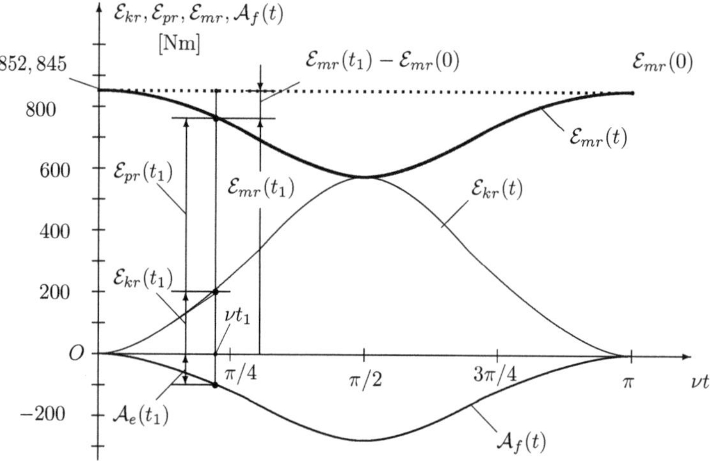

Abbildung 1.88: Bezogene Werte der mechanischen Energie der Relativbewegung φ_2 und der Arbeit des Momentes der Trägheitskräfte durch die Führungsbewegung φ_1

1.8.4.2 Arbeitssatz

Der Arbeitssatz in Differentialform (1.121) wird zwischen dem Anfangszeitpunkt $t = 0$ und dem Zwischenzeitpunkt t integriert. Man erhält die Integralform des *Arbeitssatzes*

$$\Big[E_k(t) + E_p(t)\Big]_0^t = \int_0^t M(t) \cdot \dot{\varphi}_1 \cdot dt - \int_0^t b\dot{\varphi}_2^2 \cdot dt. \qquad (1.128)$$

Das *Arbeitsintegral A_e des Momentes* $M = \hat{M}\cos(\nu t + \psi)$ ist

$$A_e = \mathcal{A}_e \cdot \hat{\varphi}_1^2 = \int_0^t \hat{M}\cos(\nu t + \psi) \cdot \dot{\varphi}_1(t) \cdot dt = -\hat{M}\hat{\varphi}_1 \int_0^t \cos(\nu t + \psi) \cdot \sin(\nu t) \cdot d(\nu t)$$

$$= \frac{1}{2}\hat{M}\hat{\varphi}_1\Big[(\nu t)\sin(\psi) - \sin(\nu t) \cdot \sin(\nu t + \psi)\Big].$$

Auch das Arbeitsintegral A_e besteht aus einem mit der Zeit linear anwachsendem Glied und einer oszillatorischen Komponente.

Der Koeffizient des in νt linearen Gliedes in A_e ergibt mit $\nu = \nu_0 = 35$ rad/s, $\hat{M} = (544, 554\,\text{N.m}) \cdot \hat{\varphi}_1$ und $\psi = 150, 66^0$ den Wert

$$\frac{1}{2}\hat{M}\hat{\varphi}_1 \sin(\psi) = (133, 41\,\text{N.m}) \cdot \hat{\varphi}_1^2$$

und ist somit gleich mit $k = \kappa \cdot \hat{\varphi}_1^2$.

In einem Zeitintervall von $\nu t = \pi$ verändert sich der linear anwachsende Anteil von A_e um $(419, 120\,\text{N.m}) \cdot \hat{\varphi}_1^2$.

Zu den Zeitpunkten νt und $\nu t + \pi$ gilt

$$\sin(\nu t + \pi) \cdot \sin(\nu t + \pi + \psi) = \sin(\nu t) \cdot \sin(\nu t + \psi)$$

und deshalb ist die oszillatorische Komponente periodisch mit der Periode π/ν.

Der *Arbeitssatz* (1.128) wird wie folgt geschrieben

$$\left[\frac{1}{2}(J_1 + J_2)\dot{\varphi}_1^2 + J_2\dot{\varphi}_1\dot{\varphi}_2 + \frac{1}{2}J_2\dot{\varphi}_2^2 + \frac{1}{2}c_1\varphi_1^2 + \frac{1}{2}c_2\varphi_2^2\right]_0^t = A_e + A_d.$$

Er wird durch die Lösungen $\varphi_1 = \hat{\varphi}_1 \cos(\nu t)$ und $\varphi_2(t) = \hat{\varphi}_2 \cos(\nu t - \vartheta)$ bestätigt.

Mit den Bezeichnungen

$$E_k = \mathcal{E}_k \cdot \hat{\varphi}_1^2$$

$$= \frac{1}{2}\nu^2\left[(J_1+J_2)\sin^2(\nu t) + 2J_2\left(\frac{\hat{\varphi}_2}{\hat{\varphi}_1}\right)\sin(\nu t)\sin(\nu t - \vartheta) + J_2\left(\frac{\hat{\varphi}_2}{\hat{\varphi}_1}\right)^2\sin^2(\nu t - \vartheta)\right]\cdot\hat{\varphi}_1^2,$$

$$E_p = \mathcal{E}_p \cdot \hat{\varphi}_1^2 = \frac{1}{2}\left[c_1\cos^2(\nu t) + c_2\left(\frac{\hat{\varphi}_2}{\hat{\varphi}_1}\right)^2\cos^2(\nu t - \vartheta)\right] \cdot \hat{\varphi}_1^2$$

ist der Arbeitssatz mit $E_m = E_k + E_p$ bzw. $\mathcal{E}_m = \mathcal{E}_k + \mathcal{E}_p$

$$\mathcal{E}_m(t) - \mathcal{E}_m(0) = \mathcal{A}_e + \mathcal{A}_d. \tag{1.129}$$

Die Abb. 1.89 zeigt im Zeitintervall $\nu t \in [0, \pi]$ die auf $\hat{\varphi}_1^2$ bezogenen Werte des linearen Anteils gleich mit $\kappa \cdot \nu t$ sowie die bezogenen Arbeiten $\mathcal{A}_e$ des Momentes M und $\mathcal{A}_e$ der Dämpfungskraft $b\dot{\varphi}_2$.

Die Werte $\mathcal{A}_e + \mathcal{A}_d$ im Zeitinteval $\nu t \in [0, \pi]$ sind negativ und positiv und wiederholen sich periodisch mit der Periode π/ν.

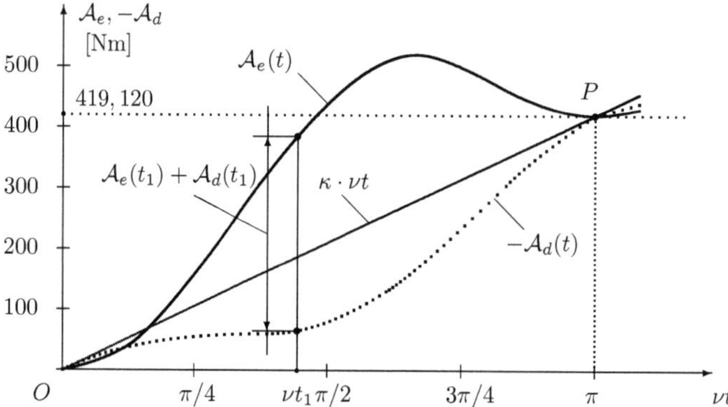

Abbildung 1.89: Bezogene Werte der Arbeiten des Momentes M und des Dämpfungsmomentes $b\dot{\varphi}_2$

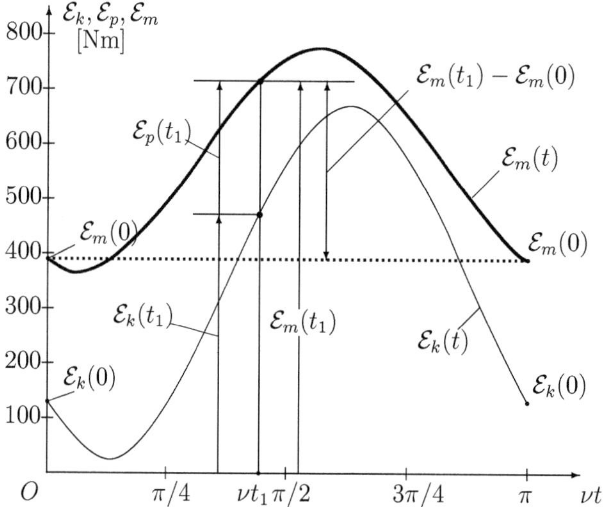

Abbildung 1.90: Bezogene Werte der kinetischen Energie, des Potentials und der mechanischen Energie

In der Abbildung 1.90 sind im Zeitintervall $\nu t \in [0, \pi]$ die Werte $\mathcal{E}_k$, $\mathcal{E}_p$ und $\mathcal{E}_m = \mathcal{E}_k + \mathcal{E}_p$ dargestellt.

Der Vergleich der Werte der Kurve $\mathcal{E}_m(t)$ mit dem Wert $\mathcal{E}_m(0)$ zeigt, dass die Differenz $\mathcal{E}_m(t) - \mathcal{E}_m(0)$ negative und positive Werte annimmt und dass sich die mechanische Energie periodisch mit der Periode π/ν verändert.

Gemäß dem Arbeitssatz (1.129) entspricht $\mathcal{A}_e(t) + \mathcal{A}_d(t)$ in Abb. 1.89 der Veränderung $\mathcal{E}_m(t) - \mathcal{E}_m(0)$ der mechanischen Energie des Systems in Abb. 1.90

Für den Fall ohne Dämpfung, d.h. mit $b = 0$, entsprechen die Ergebnisse

$$\vartheta = 0, \quad \hat{\varphi}_2 = 2{,}065\,\hat{\varphi}_1, \quad \kappa = 0, \quad \mathcal{A}_d = 0, \quad \psi = 180^0, \quad \hat{M} = (832{,}267\,\mathrm{Nm})\hat{\varphi}_1,$$

$$\mathcal{A}_e(t) = \frac{1}{2}\frac{\hat{M}}{\hat{\varphi}_1}\sin^2(\nu t) = (416{,}133\,\mathrm{Nm})\sin^2(\nu t),$$

$$\mathcal{E}_k(t) = \frac{1}{2}\Big[J_1 + J_2\Big(1 + \frac{\hat{\varphi}_2}{\hat{\varphi}_1}\Big)^2\Big]\nu^2\sin^2(\nu t) = (1.418{,}997\,\mathrm{Nm})\sin^2(\nu t),$$

$$\mathcal{E}_p(t) = \frac{1}{2}\Big[c_1 + c_2\Big(\frac{\hat{\varphi}_1}{\hat{\varphi}_1}\Big)^2\Big]\cos^2(\nu t) = (1.002{,}845\,\mathrm{Nm})\cos^2(\nu t).$$

Mit den analytischen Ausdrücken für diese Werte ist der Arbeitssatz (1.129)

$$\mathcal{B} = \mathcal{E}_k(t) + \mathcal{E}_p(t) - [\mathcal{E}_k(0) + \mathcal{E}_p(0)] - \mathcal{A}_e(t) = 0$$

erfüllt.

Mit den nummerischen Werten gibt es wegen Rundungsfehler im Arbeitssatz den Fehlbetrag $\mathcal{B} = (0{,}060\,\mathrm{Nm})\sin^2(\nu t)$.

In der Abb.1.91 sind diese periodischen Funktionen mit der Periode π/ν im Bereich $\nu t \in [0, \pi]$ dargestellt.

Die mechanische Arbeit $\mathcal{A}_e(t)$ des Momentes $\hat{M}\cos(\nu t)$ ist positiv und ist gleich mit der Veränderung der mechanischen Energie $\mathcal{E}_m(t) - \mathcal{E}_m(0)$ des Systems. Die Schwankungen der mechanischen Energie werden duch die Arbeit des Momentes M ausgeglichen.

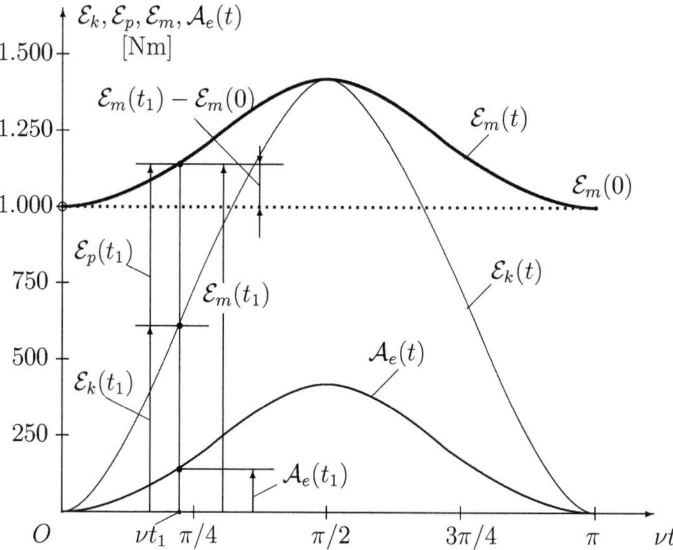

Abbildung 1.91: Bezogene Werte der kinetischen Energie, des Potentials, der mechanischen Energie und der Arbeit des Momentes M

1.8.5 Erregung durch harmonisches Moment

Es wird angenommen, dass auf die Scheibe mit dem axialen Trägheitsmoment J_1 ein harmonisches Moment wirkt. Dann sind auch die *erzwungenen Bewegungen* φ_1 und φ_2 harmonische Funktionen.

Diese Funktionen sind die patikulären Lösungen des linearen Differentialgleichungssystems (1.116) und (1.117).

Im Abschnitt 1.8.4 wurden die Funktionen

$$M = \hat{M}\cos(\nu t + \psi), \qquad \varphi_1 = \hat{\varphi}_1\cos(\nu t), \qquad \varphi_2 = \hat{\varphi}_2\cos(\nu t - \vartheta)$$

ermittelt, welche diese Differentialgleichungen erfüllen.

Durch die Verschiebung des Ursprunges der Zeitachse durch die Transformation $t = \tau - \psi/\nu$ können diese Funktionen wie folgt geschrieben werden:

$$M = \hat{M}\cos(\nu\tau), \qquad \varphi_1 = \hat{\varphi}_1\cos(\nu\tau - \psi), \qquad \varphi_2 = \hat{\varphi}_2\cos(\nu\tau - \psi - \vartheta).$$

Die hier gestellt Frage kann wie folgt formuliert werden.

Für gegebene Werte der Erregung durch das Moment M, welches durch $\hat{M}$ und ν bestimmt ist, sind die erzwungene Schwingung φ_1 der Scheibe mit dem axialen Trägheitsmoment J_1, bestimmt durch $\hat{\varphi}_1$ und ψ, sowie die erzwungene Schwingung φ_2 des Stabes OA, bestimmt durch $\hat{\varphi}_2$, ϑ und ψ, zu berechnen.

Dazu werden die Zusammenhänge, die im Abschnitt 1.8.4 bestimmt wurden, verwendet.

Wenn

$$\hat{\varphi}_2 = \hat{\varphi}_1 \frac{\nu^2 J_2}{\sqrt{(-\nu^2 J_2 + c_2)^2 + (b\nu)^2}}, \qquad \tan(\vartheta) = \frac{b\nu}{-\nu^2 J_2 + c_2}$$

in der Gleichung zur Berechnung von $\hat{M}$ berücksichtigt werden, können aus

$$\hat{M} = \hat{\varphi}_1 \sqrt{\{[-\nu^2(J_1 + J_2) + c_1] - \nu^2 J_2(\hat{\varphi}_2/\hat{\varphi}_1)\cos(\vartheta)\}^2 + [\nu^2 J_2(\hat{\varphi}_2/\hat{\varphi}_1)\sin(\vartheta)]^2}$$

die Verhältnisse $\hat{\varphi}_1/\hat{M}$ und $\hat{\varphi}_2/\hat{M}$ als Funktionen von ν berechnet werden. Diese *Resonanzkurven* sind in der Abb. 1.92 dargestellt.

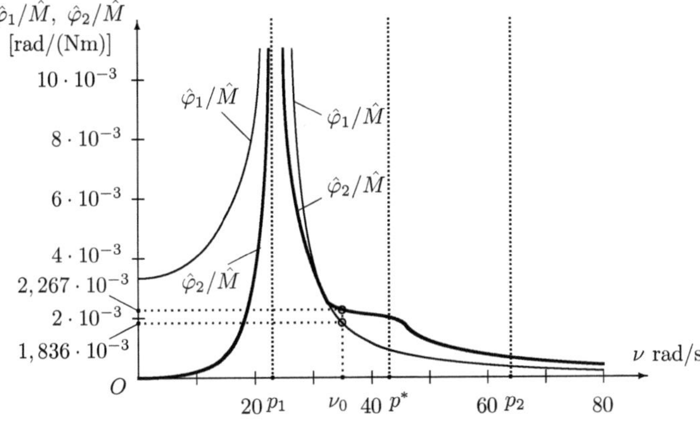

Abbildung 1.92: Amplituden $\hat{\varphi}_1/\hat{M}$ und $\hat{\varphi}_2/\hat{M}$ in Abhängigkeit von ν

Für $\nu = \nu_0 = 35$ rad/s erhält man $\hat{\varphi}_1/\hat{M} = 1,836 \cdot 10^{-3}$ rad/(Nm) und $\hat{\varphi}_2/\hat{M} = 2,267 \cdot 10^{-3}$ rad/(Nm).

Mit den hier angenommenen Zahlenwerten gibt es eine ausgeprägte Resonanzstelle in der Nähe der Eigenkreisfrequenz $p_1 = 23,114$ rad/s.

1.8.6 Vergleich der Ergebnisse

Sowohl für die Erregung durch eine harmonische Bewegung als auch für die Erregung durch ein harmonisches Moment ist die erzwungene Bewegung des Stabes eine harmonische Schwingung $\varphi_2 = \hat{\varphi}_2 \cos(\nu t - \vartheta)$.

Wenn das System über die Koordinate $\varphi_1 = \hat{\varphi}_1 \cos(\nu t)$ kinematisch erregt wird, dann bewegt sich der Stab OA wie ein Körper mit einem Freiheitsgrad und der Eigenkreisfrequenz $p^* = \sqrt{c_2/J_2} = 42,640$ rad/s.

Die Amplitude $\hat{\varphi}_2$ hat für diese Annahme einer zeitabhängigen Bindung eine Resonanzstelle, $\nu = p^*$.

Wenn die Scheibe durch ein harmonisches Moment erregt wird, dann sind die Bewegungen φ_1 und φ_2 wie bei einem System mit zwei Freiheitsgraden und den Eigenkreisfrequenzen p_1 und p_2, die auch von J_1 und c_1 abhängen.

Für diese Annahme der Erregung durch ein harmonisches Moment gibt es zwei Resonanzstellen, $\nu = p_1$ und $\nu = p_2$.

Für $J_1/J_2 < 4$ ist der relative Unterschied zwischen p_2 und p^* größer als 13,968 %.

Für große Werte von J_2/J_1 strebt der Wert von p_2 zum Wert p^* und sowohl bei kinematischer Erregung als auch bei Krafterregung gibt es die Rezonanzstelle bei $p_2 \approx p^*$.

Für die Erregerfrequenz $\nu_0 = 35$ rad/s erhält man mit beiden Modellen gleiche Verhältnisse der Amplituden $\hat{\varphi}_2/\hat{\varphi}_1 = (\hat{\varphi}_2/\hat{M})/(\hat{\varphi}_1/\hat{M}) = 1,235$.

Wenn der Zweck eines mechanischen Modells darin besteht, die Auswirkungen von Veränderungen der nummerischen Werte der Strukturparameter auf das Verhalten des Systems zu untersuchen, dann erhält man wegen der unterschiedlichen Resonanzkurven (Abb. 1.84 bzw. Abb. 1.92) für Erregerkreisfrequenzen $\nu \neq \nu_0$ unterschiedliche Werte für diee Amplituden.

Kapitel 2

Nichtlineare Schwingungssysteme

2.1 System mit symmetrischer Kennlinie und harmonischer Erregung

Ein Rahmen von der Masse m_1 und mit dem Schwerpunkt in S_1 kann sich entlang einer horizontalen Unterlage bewegen (Abb. 2.1).

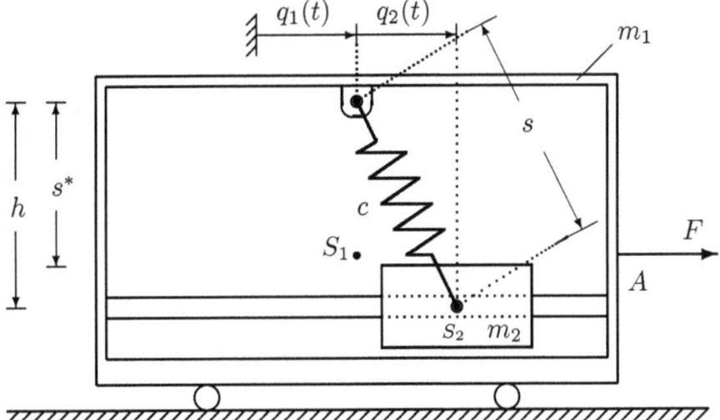

Abbildung 2.1: Schwingungssystem mit symmetrischer Kennlinie und harmonischer Erregung

Seine Lage ist durch die Länge $q_1(t)$ bestimmt. Im Rahmen bewegt sich entlang einer horizontalen Führung ein Körper von der Masse m_2 und dem Schwerpunkt in S_2. Seine Lage in Bezug auf den Rahmen ist durch die Länge $q_2(t)$ bestimmt. Der Körper ist durch eine Feder mit dem Rahmen verbunden. Die Federkonstante ist c, ihre unverformte Länge ist $s^* < h$ und ihre Länge in einer Zwischenlage ist $s = \sqrt{q_2^2 + h^2}$. Auf den Rahmen wirkt eine Kraft $F = F(t)$.

Nummerische Anwendung: $m_1 = 40$ kg, $m_2 = 10$ kg, $h = 0,400$ m, $c = 3.000$ N/m, $s^* = 0,380$ m, $\hat{u} = 0,070$ m, $\nu_0 = 3$ rad/s

2.1.1 Bestimmung der Bewegungsdifferentialgleichungen des Systems

Die Bewegungsdifferentialgleichungen werden mit dem *Impulssatz in der Form von d'Alembert* als Gleichgewichtsbedingungen für die eingeprägten Kräfte, Reaktionen und Trägheitskräften bestimmt.

Die Abb. 2.2 zeigt die Kräfte, die für das System und für den freigeschnittenen Körper mit der Masse m_2 zu berücksichtigen sind.

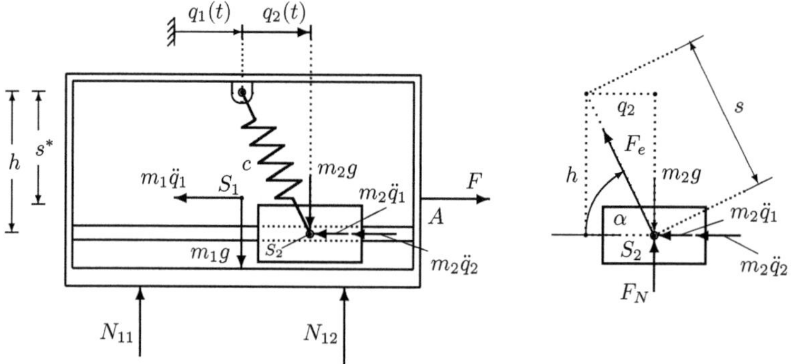

Abbildung 2.2: Kräfte, die auf das System wirken

Aus das System wirken die eingeprägten Kräfte m_1g in S_1, m_2g in S_2 und F in A.

Die Kräfte N_{11} und N_{12} sind die äußeren Reaktionen.

Die Bewegungen des Rahmens und des Körpers sind geradlinige Translationen.

Die absolute Beschleunigung des Rahmens ist $\ddot{q}_1$ und die entsprechende Trägheitskraft $m_1\ddot{q}_1$ wirkt im Schwerpunkt S_1.

Für den Körper mit der Masse m_2 sind $\ddot{q}_1$ die Führungsbeschleunigung und $\ddot{q}_2$ die Relativbeschleunigung. Die entsprechenden Tägheitskräfte sind $m_2\ddot{q}_1$ und $m_2\ddot{q}_2$ und wirken im Schwerpunkt S_2.

Auf die freigeschnittene Masse m_2 wirkt auch die innere eingeprägte Federkraft F_e, welche den Winkel α mit der horizontalen Richtung bildet. Es gilt

$$F_e = c(s - s^*) = c\left(\sqrt{q_2^2 + h^2} - s^*\right), \qquad \cos(\alpha) = \frac{q_2}{\sqrt{q_2^2 + h^2}}$$

und

$$F_e \cdot \cos(\alpha) = cq_2\left(1 - \frac{s^*}{\sqrt{q_2^2 + h^2}}\right).$$

Zwischen der Masse m_2 und der horizontalen Führung wirkt die innere Reaktion F_N.

Die Gleichgewichtsbedingungen dieser Kräfte in horizontaler Richtung ergeben die *Bewegungsdifferentialgleichungen*,

$$\sum F_{ih} = -m_1\ddot{q}_1 - m_2\ddot{q}_1 - m_2\ddot{q}_2 + F = 0$$

$$\rightarrow \quad (m_1 + m_2)\ddot{q}_1 + m_2\ddot{q}_2 - F = 0, \qquad (2.1)$$

$$\sum F_{ih} = -m_2\ddot{q}_1 - m_2\ddot{q}_2 - F_e\cos(\alpha) = 0$$

$$\rightarrow \quad m_2\ddot{q}_1 + m_2\ddot{q}_2 + cq_2\left(1 - \frac{s^*}{\sqrt{q_2^2 + h^2}}\right) = 0. \qquad (2.2)$$

Die Bewegungsdifferentialgleichungen können auch mit den *Lagrange'schen Gleichungen zweiter Art* bestimmt werden.

Die absolute Geschwindigkeit des Rahmens ist $\dot{q}_1$ und die absolute Geschwindigkeit des Körpers ist $\dot{q}_1 + \dot{q}_2$.

Somit ist die kinetische Energie des Systems

$$E_k = \frac{1}{2}m_1\dot{q}_1^2 + \frac{1}{2}m_2(\dot{q}_1 + \dot{q}_1)^2 = \frac{1}{2}(m_1 + m_2)\dot{q}_1^2 + m_2\dot{q}_1\dot{q}_2 + \frac{1}{2}m_2\dot{q}_2^2.$$

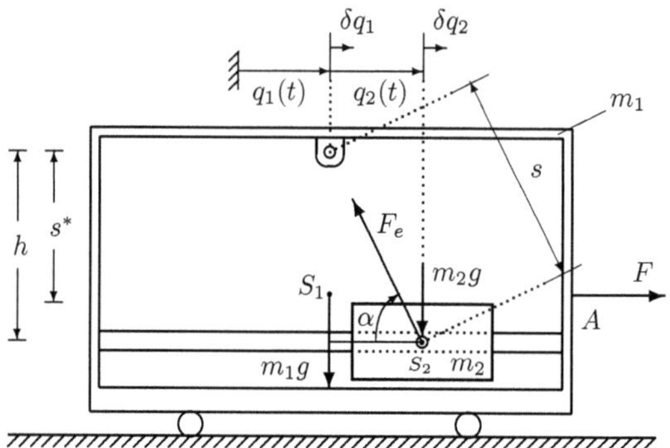

Abbildung 2.3: Eingeprägte Kräfte, die auf das System wirken

Die Abb. 2.3 zeigt die eingeprägten Kräfte $m_1 g$, $m_2 g$, F_e und F, die auf das System wirken.

Für die konservativen Kräfte werden Potentiale definiert.

Die Schwerpunkte bewegen sich in einer horizontalen Ebene, die Potentiale der Gewichtskräfte $m_1 g$ und $m_2 g$ sind konstant und werden gleich mit null angenommen.

Das Potential der Federkraft $F_e = c(s - s^*)$ mit $s = \sqrt{q_2^2 + h^2}$ ist $\frac{1}{2}c(s - s^*)^2$. Somit ist das Potential des Systems

$$E_p = \frac{1}{2}\, c\,(s - s^*)^2 = E_p(q_2).$$

Bei den virtuellen Verschiebungen δq_1 und δq_2 leistet die eingeprägte nicht-konservative Kraft F die Arbeit

$$\delta A^{(nk)} = F \cdot \delta q_1 = Q_1^{(nk)}\delta q_1 + Q_2^{(nk)}\delta q_2 \quad \rightarrow \quad Q_1^{(nk)} = F, \quad Q_2^{(nk)} = 0.$$

Die Bewegungsdifferentialgleichungen folgen aus den Lagrange'schen Gleichungen

$$\frac{d}{dt}\left(\frac{\partial E_k}{\partial \dot{q}_i}\right) - \frac{\partial E_k}{\partial q_i} + \frac{\partial E_p}{\partial q_i} - Q_i^{(nk)} = 0, \quad i = 1, 2.$$

Die Ableitungen der kinetischen Energie sind

$$\frac{\partial E_k}{\partial q_1} = 0, \qquad \frac{\partial E_k}{\partial \dot{q}_1} = (m_1+m_2)\dot{q}_1+m_2\dot{q}_2, \qquad \frac{d}{dt}\Big(\frac{\partial E_k}{\partial \dot{q}_1}\Big) = (m_1+m_2)\ddot{q}_1+m_2\ddot{q}_2,$$

$$\frac{\partial E_k}{\partial q_2} = 0, \qquad \frac{\partial E_k}{\partial \dot{q}_2} = m_2\dot{q}_1 + m_2\dot{q}_2, \qquad \frac{d}{dt}\Big(\frac{\partial E_k}{\partial \dot{q}_1}\Big) = m_2\ddot{q}_1 + m_2\ddot{q}_2.$$

Die Ahleitungen des Potentials sind

$$\frac{\partial E_p}{\partial q_1} = 0, \qquad \frac{\partial E_p}{\partial q_2} = c\,(s - s^*) \cdot \frac{\partial s}{\partial q_2}.$$

Aus $s^2 = q_2^2 + h^2$ erhält man durch Ahleitung nach q_2

$$2s\frac{\partial s}{\partial q_2} = 2q_2 \qquad \rightarrow \qquad \frac{\partial s}{\partial q_2} = \frac{q_2}{s} = \frac{q_2}{\sqrt{q_2^2 + h^2}}$$

und somit

$$\frac{\partial E_p}{\partial q_2} = cq_2\Big(1 - \frac{s^*}{\sqrt{q_2^2 + h^2}}\Big) = f(q_2).$$

Durch einsetzen in die Lagrange'schen Gleichungen erhält man die gleichen Bewegungsdifferentialgleichungen (2.1) und (2.2)

$$(m_1 + m_2)\ddot{q}_1 + m_2\ddot{q}_2 - F = 0,$$

$$m_2\ddot{q}_1 + m_2\ddot{q}_2 + cq_2\Big(1 - \frac{s^*}{\sqrt{q_2^2 + h^2}}\Big) = 0.$$

Mit der Bezeichnung $f(q_2)$ für die *Federkennlinie* wird die Gleichung (2.2) wie folgt geschrieben

$$m_2\ddot{q}_1 + m_2\ddot{q}_2 + f(q_2) = 0. \qquad\qquad (2.3)$$

Diese Differentialgleichung ist nichtlinear.

2.1.2 Näherungskennlinie $c_e q_2 + \gamma_3 q_2^3$

Für die nichtlineare symmetrische Kennlinie

$$f(q_2) = cq_2\Big(1 - \frac{s^*}{\sqrt{q_2^2 + h^2}}\Big) = cq_2\Big[1 - \frac{s^*/h}{\sqrt{1 + (q_2/h)^2}}\Big]$$

wird eine Näherung bestimmt.

Für kleine Werte der Auslenkung q_2 im Vergleich zu h wird der Ausdruck $1/\sqrt{1 + (q_2/h)^2}$ näherungsweise durch die ersten zwei Glieder seiner Reihenentwicklung $1 - \frac{1}{2}(q_2/h)^2$ ersetzt.

Man erhält

$$f(q_2) = cq_2\Big[1 - \frac{s^*/h}{\sqrt{1 + (q_2/h)^2}}\Big] \approx cq_2\Big\{1 - \frac{s^*}{h}\Big[1 - \frac{1}{2}\Big(\frac{q_2}{h}\Big)^2\Big]\Big\}$$

$$= c\Big(1 - \frac{s^*}{h}\Big) \cdot q_2 + \frac{cs^*}{2h^3} \cdot q_2^3.$$

Mit den Bezeichnungen

$$c_e = c\Big(1 - \frac{s^*}{h}\Big), \qquad p^* = \sqrt{\frac{c_e}{m_2}}, \qquad \gamma_3 = \frac{cs^*}{2h^3}$$

erhält man für die Kennlinie $f(q_2)$ die *Näherungskennlinie* $f^*(q_2)$

$$f^*(q_2) = c_e q_2 + \gamma_3 q_2^3.$$

Mit den angenommenen nummerischen Werten erhält man $c_e = 150,000$ N/m, $p^* = 3,873$ rad/s und $\gamma_3 = 8.906,250$ N/m^3.

In der Abb. 2.4 sind die nichtlinearen Funktionen $f(q_2)$ und $f^*(q_2)$ mit dünnem bzw. dickem Strich skizziert. Die *linearisierte Federkennlinie* $c_e q_2$ ist punktiert eingezeichnet.

Im Weiteren werden für die Federkennlinie die Näherung $f^*(q_2) = c_e q_2 + \gamma_3 q_2^3$ und für das Potential die Näherung

$$E_p^*(q_2) = \frac{1}{2}c_e q_2^2 + \frac{1}{4}\gamma_3 q_3^4$$

verwendet.

Man erhält für die Bewegungsdifferentialgleichung (2.3) die *Näherung*

$$G(t) = m_2\ddot{q}_1 + m_2\ddot{q}_2 + c_e q_2 + \gamma_3 q_2^3 = 0. \tag{2.4}$$

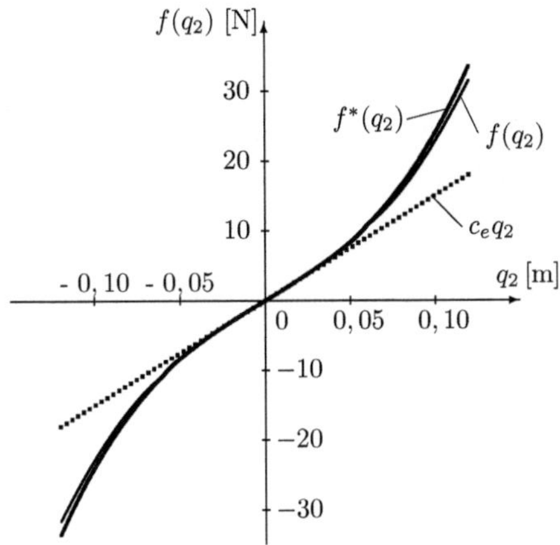

Abbildung 2.4: Nichtlineare und linearisierte Kennlinien

2.1.3 Bestimmung der Bilanzgleichungen und des Arbeitssatzes

Um die Bilanzgleichungen zu bestimmen, wird die Bewegungsdifferentialgleichung (2.1) mit dq_1 und die Gleichung (2.4) mit dq_2 multipliziert. Man
erhält

$$(m_1 + m_2)\ddot{q}_1 dq_1 + m_2\ddot{q}_2 dq_1 - F dq_1 = 0, \tag{2.5}$$

$$m_2\ddot{q}_1 dq_2 + m_2\ddot{q}_2 dq_2 + c_e q_2 dq_2 + \gamma_3 q_2^3 dq_2 = 0. \tag{2.6}$$

Die folgenden Umformungen werden berücksichtigt:

$$m_i\ddot{q}_i \cdot dq_i = m_i\frac{d\dot{q}_i}{dt} \cdot dq_i = m_i d\dot{q}_i \cdot \frac{dq_i}{dt} = m_i\dot{q}_i \cdot d\dot{q}_i = d\Big(\frac{1}{2}m_i\dot{q}_i^2\Big),\quad i = 1, 2,$$

$$\ddot{q}_2 \cdot dq_1 = \frac{d\dot{q}_2}{dt}dq_1 = d\dot{q}_2\frac{dq_1}{dt} = d\dot{q}_2 \cdot \dot{q}_1 = d(\dot{q}_1\dot{q}_2) - d\dot{q}_1 \cdot \dot{q}_2$$

$$= d(\dot{q}_1\dot{q}_2) - d\dot{q}_1\frac{dq_2}{dt} = d(\dot{q}_1\dot{q}_2) - \ddot{q}_1 \cdot dq_2$$

$$c_e q_2 \cdot dq_2 = c_e d\Big(\frac{1}{2}q_2^2\Big) = d\Big(\frac{1}{2}c_e q_2^2\Big),\quad \gamma_3 q_2^3 \cdot dq_2 = \gamma_2 d\Big(\frac{1}{4}q_2^4\Big) = d\Big(\frac{1}{4}\gamma_3 q_2^4\Big),$$

$$dq_i = \dot{q}_i \cdot dt,\qquad i = 1, 2.$$

Das Produkt $F(t) \cdot dq_1$ in Gleichung (2.5) ist die infinitesimale Arbeit der eingeprägten Kraft $F(t)$ und es gilt

$$dA_e = F(t) \cdot dq_1 = F(t) \cdot \dot{q}_1 \cdot dt.$$

Das Produkt $m_2\ddot{q}_1 \cdot dq_2$ in Gleichung (2.6) bestimmt die infinitesimale Arbeit dA_f der Trägheitskraft $m_2\ddot{q}_1$, die auf den Körper mit der Masse m_2 wirkt und durch seine Führungsbeschleunigung $\ddot{q}_1$ entsteht, durch die Verschiebung dq_2 und es gilt

$$dA_f = -m_2\ddot{q}_1 \cdot dq_2 = -m_2\ddot{q}_1 \cdot \dot{q}_2 \cdot dt.$$

Mit diesen Umformungen können die *Bilanzgleichungen* (2.5) und (2.6) wie folgt geschrieben werden

$$d\left[\frac{1}{2}(m_1 + m_2)\dot{q}_1^2\right] + d(m_2\dot{q}_1\dot{q}_2) - m_2\ddot{q}_1 \cdot dq_2 - F(t) \cdot dq_1 = 0,$$

$$m_2\ddot{q}_1 \cdot dq_2 + d\left(\frac{1}{2}m_2\dot{q}_2^2\right) + d\left(\frac{1}{2}c_2q_2^2 + \frac{1}{4}\gamma_3q_2^4\right) = 0. \qquad (2.7)$$

Die Addition dieser Bilanzgleichungen in Differentialform ergibt

$$d\left[\frac{1}{2}(m_1 + m_2)\dot{q}_1^2 + m_2\dot{q}_1\dot{q}_2 + \frac{1}{2}m_2\dot{q}_2^2\right] + d\left(\frac{1}{2}c_1q_1^2 + \frac{1}{4}\gamma_3q_2^4\right) - F(t) \cdot dq_1 = 0.$$

$$\rightarrow \quad d(E_k + E_p^*) = F(t) \cdot dq_1.$$

Das ist die Differentialform des Arbeitssatzes.

Die Integration ergibt

$$\left[E_k(t) + E_p^*(t)\right]_0^t = \int_0^t F(t) \cdot dq_1 \qquad (2.8)$$

Das ist die Integralform des *Arbeitssatzes*.

Die Bilanzgleichungen und der Arbeitssatz korrelieren die Veränderungen der kinetischen Energie und des Potentials mit den mechanischen Arbeiten der Trägheitskraft $m_2\ddot{q}_1$ sowie der nichtkonservativen Kraft F.

Die berechneten Lösungen können überprüft werden, wenn diese in die Bewegungsdifferentialgleichungen sowie in die Bilanzgleichungen und in den Arbeitssatz eingesetzt werden.

Die Residuen der Bewegungsdifferentialgleichungen und die Abweichungen in den Bilanzgleichungen und im Arbeitssatz geben Hinweise über die Verwendbarkeit dieser Lösungen.

2.1.4   Erregung durch zeitabhängige Bindung

Es wird angenommen, dass dem Körper mit der Masse m_1 die Bewegung $q_1 = \hat{u}\cos(\nu t)$ aufgezwungen wird.

Diese aufgezwungene Bewegung kann als *zeitabhängige Bindung* des Systems in Abb. 2.1 aufgefasst werden und ist die Führungsbewegung der Masse m_2.

Aus der Bewegungsdifferentialgleichung (2.4) folgt mit $\ddot{q}_1 = -\nu^2\hat{u}\cos(\nu t)$ in diesem Fall

$$G(t) = m_2\ddot{q}_2 + c_e q_2 + \gamma_3 q_2^3 - m_2\nu^2\hat{u}\cos(\nu t) = 0 \tag{2.9}$$

Aus dieser nichtlinearen Differentialgleichung wird das Gesetz der *Relativbewegung* $q_2(t)$ berechnet.

Für diesen Fall der Erregung durch die harmonischen Bewegung $q_1 = \hat{u}\cos(\nu t)$ des Rahmens wird die erzwungene Schwingung $q_2(t)$ des Körpers mit der Masse m_2 in der Form

$$q_2 = \hat{q}_{21}\cos(\nu t) + \hat{q}_{23}\cos(3\nu t), \qquad \dot{q}_2 = -\nu\hat{q}_{21}\sin(\nu t) - 3\nu\hat{q}_{23}\sin(3\nu t),$$

$$\ddot{q}_2 = -\nu^2\hat{q}_{21}\cos(\nu t) - 9\nu^2\hat{q}_{23}\cos(3\nu t)$$

angenommen.

Dieser Lösungsansatz wird in die Bewegungsdifferentialgleichung (2.9) für die Koordinate q_2 eingesetzt.

Mit den Formeln

$$\cos^3(\nu t) = \frac{1}{4}\big[3\cos(\nu t) + \cos(3\nu t)\big],$$

$$\cos^2(\nu t)\cdot\cos(3\nu t) = \frac{1}{4}\big[\cos(\nu t) + 2\cos(3\nu t) + \cos(5\nu t)\big],$$

$$\cos(\nu t)\cdot\cos^2(3\nu t) = \frac{1}{4}\big[2\cos(\nu t) + \cos(5\nu t) + \cos(7\nu t)\big],$$

$$\cos^3(3\nu t) = \frac{1}{4}\big[3\cos(3\nu t) + \cos(9\nu t)\big]$$

erhält man

$$G(t) = \sum_{j=1,\dots}^{9} a_j\cos(j\nu t) \tag{2.10}$$

mit

$$a_1 = \hat{q}_{21}\left[-m_2\nu^2 + c_e + \frac{3}{4}\gamma_3\left(\hat{q}_{21}^2 + \hat{q}_{21}\hat{q}_{23} + 2\hat{q}_{23}^2\right)\right] - m_2\nu^2\hat{u}, \quad a_2 = 0,$$

$$a_3 = \hat{q}_{23}\left(-9m_2\nu^2 + c_e\right) + \frac{1}{4}\gamma_3\left(\hat{q}_{21}^3 + 6\hat{q}_{21}^2\hat{q}_{23} + 3\hat{q}_{23}^3\right), \quad a_4 = 0,$$

$$a_5 = \frac{3}{4}\gamma_3\hat{q}_{21}\hat{q}_{23}(\hat{q}_{21}+\hat{q}_{23}), \quad a_6 = 0, \quad a_7 = \frac{3}{4}\gamma_3\hat{q}_{21}\hat{q}_{23}^2. \quad a_8 = 0, \quad a_9 = \frac{1}{4}\gamma_3\hat{q}_{23}^3.$$

2.1.4.1   Bestimmung einer Näherungslösung mit der Methode von Galerkin

Die *Galerkin'schen Gleichungen* sind

$$\int_0^t G(t) \cdot \cos(\nu t)dt = 0, \qquad \int_0^t G(t) \cdot \cos(3\nu t)dt = 0$$

und führen auf die Bedingungen $a_1 = 0$ und $a_3 = 0$.

Zur iterativen Berechnung der Konstanten $\hat{q}_{21}$ und $\hat{q}_{23}$ werden $\hat{q}_{21}$ aus der Gleichung $a_1 = 0$ bzw. $\hat{q}_{23}$ aus der Gleichung $a_3 = 0$ wie folgt ausgedrückt

$$q_{21} = \frac{m_2\nu^2\hat{u}}{-m_2\nu^2 + c_e + \frac{3}{4}\gamma_3\left(\hat{q}_{21}^2 + \hat{q}_{21}\hat{q}_{23} + 2\hat{q}_{23}^2\right)}, \tag{2.11}$$

$$\hat{q}_{23} = \frac{\gamma_3\left(\hat{q}_{21}^3 + 6\hat{q}_{21}^2\hat{q}_{23} + 3\hat{q}_{23}^3\right)}{4(9m_2\nu^2 - c_e)}. \tag{2.12}$$

Mit den Startwerten $\hat{q}_{21[0]}$ gleich mit der Amplitude aus der linearisierten Bewegungsdifferentialgleichung und $\hat{q}_{23[0]} = 0$ wird $\hat{q}_{21[1]}$ aus der Gleichungen (2.11) berechnet und danach mit diesem Wert und $\hat{q}_{23[0]} = 0$ aus der Gleichung (2.12) der Wert $\hat{q}_{23[1]}$ ermittelt.

Mit $\hat{q}_{21[1]}$ und $\hat{q}_{23[1]}$ werden die Rechnungen wiederholt, bis die angestrebte Genauigkeit erreicht ist.

Für die hier betrachteten nummerischen Werte für die Kreisfrequenz der Erregung $\nu = \nu_0 = 3$ rad/s und Amplitude der Erregung $\hat{u} = 0,070$ m erhält man die Werte

$$\hat{q}_{21} = 68,53\,\text{mm}, \qquad \hat{q}_{23} = 1,20\,\text{mm}. \tag{2.13}$$

Diese Werte wurden mit mehreren Dezimalstellen berechnet um die Genauigkeit der Ergebnisse durch die Residuen der Bewegungsdifferentialgleichung und der Abweichungen der Bilanzgleichungen zu überprüfen.
Wenn diese Werte der Amplituden in die Galerkin'schen Gleichungen eingesetzt werden, erhält man die Restbeträge

$$a_1 = 5,64 \cdot 10^{-4}\,\text{N}, \quad a_3 = -1,07 \cdot 10^{-4}\,\text{N}, \quad a_5 = 0,038303\,\text{N},$$

$$a_7 = 6,59 \cdot 10^{-4}\,\text{N}, \quad a_9 = 0,38 \cdot 10^{-5}\,\text{N}.$$

Mit diesen Restbeträgen folgt aus der Gleichung (2.10) das *Residuum*

$$|\mathcal{R}_2(t)| = |G(t)| < |a_1| + |a_3| + |a_5| + |a_7| + |a_9| = 0,03964\,\text{N}.$$

Im Vergleich zum Wert der verallgemeinerten Kraft zum Zeitpunkt $t = 0$ mit $q_2(0) = \hat{q}_{21} + \hat{q}_{23} = 0,06973$ m, der gleich ist mit $c_e q_2(0) + \gamma_3 q_2^3(0) = 13,3259$ N, ist diese Obergrenze der Residuen kleiner als 0,3 % von diesem Wert.

2.1.4.2 Lösung mit dem linearisierten System

Für das linearisierte System, wenn also das Glied $\gamma_3 q_2^3$ in der Differentialgleichung (2.4) vernachlässigt und anstelle der nichlinearen Kennlinie $f^*(q_2)$ (Abb. 2.4) die Gerade $c_e q_2$ verwendet wird, dann ist die Bewegungsdifferentialgleichung

$$m_2 \ddot{q}_2 + c_e q_2 = m_2 \nu^2 \hat{u} \cos(\nu t).$$

Die partikuläre Lösung $q_{2p} = \hat{q}_2 \cos(\nu t)$ ergibt

$$(-m_2 \nu^2 + c_e)\hat{q}_2 \cos(\nu t) = m_2 \nu^2 \hat{u} \cos(\nu t) \;\; \rightarrow \;\; \hat{q}_2 = \frac{m_2 \nu^2 \hat{u}}{-m_2 \nu^2 + c_e} = 0,105\,\text{m}.$$

Im Vergleich zu dem Wert $\hat{q}_{21} = 0,06853$ m aus den Ergebnissen (2.13) für die nichtlineare Differentialgleichung ist der relative Fehlbetrag zwischen diesen Werten gleich mit 53,22 %.
Wenn für das System mit der nichtlinearen Federkennlinie $c_e q_2 + \gamma_3 q_2^3$ für die Relativbewegung die Näherungslösung mit einer harmonischen Komponente $q_2 = \hat{q}_{21} \cos(\nu t)$ angenommen wird, dann erhält man aus der

Iterationsgleichung (2.11) mit $\hat{q}_{23} = 0$ nach einigen Iterationen für die Amplitude den Wert $\hat{q}_{21} = 0,06878$ m. Dieser unterscheidet sich nur gering von der Amplitude $\hat{q}_{21} = 0,06853$ m, die für den Lösungsansatz $q_2 = \hat{q}_{21}\cos(\nu t) + \hat{q}_{23}\cos(3\nu t)$ entspricht.

2.1.4.3   Kraftgesetz

Aus der Bewegungsdifferentialgleichung (2.1) folgt für diesen Fall mit der zeitabhängigen Bindung $q_1 = \hat{u}\cos(\nu t)$

$$F(t) = -\nu^2(m_1 + m_2)\hat{u}\cos(\nu t) + m_2\ddot{q}_2. \qquad (2.14)$$

Aus dieser Gleichung wird das Kraftgesetz $F(t)$ ermittelt, welches die Bewegungen $q_1 = \hat{u}\cos(\nu t)$ und $q_2 = q_2(t)$ bewirkt.
Mit

$$\ddot{q}_2 = -\nu^2\hat{q}_{21}\cos(\nu t) - 9\nu^2\hat{q}_{23}\cos(3\nu t)$$

erhält man das *Kraftgesetz*

$$F(t) = -\nu^2(m_1 + m_2)\hat{u}\cos(\nu t) + m_2\ddot{q}_2 = \hat{F}_1\cos(\nu t) + \hat{F}_3\cos(3\nu t)$$

mit

$$\hat{F}_1 = -\nu^2\big[(m_1 + m_2)\hat{u} + m_2\hat{q}_{21}\big], \qquad \hat{F}_3 = -9m_2\nu^2\hat{q}_{23}.$$

Diese Kraft hat zwei harmonische Komponenten.
Für die angenommenen nummerischen Werte gilt $\hat{F}_1$=-37,6677 N und $\hat{F}_2$=-0,9720 N.
In der Abb. 2.5 sind mit dünnem Strich die Komponente $\hat{F}_1\cos(\nu t)$ und mit dickem Strich die Funktion $F(t) = \hat{F}_1\cos(\nu t) + \hat{F}_3\cos(3\nu t)$ im Bereich $\nu t \in [0, 2\pi]$ skizziert.
Die berechneten Ergebnisse werden in die Bewegungsdifferentialgleichung (2.1) eingesetzt, um die *Residuen* $\mathcal{R}_1(t)$ zu ermitteln,

$$\mathcal{R}_1(t) = (m_1 + m_2)\ddot{q}_1 + m_2\ddot{q}_1 - F(t)$$

$$= -[(m_1 + m_2)\nu^2\hat{u} + m_2\nu^2\hat{q}_{21} + \hat{F}_1]\cos(\nu t) - [9m_2\nu^2\hat{q}_{23} + \hat{F}_2]\cos(2\nu t).$$

Mit den berechneten Werten folgt $\mathcal{R}_1(t) = 0$.

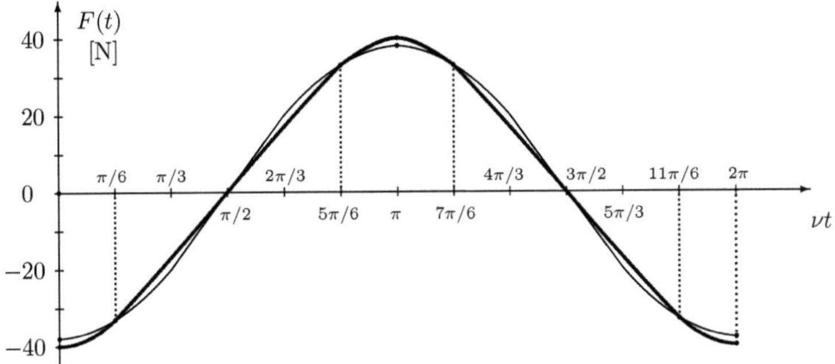

Abbildung 2.5: Kraftgesetz

2.1.4.4 Bilanzgleichung für die Koordinate q_2

Für die Annahme einer zeitabhängigen Bindung $q_1(t)$ wird die Bilanzgleichung (2.7) für die Koordinate q_2 überprüft,

$$m_2\ddot{q}_1 \cdot dq_2 + d\Big(\frac{1}{2}m_2\dot{q}_2^2\Big) + d\Big(\frac{1}{2}c_2q_2^2 + \frac{1}{4}\gamma_3q_2^4\Big) = 0. \qquad (2.15)$$

Mit $dq_2 = \dot{q}_2 \cdot dt$ und der Bezeichnung A_f für die *mechanische Arbeit der Trägheitskraft $m_2\ddot{q}_1$ durch die Führungsbewegung $q_1(t)$ bei der Relativbewegung $q_2(t)$*, die gleich ist mit

$$A_f(t) = -\int_0^t m_2\ddot{q}_1 \cdot \dot{q}_2 \cdot dt$$

$$= -\frac{1}{2}m_2\nu^2\hat{u}\hat{q}_{21}\sin^2(\nu t) - \frac{3}{8}m_2\nu^2\hat{u}\hat{q}_{23}\big[3 - 2\cos(2\nu t) - \cos(4\nu t)\big],$$

erhält man durch Integration zwischen dem Anfangszeitpunkt $t = 0$ und dem Zwischenzeitpunkt t die Integralform dieser *Bilanzgleichung*

$$\Big[\frac{1}{2}m_2\dot{q}_2^2 + \frac{1}{2}c_2q_2^2 + \frac{1}{4}\gamma_3q_2^4\Big]_0^t - A_f = 0$$

und die *Abweichung*

$$\mathcal{B}_2(t) = \Big[\frac{1}{2}m_2\dot{q}_2^2 + \frac{1}{2}c_2q_2^2 + \frac{1}{4}\gamma_3q_2^4\Big]_0^t - A_f. \qquad (2.16)$$

Der Ausdruck in der Klammer ist die mechanische Energie E_{mr} der Masse m_2 durch die Relativbewegung $q_2(t)$

$$E_{kr}(t) = \frac{1}{2}m_2\dot{q}_2^2, \quad E_p^*(t) = \frac{1}{2}c_2 q_2^2 + \frac{1}{4}\gamma_3 q_2^4, \quad E_{mr}(t) = E_{kr}(t) + E_p^*(t).$$

In der Abb. 2.6 sind die periodischen Funktionen $E_{kr}(t)$, $E_p^*(t)$, $E_{mr}(t)$, und $A_f(t)$ mit der Periode π/ν im Bereich $\nu t \in [0, \pi]$ dargestellt.

Die Trägheitskraft $m_2\ddot{q}_1$ des Körpers mit der Masse m_2 durch die Führungsbeschleunigung $\ddot{q}_1 = -\nu^2\hat{u}\cos(\nu t)$ während der Relativbewegung $q_2(t)$ leistet die mechanische Arbeit $A_f(t)$, welche negative Werte hat, und gleich ist mit der Veränderung der mechanischen Energie $E_{mr}(t) - E_{mr}(0)$ des Körpers durch die Relativbewegung $q_2(t)$.

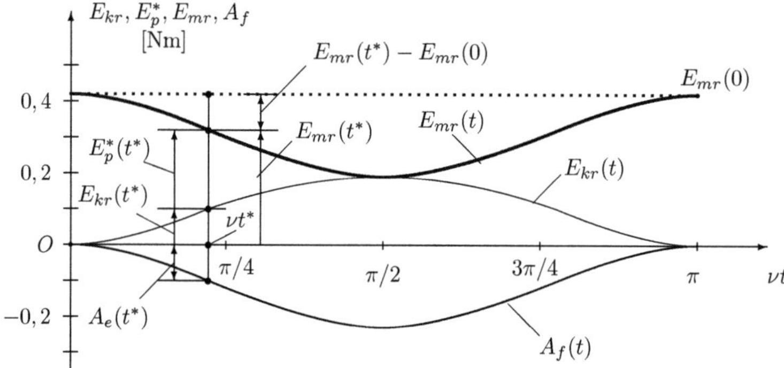

Abbildung 2.6: Kinetische Energie, Potential, mechanische Energie und Arbeit der Trägheitskraft der Fhrungsbewegung durch die Relativbewegung

Aus dem Bewegungs- und dem Geschwindigkeitsgesetz

$$q_2(t) = \hat{q}_{21}\cos(\nu t) + \hat{q}_{23}\cos(3\nu t), \qquad \dot{q}_2(t) = -\nu\hat{q}_{21}\sin(\nu t) - 3\nu\hat{q}_{23}\sin(3\nu t)$$

werden für $\nu t = 0$ die folgenden Werte berechnet

$$q_2(0) = 69,73\,\text{mm}, \quad \dot{q}_2(0) = 0, \quad E_{mr}(0) = 0,41731\,\text{Nm}.$$

Für $\nu t_1 = \pi/3$ erhält man

$$q_2(t_1) = 33,06\,\text{mm} \quad \dot{q}_2(t_1) = -0,17805\,\text{m/s}, \quad E_{mr}(t_1) = 0,24316\,\text{Nm}$$

und mit $A_f(t_1) = -0,17466\,\text{Nm}$ folgt die Abweichung (2.16)

$$\mathcal{B}_2(t_1) = 0,24316\,\text{Nm} - 0,41731\,\text{Nm} + 0,17466\,\text{Nm} = 5 \cdot 10^{-4}\,\text{Nm}.$$

Diese Abweichung ist $0{,}12\,\%$ von $E_{mr}(0)$.

Für $\nu t_2 = \pi/2$ erhält man

$$q_2(t_2) = 0, \quad \dot{q}_2(t_2) = -0,19479\,\text{m/s}, \quad E_{mr}(t_2) = 0,18972\,\text{Nm}$$

und mit $A_f(t_2) = -0,22721\,\text{Nm}$ folgt die Abweichung (2.16)

$$\mathcal{B}_2(t_2) = 0,18972\,\text{Nm} - 0,41731\,\text{Nm} + 0,22721\,\text{Nm} = -3,8 \cdot 10^{-4}\,\text{Nm}.$$

Diese Abweichung ist $0{,}09\,\%$ von $E_{mr}(0)$.

2.1.4.5   Arbeitssatz

Für die Annahme der Erregung durch eine zeitabhängige Bindung wird der Arbeitssatz (2.8) für das System überprüft.

Mit den Bezeichnungen

$$E_k(t) = \frac{1}{2}(m_1 + m_2)\dot{q}_1^2 + m_2\dot{q}_1\dot{q}_2 + \frac{1}{2}m_2\dot{q}_2^2, \quad E_p^*(t) = \frac{1}{2}c_1 q_1^2 + \frac{1}{4}\gamma_3 q_2^4$$

und $E_m(t) = E_k(t) + E_p^*(t)$ für die mechanische Energie des Systems sowie

$$A_e(t) = \int_0^t F(t) \cdot dq_1 = \int_0^t F(t) \cdot \dot{q}_1 \cdot dt$$

$$= -\frac{1}{2}\hat{F}_1\hat{u}\sin^2(\nu t) + \frac{1}{8}\hat{F}_3\hat{u}\big[1 - 2\cos(2\nu t) + \cos(4\nu t)\big]$$

für die *mechanische Arbeit der Kraft* $F(t)$, ist der *Arbeitssatz* $E_m(t) - E_m(0) = A_e(t)$ und die *Abweichung* ist

$$\mathcal{B}(t) = E_m(t) - E_m(0) - A_e(t). \tag{2.17}$$

In der Abb. 2.7 sind die periodischen Funktionen $E_k(t)$, $E_p^*(t)$, $E_m(t)$ und $A_e(t)$ mit der Periode π/ν im Bereich $\nu t \in [0, \pi]$ dargestellt.

Die Kraft $F(t)$ leistet die mechanische Arbeit $A_e(t)$, welche positive Werte hat, und gleich ist mit der Veränderung der mechanischen Energie $E_m(t) - E_m(0)$ des Systems.

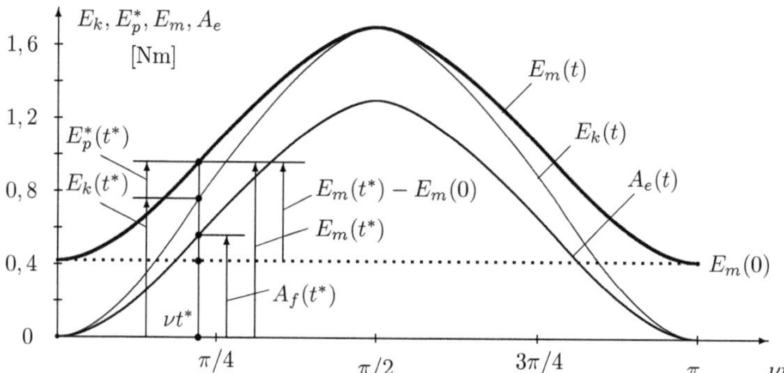

Abbildung 2.7: Kinetische Energie, Potential, mechanische Energie und Arbeit von F

Aus den Bewegungs- und Geschwindigkeitsgesetzen $q_1(t) = \hat{u}\cos(\nu t)$, $\dot{q}_1 = -\nu\hat{u}\sin(\nu t)$ und $q_2(t) = \hat{q}_{21}\cos(\nu t) + \hat{q}_{23}\cos(3\nu t)$, $\dot{q}_2(t) = -\nu\hat{q}_{21}\sin(\nu t) - 3\nu\hat{q}_{23}\sin(3\nu t)$ werden für $\nu t = 0$ die folgenden Werte berechnet: $q_1(0) = 70,000$ mm,

$$\dot{q}_1(0) = 0, q_2(0) = 69,73\,\text{mm}, \ \dot{q}_2(0) = 0, \ E_m(0) = 0,41731\,\text{Nm}.$$

Für $\nu t_1 = \pi/3$ erhält man $q_1(t_1) = 35,00$ mm und

$$\dot{q}_1(t_1) = -0,18187\,\text{m/s}, \ q_2(t_1) = 33,06\,\text{mm}, \ \dot{q}_2(t_1) = -0,17805\,\text{m/s}$$

und mit $E_m(t_1) = 1,39384\,\text{Nm}$ und $A_e(t_1) = 0,97602\,\text{Nm}$ folgt die Abweichung (2.17)

$$\mathcal{B}(t_1) = 1,39384\,\text{Nm} - 0,41731\,\text{Nm} - 0,97602\,\text{Nm} = 5 \cdot 10^{-4}\,\text{Nm}.$$

Diese Abweichung ist 0,12 % von $E_m(0)$.

Für $\nu t_2 = \pi/2$ erhält man

$$q_1(t_2) = 0, \ \dot{q}_1(t_2) = -0,21000\,\text{m/s}, \ q_2(t_2) = 0, \ \dot{q}_2(t_2) = -0,19479\,\text{m/s}$$

und mit $E_m(t_2) = 1,70128\,\text{Nm}$ und $A_e(t_2) = 1,28435\,\text{Nm}$ folgt die Abweichung (2.17)

$$\mathcal{B}(t_2) = 1,70128\,\text{Nm} - 0,41731\,\text{Nm} - 1,28435\,\text{Nm} = -3,8 \cdot 10^{-4}\,\text{Nm}.$$

Diese Abweichung ist 0,09 % von $E_m(0)$.

2.1.5   Erregung durch harmonische Kraft

Es wird angenommen, dass auf den Rahmen eine *harmonische Kraft* $F = F_0 \cos(\nu t)$ wirkt. Die Bewegungsdifferentialgleichungen sind

$$(m_1 + m_2)\ddot{q}_1 + m_2\ddot{q}_2 - F_0 \cos(\nu t) = 0, \qquad m_2\ddot{q}_1 + m_2\ddot{q}_2 + c_e q_2 + \gamma_3 q_2^3 = 0.$$

Aus der ersten dieser Gleichungen wird $\ddot{q}_1$ ausgedrückt und in die zweite Gleichung eingesetzt,

$$\ddot{q}_1 = -\frac{m_2}{m_1 + m_2}\ddot{q}_2 + \frac{F_0}{m_1 + m_2}\cos(\nu t) \quad \text{und mit} \quad m_e = \frac{m_1 m_2}{m_1 + m_2}$$

$$\rightarrow \quad m_e\ddot{q}_2 + c_e q_2 + \gamma_3 q_2^3 + \frac{m_2 F_0}{m_1 + m_2}\cos(\nu t) = 0. \tag{2.18}$$

Diese Bewegungsdifferentialgleichung unterscheidet sich von der Gleichung

$$m_2\ddot{q}_2 + c_e q_2 + \gamma_3 q_2^3 - m_2\nu^2\hat{u}\cos(\nu t) = 0 \tag{2.19}$$

für den Fall der Erregung durch eine zeitabhängige Bindung (Abschnitt 2.1.4) durch den Koeffizienten m_e der Beschleunigung $\ddot{q}_2$, für welchen hier $m_e < m_2$ gilt. Mit den angenommenen nummerischen Werten erhält man $m_e = 8,000$ kg $< m_2 = 10$ kg.

Das hat Auswirkungen auf den Wert der Eigenkreisfrequenz und somit auf die Berechnung der Näherungslösungen $q_2(t)$ und $q_1(t)$.

Um die *Relativbewegungen* $q_2 = \mathbf{q_2}(t)$ für den hier betrachteten Fall der Erregung durch eine harmonische Kraft, die auf den Rahmen wirkt, mit der kinematischen Erregung zu vergleichen, wird die Amplitude F_0 der Erregerkraft so gewählt, damit mit $m_1 = 40$ kg, $m_2 = 10$ kg, $\nu = \nu_0 = 3$ rad/s und $\hat{u} = 0,070$ m die Bedingung

$$\frac{m_2 F_0}{m_1 + m_2} = -m_2\nu^2\hat{u}$$

erfüllt ist. Das führt auf $F_0 = -(m_1 + m_2)\nu^2\hat{u}$.

Für die angenommenen nummerischen Werte erhält man $F_0 = -31,500$ N. Wie bei der kinematischen Erregung, Abschnitt 2.1.4.1 wird mit der *Galerkin'schen Methode* die Näherungslösung

$$\mathbf{q_2}(t) = \hat{\mathbf{q}}_{\mathbf{21}}\cos(\nu t) + \hat{\mathbf{q}}_{\mathbf{23}}\cos(3\nu t)$$

für die Bewegungsdifferentialgleichung (2.18) berechnet.

2.1.6   Vergleich der Bewegungsgesetze

Für die Erregung durch eine harmonische Kraft sind die Amplituden

$$\hat{\mathbf{q}}_{21} = 52,24\,\text{mm}, \qquad \hat{\mathbf{q}}_{23} = 0,688\,\text{mm},$$

die sich von den Werten $\hat{q}_{21}$=68,53 mm und $\hat{q}_{23}$=1,20 mm für kinematische Erregung unterscheiden.

Wenn diese neuen Werte der Amplituden in die Galerkin'schen Gleichungen eingesetzt werden, erhält man die Restbeträge

$$\mathbf{a}_1 = 2,931 \cdot 10^{-3}\,\text{N}, \qquad \mathbf{a}_3 = 4,125 \cdot 10^{-4}\,\text{N},$$

$$\mathbf{a}_5 = 3,832 \cdot 10^{-2}\,\text{N}, \qquad \mathbf{a}_7 = 6,593 \cdot 10^{-4}\,\text{N}, \qquad \mathbf{a}_9 = 0,385 \cdot 10^{-5}\,\text{N}.$$

Wenn die Näherungslösung $\mathbf{q}_2(t)$ in die Bewegungsdiffereantialgleichung (2.18) eingesetzt wird, erhält man die *Residuen*

$$\mathcal{R}_2(t) = \mathbf{a}_1 \cos(\nu t) + \mathbf{a}_3 \cos(3\nu t) + \mathbf{a}_5 \cos(5\nu t) + \mathbf{a}_7 \cos(7\nu t) + \mathbf{a}_9 \cos(9\nu t).$$

Für diese Residuen gilt

$$|\mathcal{R}_2(t)| < |\mathbf{a}_1| + |\mathbf{a}_3| + |\mathbf{a}_5| + |\mathbf{a}_7| + |\mathbf{a}_9| = 0,042\,\text{N}.$$

Im Vergleich zum Wert der verallgemeinerten Kraft zum Zeitpunkt $t = 0$ mit $\mathbf{q}_2(0) = \hat{\mathbf{q}}_{21} + \hat{\mathbf{q}}_{23} = 0,0697$ m, der gleich ist mit $c_e\mathbf{q}_2(0) + \gamma_3\mathbf{q}_2(0)^3 = 13,471$ N, ist diese Obergrenze der Residuen 0,31 % von diesem Wert.

Das entsprechende Bewegungsgesetz $q_1 = \mathbf{q}_1(t)$ folgt durch Integration aus der Gleichung

$$\ddot{\mathbf{q}}_1 = -\frac{m_2}{m_1 + m_2}\ddot{\mathbf{q}}_2 + \frac{F_0}{m_1 + m_2}\cos(\nu t) = \hat{\mathbf{b}}_1 \cos(\nu t) + \hat{\mathbf{b}}_3 \cos(3\nu t)$$

mit

$$\hat{\mathbf{b}}_1 = \frac{1}{m_1 + m_2}\left(m_2\nu^2\hat{\mathbf{q}}_{21} + F_0\right), \qquad \hat{\mathbf{b}}_3 = \frac{9m_2\nu^2}{m_1 + m_2}\hat{\mathbf{q}}_{23}.$$

Mit den angenommenen nummerischen Werten gilt $\hat{\mathbf{b}}_1 = -0,535968$ m/s^2 und $\hat{\mathbf{b}}_3 = 0,011147$ m/s^2.

Durch Integration mit den Anfangsbedingungen $\dot{\mathbf{q}}_1(0) = 0$ und $\mathbf{q}_1(0) = 0$ erhält man

$$\dot{\mathbf{q}}_1 = \frac{1}{\nu}\hat{\mathbf{b}}_1 \sin(\nu t) + \frac{1}{3\nu}\hat{\mathbf{b}}_3 \sin(3\nu t),$$

$$\mathbf{q}_1 = -\frac{1}{\nu^2}\hat{\mathbf{b}}_1[1 - \cos(\nu t)] - \frac{1}{9\nu^2}\hat{\mathbf{b}}_3[1 - \cos(3\nu t)].$$

Diese Bewegung hat zwei harmonische Komponenten.

Diese Ergebnisse werden mit den angenommenen nummerischen Werten in die Bewegungsdifferentialgleichung (2.1) eingesetzt. Man erhält die *Residuen*

$$\mathcal{R}_1(t) = (m_1 + m_2)\ddot{\mathbf{q}}_1 + m_2\ddot{\mathbf{q}}_2 - F_0 \cos(\nu t),$$

$$\rightarrow \quad \mathcal{R}_1(t) = 0 \cdot \cos(\nu t) + (7 \cdot 10^{-5}\,\text{N}) \cos(3\nu t).$$

2.1.7 Vergleich der Eigenkreisfrequenzen

Die Eigenkreisfrequenzen des linearisierten Systems für die Erregung durch eine zeitabhängige Bindung und der Erregung durch ein harmonische Kraft werden verglichen.

Die Bewegungsdifferentialgleichungen (2.9) und (2.18) zur Berechnung der Relativbewegung $q_2(t)$ für die Annahme kinematische Erregung bzw. Krafterregung unterscheiden sich durch den Koeffizienten von $\ddot{q}_2$ gleich mit m_2 bzw. $m_e = m_1 m_2/(m_1 + m_2)$.

In der Abbildung 2.8 sind die *Eigenkreisfrequenz* $p^* = \sqrt{c_e/m_2}$=3,873 rad/s für das System mit kinematischer Erregung und die *Eigenkreisfrequenzen* $p = \sqrt{c_e/m_e}$ für das System mit Krafterregung für steigende Werte von m_1/m_2 eingezeichnet.

Für $m_1 = 40$ kg und $m_2 = 10$ kg entsprechen m_1/m_2=4,0 und $p = 4,330$ rad/s.

Dieser Unterschied führt auf unterschiedliche Abhängigkeiten der Amplituden der Relativbewegung von der Erregerkreisfrequenz ν.

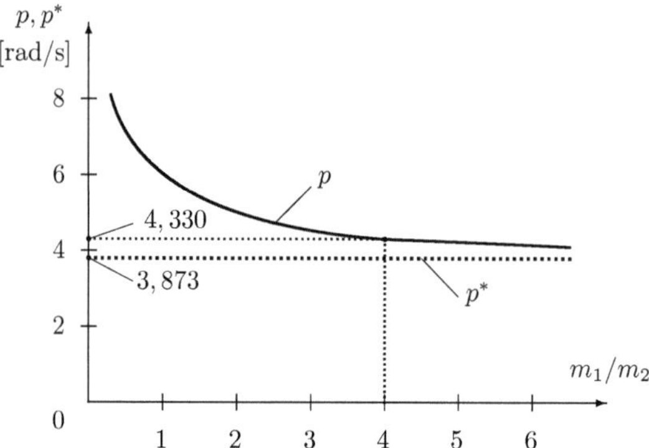

Abbildung 2.8: Eigenkreisfrequenzen p^* für kinematische Erregung und p für Krafterregung in Abhängigkeit von m_1/m_2

Anmerkung

Die kleinen Werte der Residuen in den Bewegungsdifferentialgleichungen sowie die geringen Abweichungen in der Bilanzgleichung und im Arbeitssatz bestätigen die Güte der Näherungslösungen, die mit der Galerkin'schen Methode berechnet wurden.

Die Amplituden, die mit der linearisierten Federkennlinie berechnet werden, unterscheiden sich wesentlich von den Ergebnissen, die mit der Galerkin'schen Methode und der nichtlinearen Federkennlinie bestimmt wurden.

Die nichtlineare symmetrische Kennlinie hat die folgenden Auswirkungen.

• Eine erzwungene harmonische Führungsbewegung bewirkt eine Relativbewegung mit mehreren harmonischen Komponenten, deren Kreisfrequenzen gleich sind mit ungeraden Vielfachen der Erregerkreisfrequenz. Auch das Kraftgesetz, welches diese Bewegungen erzeugen würde, hat auch solche harmonische Komponenten.

• Die Erregung durch eine harmonische Kraft erzeugt eine Führungs- und eine Relativbewegung mit mehreren harmonischen Komponenten, deren Kreisfrequenzen gleich sind mit ungeraden Vielfachen der Erregerkreisfrequenz.

2.2 System mit unsymmetrischer Kennlinie und harmonischer Erregung

Das System in der Abb. 2.9 besteht aus einem Rahmen von der Masse m_1 und dem Schwerpunkt in S_1, der sich in horizontaler Richtung bewegt. Seine Lage ist durch die Koordinate q_1 bestimmt. Innerhalb des Rahmens kann sich ein Körper mit der Masse m_2 entlang einer horizontalen Führung bewegen, dessen Lage durch die Koordinate q_2 bestimmt ist. Der Körper ist durch eine Feder mit der Federkonstanten c in O mit dem Rahmen verbunden. Die Feder ist in der Lage $q_2 = 0$ unverformt. Die unverformte Länge der Feder ist $s^* > h$ und bildet den Winkel α_0 mit der horizontalen Richtung. Es gilt $h = s^* \sin(\alpha_0)$ und $a = s^* \cos(\alpha_0)$. Die Länge der Feder ist $s = \sqrt{(a + q_2)^2 + h^2}$. Auf den Rahmen wirkt in A die horizontale Kraft $F(t)$. Die Bewegungen des Rahmens und des Körpers sind reibungs- und dämpfungsfrei.

Nummerische Anwendung: $m_1 = 15$ kg, $m_2 = 10$ kg, $s^* = 0,300$ m, $\alpha_0 = 40^0$, $\hat{u} = 0,060$ m, $c = 2.000$ N/m, $\nu_0 = 8$ rad/s

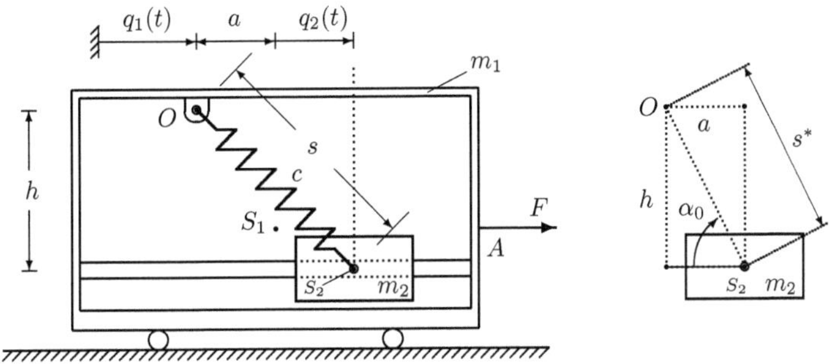

Abbildung 2.9: System mit unsymmetrischer Kennlinie

2.2.1 Bestimmung der Bewegungsdifferentialgleichungen des Systems

Zuerst werden die Bewegungsdifferentialgleichungen mit dem *Impulssatz in der Form von d'Alembert* als Gleichgewichtsbedingungen für die eingeprägten Kräfte, Reaktionen und Trägheitskräfte bestimmt.

Die Abb. 2.10 zeigt die Kräfte, die für das System und für den freigeschnittenen Körper mit der Masse m_2 zu berücksichtigen sind.

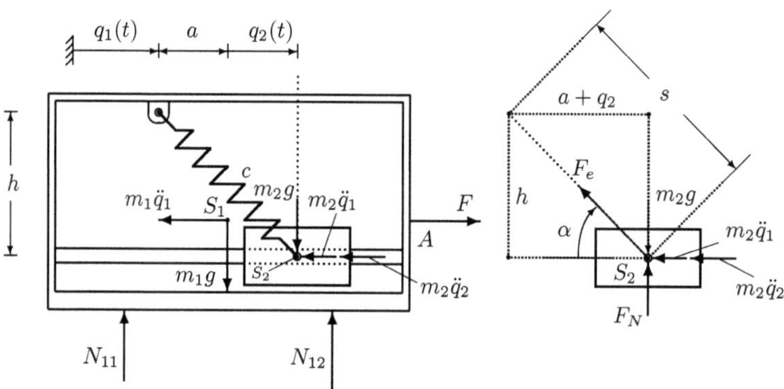

Abbildung 2.10: Käfte, die auf das System wirken

Aus das System wirken die eingeprägten Kräfte m_1g in S_1, m_2g in S_2 und F in A.

Die Kräfte N_{11} und N_{12} sind die äußeren Reaktionen.

Die Bewegungen des Rahmens und des Körpers sind geradlinige Translationen.

Die absolute Beschleunigung des Rahmens ist $\ddot{q}_1$ und die entsprechende Trägheitskraft $m_1\ddot{q}_1$ wirkt in S_1.

Für den Körper mit der Masse m_2 ist die Führungsbeschleunigung $\ddot{q}_1$ und die Relativbeschleunigung $\ddot{q}_2$. Die entsprechenden Tägheitskräfte sind $m_2\ddot{q}_1$ und $m_2\ddot{q}_2$ und wirken in S_2.

Auf die freigeschnittene Masse m_2 wirkt auch die innere eingeprägte Federkraft F_e, welche den Winkel α mit der horizontalen Richtung bildet. Es gilt

$$F_e = c(s-s^*) = c[\sqrt{(a+q_2)^2 + h^2} - \sqrt{a^2 + h^2}], \quad \cos(\alpha) = \frac{a+q_2}{\sqrt{(a+q_2)^2 + h^2}}$$

und

$$F_e \cdot \cos(\alpha) = c(a + q_2)\left[1 - \frac{\sqrt{a^2 + h^2}}{\sqrt{(a + q_2)^2 + h^2}}\right].$$

Zwischen der Masse m_2 und der horizontalen Führung wirkt die innere Reaktion F_N.

Die Gleichgewichtsbedingungen dieser Kräfte in horizontaler Richtung ergeben die *Bewegungsdifferentialgleichungen*,

$$\sum F_{ih} = -m_1\ddot{q}_1 - m_2\ddot{q}_1 - m_2\ddot{q}_2 + F = 0$$

$$\rightarrow \quad (m_1 + m_2)\ddot{q}_1 + m_2\ddot{q}_2 - F = 0, \tag{2.20}$$

$$\sum F_{ih} = -m_2\ddot{q}_1 - m_2\ddot{q}_2 - F_e \cos(\alpha) = 0$$

$$\rightarrow \quad m_2\ddot{q}_1 + m_2\ddot{q}_2 + c(a + q_2)\left[1 - \frac{\sqrt{a^2 + h^2}}{\sqrt{(a + q_2)^2 + h^2}}\right] = 0. \tag{2.21}$$

Die Bewegungsdifferentialgleichungen können auch mit den *Lagrange'schen Gleichungen zweiter Art* bestimmt werden.

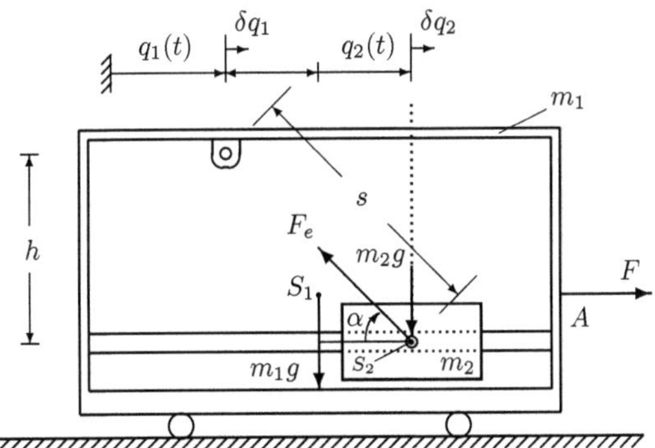

Abbildung 2.11: Eingeprägte Kräfte, die auf das System wirken

Die absolute Geschwindigkeit des Rahmens ist $v_1 = \dot{q}_1$ und die absolute Geschwindigkeit des Körpers ist $v_2 = \dot{q}_1 + \dot{q}_2$.

Somit ist die kinetische Energie des Systems

$$E_k = \frac{1}{2} m_1 v_1^2 + \frac{1}{2} m_2 v_2^2 = \frac{1}{2}(m_1 + m_2)\dot{q}_1^2 + m_2 \dot{q}_1 \dot{q}_2 + \frac{1}{2} m_2 \dot{q}_2^2.$$

Die Abb. 2.11 zeigt die eingeprägten Kräfte $m_1 g$, $m_2 g$, F_e und F, die auf das System wirken.

Für die konservativen Kräfte werden Potentiale definiert.

Die Schwerpunkte bewegen sich in einer horizontalen Ebene, die Potentiale der Gewichtskräfte $m_1 g$ und $m_2 g$ sind konstant und werden gleich mit null angenommen.

Das Potential der Federkraft $F_e = c(s - s^*)$ mit $s = \sqrt{(a + q_2)^2 + h^2}$ ist $\frac{1}{2} c(s - s^*)^2$.

Somit ist das Potential des Systems

$$E_p = \frac{1}{2} c\,(s - s^*)^2 = E_p(q_2).$$

Bei den virtuellen Verschiebungen δq_1 und δq_2 leistet die eingeprägte nicht-konservative Kraft F die Arbeit

$$\delta A^{(nk)} = F \cdot \delta q_1 = Q_1^{(nk)} \delta q_1 + Q_2^{(nk)} \delta q_2 \quad \rightarrow \quad Q_1^{(nk)} = F, \quad Q_2^{(nk)} = 0.$$

Die Bewegungsdifferentialgleichungen folgen aus den Lagrange'schen Gleichungen

$$\frac{d}{dt}\Big(\frac{\partial E_k}{\partial \dot{q}_i}\Big) - \frac{\partial E_k}{\partial q_i} + \frac{\partial E_p}{\partial q_i} - Q_i^{(nk)} = 0, \quad i = 1, 2.$$

Die Ableitungen der kinetischen Energie sind

$$\frac{\partial E_k}{\partial q_1} = 0, \quad \frac{\partial E_k}{\partial \dot{q}_1} = (m_1 + m_2)\dot{q}_1 + m_2 \dot{q}_2, \quad \frac{d}{dt}\Big(\frac{\partial E_k}{\partial \dot{q}_1}\Big) = (m_1 + m_2)\ddot{q}_1 + m_2 \ddot{q}_2,$$

$$\frac{\partial E_k}{\partial q_2} = 0, \quad \frac{\partial E_k}{\partial \dot{q}_2} = m_2 \dot{q}_1 + m_2 \dot{q}_2, \quad \frac{d}{dt}\Big(\frac{\partial E_k}{\partial \dot{q}_1}\Big) = m_2 \ddot{q}_1 + m_2 \ddot{q}_2.$$

Die Ahleitungen des Potentials sind

$$\frac{\partial E_p}{\partial q_1} = 0, \quad \frac{\partial E_p}{\partial q_2} = c\,(s - s^*) \cdot \frac{\partial s}{\partial q_2}.$$

Aus $s^2 = (a + q_2)^2 + h^2$ erhält man durch Ahleitung nach q_2

$$2s\frac{\partial s}{\partial q_2} = 2(a + q_2) \quad \rightarrow \quad \frac{\partial s}{\partial q_2} = \frac{a + q_2}{s} = \frac{a + q_2}{\sqrt{(a + q_2)^2 + h^2}}$$

und somit

$$\frac{\partial E_p}{\partial q_2} = c(a + q_2)\left[1 - \frac{\sqrt{a^2 + h^2}}{\sqrt{(a + q_2)^2 + h^2}}\right] = f(q_2).$$

Durch einsetzen in die Lagrange'schen Gleichungen erhält man die gleichen Bewegungsdifferentialgleichungen (2.20) und (2.21)

$$(m_1 + m_2)\ddot{q}_1 + m_2\ddot{q}_2 - F = 0,$$

$$m_2\ddot{q}_1 + m_2\ddot{q}_2 + c(a + q_2)\left[1 - \frac{\sqrt{a^2 + h^2}}{\sqrt{(a + q_2)^2 + h^2}}\right] = 0.$$

Mit der Bezeichnung $f(q_2)$ für die horizontale Komponente der Federkraft (*Federkennlinie*) wird die Gleichung (2.21) wie folgt geschrieben

$$m_2\ddot{q}_1 + m_2\ddot{q}_2 + f(q_2) = 0. \tag{2.22}$$

Diese Differentialgleichung ist nichtlinear.

2.2.2 Näherungskennlinie $c_e q_2 + \gamma_2 q_2^2$

Für kleine Werte der Auslenkung q_2 wird die nichtlineare unsymmetrische Federkennlinie $f(q_2)$ durch die ersten drei Glieder ihrer MacLaurin-Reihe angenähert,

$$f(q_2) \approx f(0) + \Big[\frac{df}{dq_2}\Big]_0 \cdot q_2 + \frac{1}{2}\Big[\frac{d^2 f}{dq_2^2}\Big]_0 \cdot q_2^2.$$

Es gilt $f(0) = 0$ und mit $\sqrt{a^2 + h^2} = s^*$ folgt

$$\frac{df}{dq_2} = c\Big\{1 - \frac{s^* h^2}{\big[(a + q_2)^2 + h^2\big]^{3/2}}\Big\}$$

$$\rightarrow \quad \Big[\frac{df}{dq_2}\Big]_0 = c\Big\{1 - \frac{s^* h^2}{\big[a^2 + h^2\big]^{3/2}}\Big\} = c[1 - \sin^2(\alpha_0)]$$

sowie

$$\frac{d^2 f}{dq_2^2} = \frac{3 c s^* h^2 (a + q_2)}{\big[(a + q_2)^2 + h^2\big]^{5/2}}$$

$$\rightarrow \quad \Big[\frac{d^2 f}{dq_2^2}\Big]_0 = \frac{3 c s^* h^2 a}{\big[a^2 + h^2\big]^{5/2}} = \frac{3c}{2s^*} \cdot \sin^2(\alpha_0) \cdot \cos(\alpha_0).$$

Mit den Bezeichnungen

$$c_e = \Big[\frac{df}{dq}\Big]_0 = 1.173,648\,\text{N/m}, \qquad \gamma_2 = \frac{1}{2}\Big[\frac{d^2 f}{dq^2}\Big]_0 = 3.165,111\,\text{N/m}^2$$

erhält man für die Kennlinie $f(q_2)$ die *Näherungskennlinie* $f^*(q_2)$

$$f^*(q_2) = c_e q_2 + \gamma_2 q_2^2.$$

In der Abb. 2.12 sind die nichtlineare Kennlinie $f(q_2)$, die Näherung $f^*(q_2)$ (mit dicker Linie) und die *linearisierte Kennlinie* $c_e q_2$ (punktiert) dargestellt.

Im Weiteren werden für die Federkennlinie die Näherung $f^*(q_2)$ und für das Potential die folgende Näherung verwendet:

$$E_p^*(q_2) = \frac{1}{2} c_e q_2^2 + \frac{1}{3} \gamma_2 q_2^3.$$

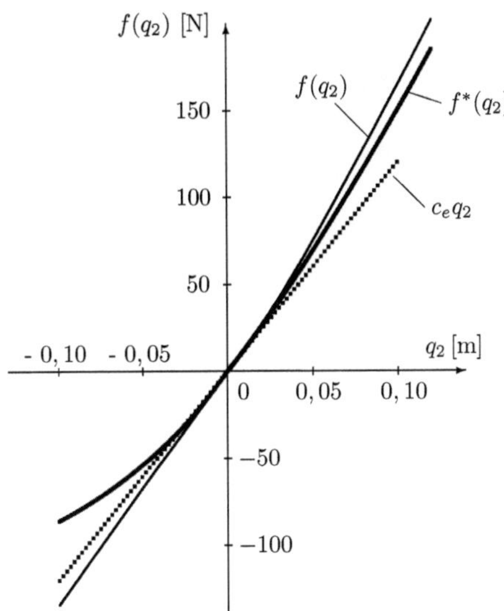

Abbildung 2.12: Nichtlineare und linearisierte Kennlinien

Man erhält für die *Bewegungsdifferentialgleichung* (2.21) der Koordinate q_2 die Näherung

$$G(t) = m_2\ddot{q}_1 + m_2\ddot{q}_2 + c_e q_2 + \gamma_2 q_2^2 = 0. \qquad (2.23)$$

2.2.3 Bilanzgleichungen und Arbeitssatz

Um die Bilanzgleichungen zu bestimmen, wird die Bewegungsdifferentialgleichung (2.20) mit dq_1 und die Gleichung (2.23) mit dq_2 multipliziert. Man erhält

$$(m_1 + m_2)\ddot{q}_1 dq_1 + m_2\ddot{q}_2 dq_1 - F dq_1 = 0, \qquad (2.24)$$

$$m_2\ddot{q}_1 dq_2 + m_2\ddot{q}_2 dq_2 + c_e q_2 dq_2 + \gamma_2 q_2^2 dq_2 = 0. \qquad (2.25)$$

Die folgenden Umformungen werden berücksichtigt:

$$m_i\ddot{q}_i \cdot dq_i = m_i\frac{d\dot{q}_i}{dt} \cdot dq_i = m_i d\dot{q}_i \cdot \frac{dq_i}{dt} = m_i\dot{q}_i \cdot d\dot{q}_i = d\Big(\frac{1}{2}m_i\dot{q}_i^2\Big), \quad i = 1, 2,$$

$$\ddot{q}_2 \cdot dq_1 = \frac{d\dot{q}_2}{dt} dq_1 = d\dot{q}_2 \frac{dq_1}{dt} = d\dot{q}_2 \cdot \dot{q}_1 = d(\dot{q}_1 \dot{q}_2) - d\dot{q}_1 \cdot \dot{q}_2$$

$$= d(\dot{q}_1 \dot{q}_2) - d\dot{q}_1 \frac{dq_2}{dt} = d(\dot{q}_1 \dot{q}_2) - \ddot{q}_1 \cdot dq_2$$

$$c_e q_2 \cdot dq_2 = c_e d\left(\frac{1}{2} q_2^2\right) = d\left(\frac{1}{2} c_e q_2^2\right),$$

$$\gamma_2 q_2^2 \cdot dq_2 = \gamma_2 d\left(\frac{1}{3} q_2^3\right) = d\left(\frac{1}{3} \gamma_2 q_2^3\right),$$

$$dq_i = \dot{q}_i \cdot dt, \qquad i = 1, 2.$$

Das Produkt $F(t) \cdot dq_1$ in Gleichung (2.24) ist die infinitesimale Arbeit der eingeprägten Kraft $F(t)$ und es gilt

$$dA_e = F(t) \cdot dq_1 = F(t) \cdot \dot{q}_1 \cdot dt.$$

Das Produkt $m_2 \ddot{q}_1 \cdot dq_2$ in Gleichung (2.25) bestimmt die infinitesimale Arbeit dA_f der Trägheitskraft $m_2 \ddot{q}_1$, die auf den Körper mit der Masse m_2 wirkt und durch seine Führungsbeschleunigung $\ddot{q}_1$ entsteht, durch die Verschiebung dq_2 und es gilt

$$dA_f = -m_2 \ddot{q}_1 \cdot dq_2 = -m_2 \ddot{q}_1 \cdot \dot{q}_2 \cdot dt.$$

Mit diesen Umformungen können die *Bilanzgleichungen* (2.24) und (2.25) wie folgt geschrieben werden

$$d\left[\frac{1}{2}(m_1 + m_2)\dot{q}_1^2\right] + d(m_2 \dot{q}_1 \dot{q}_2) - m_2 \ddot{q}_1 \cdot dq_2 - F(t) \cdot dq_1 = 0,$$

$$m_2 \ddot{q}_1 \cdot dq_2 + d\left(\frac{1}{2} m_2 \dot{q}_2^2\right) + d\left(\frac{1}{2} c_2 q_2^2 + \frac{1}{3} \gamma_2 q_2^3\right) = 0. \qquad (2.26)$$

Die Addition dieser Bilanzgleichungen in Differentialform ergibt

$$d\left[\frac{1}{2}(m_1 + m_2)\dot{q}_1^2 + m_2 \dot{q}_1 \dot{q}_2 + \frac{1}{2} m_2 \dot{q}_2^2\right] + d\left(\frac{1}{2} c_1 q_1^2 + \frac{1}{3} \gamma_2 q_2^3\right) - F(t) \cdot dq_1 = 0.$$

$$\rightarrow \quad d(E_k + E_p^*) = F(t) \cdot dq_1.$$

Das ist die Differentialform des Arbeitssatzes.

Die Integration ergibt $\left[E_k(t) + E_p^*(t)\right]_0^t = \int_0^t F(t) \cdot dq_1$. Das ist die Integralform des Arbeitssatzes. Die *Abweichung* ist

$$\mathcal{B}(t) = \left[E_k(t) + E_p^*(t)\right]_0^t - \int_0^t F(t) \cdot dq_1. \qquad (2.27)$$

Die Bilanzgleichungen und der Arbeitssatz korrelieren die Veränderungen der kinetischen Energie und des Potentials mit den mechanischen Arbeiten der Trägheitskraft $m_2\ddot{q}_1$ sowie der nichtkonservativen Kraft F.

Die berechneten Lösungen können überprüft werden, wenn diese in die Bewegungsdifferentialgleichungen sowie in die Bilanzgleichungen und in den Arbeitssatz eingesetzt werden.

Die Residuen der Bewegungsdifferentialgleichungen und die Abweichungen in den Bilanzgleichungen und im Arbeitssatz geben Hinweise über die Verwendbarkeit dieser Lösungen.

2.2.4 Erregung durch zeitabhängige Bindung

Es wird angenommen, dass dem Körper mit der Masse m_1 die Bewegung $q_1 = \hat{u}\cos(\nu t)$ aufgezwungen wird.

Diese aufgezwungene Bewegung kann als *zeitabhängige Bindung* des Systems in Abb. 2.9 aufgefasst werden und ist die Führungsbewegung der Masse m_2.

Aus der Bewegungsdifferentialgleichung (2.23) folgt mit $\ddot{q}_1 = -\nu^2\hat{u}\cos(\nu t)$ in diesem Fall

$$G(t) = m_2\ddot{q}_2 + c_e q_2 + \gamma_2 q_2^2 - m_2\nu^2\hat{u}\cos(\nu t) = 0. \qquad (2.28)$$

Aus dieser nichtlinearen Differentialgleichung wird das Gesetz der *Relativbewegung* $q_2(t)$ berechnet.

Für diesen Fall der Erregung durch die harmonische Bewegung $q_1 = \hat{u}\cos(\nu t)$ des Rahmens und einer nichtlinearen unsymmetrischen Federkennlinie wird die erzwungene Schwingung $q_2(t)$ des Körpers mit der Masse m_2 in der Form

$$q_2 = \hat{q}_{20} + \hat{q}_{21}\cos(\nu t) + \hat{q}_{22}\cos(2\nu t), \qquad \dot{q}_2 = -\nu\hat{q}_{21}\sin(\nu t) - 2\nu\hat{q}_{22}\sin(2\nu t),$$

$$\ddot{q}_2 = -\nu^2\hat{q}_{21}\cos(\nu t) - 4\nu^2\hat{q}_{22}\cos(2\nu t)$$

angenommen.

Dieser Lösungsansatz wird in die Bewegungsdifferentialgleichung (2.28) für die Koordinate q_2 eingesetzt. Man erhält

$$G(t) = \sum_{j=0,1,\ldots}^{4} a_j\cos(j\nu t) \qquad (2.29)$$

mit

$$a_0 = \hat{q}_{20}(c_e + \gamma_2\hat{q}_{20}) + \frac{1}{2}\gamma_2(\hat{q}_{21}^2 + \hat{q}_{22}^2),$$

$$a_1 = \hat{q}_{21}\left[-m_2\nu^2 + c_e + \gamma_2\left(2\hat{q}_{20} + \hat{q}_{22}\right)\right] - m_2\nu^2\hat{u},$$

$$a_2 = \hat{q}_{22}\left(-4m_2\nu^2 + c_e + 2\gamma_2\hat{q}_{20}\right) + \frac{1}{2}\gamma_2\hat{q}_{21}^2,$$

$$a_3 = \gamma_2\hat{q}_{21}\hat{q}_{22}, \qquad\qquad a_4 = \frac{1}{2}\gamma_2\hat{q}_{22}^2.$$

2.2.4.1 Näherungslösung mit der Galerkin'schen Methode

Die *Galerkin'sche Gleichungen* für die nichtlineare Differentialgleichung (2.29) sind

$$\int_0^{T/2} G(t)\cos(j\nu t)dt = 0, \qquad\qquad j = 0, 1, 2$$

und führen auf die Bedingungen $a_0 = 0$, $a_1 = 0$ und $a_2 = 0$.
Zur iterativen Berechnung der Konstanten $\hat{q}_{20}$, $\hat{q}_{21}$ und $\hat{q}_{22}$ wird $\hat{q}_{21}$ aus der Gleichung $a_1 = 0$ ausgedrückt,

$$\hat{q}_{21} = \frac{m_2\nu^2\hat{u}}{-m_2\nu^2 + c_e + \gamma_2(2\hat{q}_{20} + \hat{q}_{22})}.$$

Aus der Bedingung $a_2 = 0$ folgt

$$\hat{q}_{22} = -\frac{\gamma_2\hat{q}_{21}^2}{2(-4m_2\nu^2 + c_e + 2\gamma_2\hat{q}_{20})}$$

und aus der Bedingung $a_0 = 0$ erhält man die Gleichung zweiten Grades in $\hat{q}_{20}$

$$\hat{q}_{20}^2 + \frac{\gamma_2}{c_e}\hat{q}_{20} + \frac{1}{2}(\hat{q}_{21}^2 + \hat{q}_{22}^2) = 0.$$

Mit den Startwerten $\hat{q}_{20[0]} = 0$ und $\hat{q}_{22[0]} = 0$ wird $\hat{q}_{21[0]}$ aus der ersten dieser Gleichungen berechnet und danach mit diesem Wert aus der zweiten Gleichung der Wert $\hat{q}_{22[1]}$ ermittelt. Mit diesen Werten wird aus der Gleichung zweiten Grades in $\hat{q}_{20}$ die kleinere Wurzel als der Wert $\hat{q}_{20[1]}$ angenommen.

Mit $\hat{q}_{22[1]}$ und $\hat{q}_{20[1]}$ werden der neuen Werte $\hat{q}_{21[1]}$, $\hat{q}_{22[2]}$ und $\hat{q}_{20[2]}$, bestimmt und die Rechnung wiederholt, bis die angestrebte Genauigkeit erreicht ist. Für die hier betrachteten nummerischen Werte für die Kreisfrequenz der Erregung $\nu = \nu_0 = 8$ rad/s und Amplitude der Erregung $\hat{u} = 0,060$ m erhält man nach einigen Iterationen die Werte

$$\hat{q}_{20} = -8,100\,\text{mm}, \qquad \hat{q}_{21} = 76,387\,\text{mm}, \qquad \hat{q}_{22} = 6,423\,\text{mm}. \quad (2.30)$$

Diese Werte wurden mit mehreren Dezimalstellen berechnet um die Genauigkeit der Ergebnisse durch die Residuen der Bewegungsdifferentialgleichung und der Abweichungen der Bilanzgleichungen zu überprüfen.

Wenn diese Werte der Amplituden in die Galerkin'schen Gleichungen eingesetzt werden, erhält man die Restbeträge

$$a_0 = 5,72 \cdot 10^{-4}\,\text{N}, \qquad a_1 = -4,81 \cdot 10^{-5}\,\text{N}, \qquad a_2 = 2,94 \cdot 10^{-4}\,\text{N}.$$

Wenn die Näherung $q_2 = \hat{q}_{20} + \hat{q}_{21}\cos(\nu t) + \hat{q}_{22}\cos(2\nu t)$ in die Bewegungsdifferentialgleichung (2.29) eingesetzt wird, erhält man die *Residuen*

$$\mathcal{R}_2(t) = a_0 + a_1\cos(\nu t) + a_2\cos(2\nu t) + a_3\cos(3\nu t) + a_4\cos(4\nu t)$$

mit

$$a_3 = 1,5529\,\text{N}, \qquad a_4 = 0,0653\,\text{N}.$$

Für diese Residuen gilt

$$|\mathcal{R}_2(t)| < |a_0| + |a_1| + |a_2| + |a_3| + |a_4| = 1,6191\,\text{N}.$$

Im Vergleich zum Wert der verallgemeinerten Kraft zum Zeitpunkt $t = 0$ mit $q_2(0) = \hat{q}_{20} + \hat{q}_{21} + \hat{q}_{22} = 0,07471$ m, der gleich ist mit $c_e q_2(0) + \gamma_2 q_2^2(0) = 105,3496$ N, ist diese Obergrenze der Residuen 1,54 % von diesem Wert.

2.2.4.2   Lösung mit dem linearisierten System

Für das linearisierte System, wenn also das Glied $\gamma_2 q_2^2$ in der Differentialgleichung (2.28) vernachlässigt und anstelle der nichlinearen Kennlinie $f^*(q_2)$ (Abb. 2.12) die Gerade $c_e q_2$ verwendet wird, dann ist die Bewegungsdifferentialgleichung

$$m_2\ddot{q}_2 + c_e q_2 = m_2\nu^2\hat{u}\cos(\nu t).$$

Die partikuläre Lösung $q_{2p} = \hat{q}_2 \cos(\nu t)$ ergibt

$$(-m_2\nu^2+c_e)\hat{q}_2 \cos(\nu t) = m_2\nu^2\hat{u} \cos(\nu t) \quad \rightarrow \quad \hat{q}_2 = \frac{m_2\nu^2\hat{u}}{-m_2\nu^2 + c_e} = 0{,}0720\,\text{m}.$$

Im Vergleich zu dem Wert $\hat{q}_{21} = 0{,}0764$ m aus den Ergebnissen (2.30) für das System mit nichtlinearer Federkennlinie ist der relative Fehlbetrag von $\hat{q} = 0{,}0720$ m gleich mit 5,76 %.

2.2.4.3   Kraftgesetz

Aus der Bewegungsdifferentialgleichung (2.20) folgt für diesen Fall

$$F(t) = -\nu^2(m_1 + m_2)\hat{u} \cos(\nu t) + m_2\ddot{q}_2. \tag{2.31}$$

Aus dieser Gleichung wird das *Kraftgesetz* $F(t)$ ermittelt, welches die Bewegungen $q_1 = \hat{u} \cos(\nu t)$ und $q_2 = q_2(t)$ bewirkt.
Mit

$$\ddot{q}_2 = -\nu^2\hat{q}_{21} \cos(\nu t) - 4\nu^2\hat{q}_{22} \cos(2\nu t)$$

erhält man das *Kraftgesetz*

$$F(t) = -\nu^2(m_1 + m_2)\hat{u} \cos(\nu t) + m_2\ddot{q}_2 = \hat{F}_1 \cos(\nu t) + \hat{F}_2 \cos(2\nu t)$$

mit

$$\hat{F}_1 = -\nu^2\Big[(m_1 + m_2)\hat{u} + m_2\hat{q}_{21}\Big], \qquad \hat{F}_2 = -4m_2\nu^2\hat{q}_{22}.$$

Diese Kraft hat zwei harmonische Komponente.
Für die nummerischen Werte gilt $\hat{F}_1 = -144{,}8878$ N und $\hat{F}_2 = -16{,}4429$ N.

In der Abb. 2.13 sind mit dünnem Strich die Komponente $\hat{F}_1\cos(\nu t)$ und mit dickem Strich die Funktion $F(t) = \hat{F}_1\cos(\nu t) + \hat{F}_2\cos(2\nu t)$ im Bereich $\nu t \in [0, 2\pi]$ skizziert.

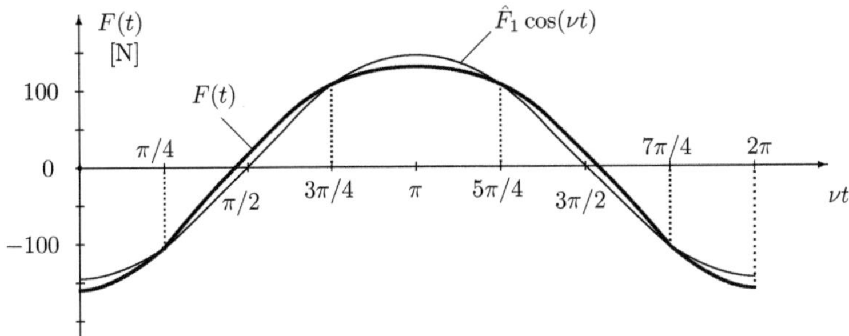

Abbildung 2.13: Kraftgesetz

Die berechneten Ergebnisse werden in die Bewegungsdifferentialgleichung (2.20) eingesetzt, um die *Residuen* $\mathcal{R}_1(t)$ zu ermitteln,

$$\mathcal{R}_1(t) = (m_1 + m_2)\ddot{q}_1 + m_2\ddot{q}_1 - F(t)$$

$$= -[(m_1 + m_2)\nu^2\hat{u} + m_2\nu^2\hat{q}_{21} + \hat{F}_1]\cos(\nu t) - [4m_2\nu^2\hat{q}_{22} + \hat{F}_2]\cos(2\nu t).$$

Für die angenommenen nummerischen Werte folgt

$$\mathcal{R}_1(t) = (-2\cdot 10^{-5}\mathrm{N})[\cos(\nu_0 t) - \cos(2\nu_0 t)].$$

2.2.4.4 Bilanzgleichung für die Koordinate q_2

Für die Annahme einer zeitabhängigen Bindung wird die *Bilanzgleichung* (2.26) für die Relativkoordinate q_2

$$m_2\ddot{q}_1 \cdot dq_2 + d\Big(\frac{1}{2}m_2\dot{q}_2^2\Big) + d\Big(\frac{1}{2}c_2q_2^2 + \frac{1}{3}\gamma_2q_2^3\Big) = 0$$

überprüft. Mit $dq_2 = \dot{q}_2 \cdot dt$ und der Bezeichnung A_f für die *mechanische Arbeit der Trägheitskraft* $m_2\ddot{q}_1$ durch die Führungsbewegung $q_1(t)$ bei der Relativbewegung $q_2(t)$, die gleich ist mit

$$A_f(t) = -\int_0^t m_2\ddot{q}_1 \cdot \dot{q}_2 \cdot dt = -\frac{1}{2}m_2\nu^2\hat{u}\hat{q}_{21}\sin^2(\nu t) - \frac{4}{3}m_2\nu^2\hat{u}\hat{q}_{22}[1 - \cos^3(\nu t)],$$

erhält man durch Integration zwischen dem Anfangszeitpunkt $t = 0$ und dem Zwischenzeitpunkt t die Integralform dieser *Bilanzgleichung*

$$\left[\frac{1}{2}m_2\dot{q}_2^2 + \frac{1}{2}c_2q_2^2 + \frac{1}{3}\gamma_2q_2^3\right]_0^t - A_f = 0$$

und die Abweichungen

$$\mathcal{B}_2(t) = \left[\frac{1}{2}m_2\dot{q}_2^2 + \frac{1}{2}c_2q_2^2 + \frac{1}{3}\gamma_2q_2^3\right]_0^t - A_f. \tag{2.32}$$

Der Ausdruck in der Klammer ist die mechanische Energie E_{mr} der Masse m_2 durch die Relativbewegung $q_2(t)$,

$$E_{kr}(t) = \frac{1}{2}m_2\dot{q}_2^2, \quad E_p^*(t) = \frac{1}{2}c_2q_2^2 + \frac{1}{3}\gamma_2q_2^3, \quad E_{mr}(t) = E_{kr}(t) + E_p^*(t).$$

In der Abb. 2.14 sind die periodischen Funktionen $E_{kr}(t)$, $E_p^*(t)$, $E_m(t)$, und $A_f(t)$ mit der Periode $2\pi/\nu$ im Bereich $\nu t \in [0, 2\pi]$ dargestellt.

Die Trägheitskraft $m_2\ddot{q}_1$ des Körpers mit der Masse m_2 durch die Führungsbeschleunigung $\ddot{q}_1 = -\nu^2\hat{u}\cos(\nu t)$ während der Relativbewegung $q_2(t)$ leistet die mechanische Arbeit $A_f(t)$, welche negative Werte hat, und gleich ist mit der Veränderung der mechanischen Energie $E_{mr}(t) - E_{mr}(0)$ des Körpers durch die Relativbewegung $q_2(t)$.

Aus dem Bewegungs- und dem Geschwindigkeitsgesetz

$$q_2(t) = \hat{q}_{20} + \hat{q}_{21}\cos(\nu t) + \hat{q}_{22}\cos(2\nu t), \quad \dot{q}_2(t) = -\nu\hat{q}_{21}\sin(\nu t) - 2\nu\hat{q}_{22}\sin(2\nu t)$$

werden für $\nu t = 0$ die folgenden Werte berechnet

$$q_2(0) = 74,10,\,\mathrm{mm}, \quad \dot{q}_2(0) = 0, \quad E_{mr}(0) = 3,7154\,\mathrm{Nm}.$$

Für $\nu t_1 = \pi/3$ erhält man

$$q_2(t_1) = 26,882\,\mathrm{mm}, \quad \dot{q}_2(t_1) = -0,61882\,\mathrm{m/s}, \quad E_{mr}(t_1) = 2,35557\,\mathrm{Nm}$$

und mit $A_f(t_1) = -1,38772\,\mathrm{Nm}$ folgt die Abweichung (2.32)

$$\mathcal{B}_2(t_1) = 2,35557\,\mathrm{Nm} - 3,7154\,\mathrm{Nm} + 1,38772\,\mathrm{Nm} = 0,01737\,\mathrm{Nm}.$$

Diese Abweichung ist 0,47 % von $E_{mr}(0)$.

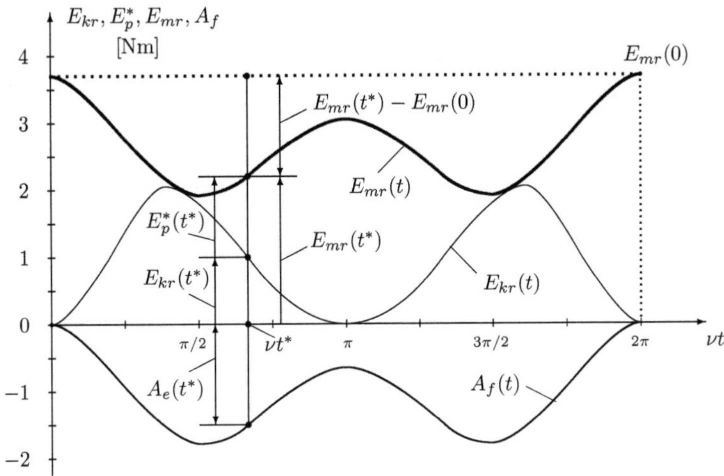

Abbildung 2.14: Kinetische Energie, Potential, mechanische Energie und Arbeit der Trägheitskraft durch die Führungsbewegung bei der Relativbewegung

Für $\nu t_2 = \pi/2$ erhält man

$$q_2(t_2) = -14,523\,\text{mm}, \quad \dot{q}_2(t_2) = -0,61110\,\text{m/s}, \quad E_{mr}(t_2) = 1,98773\,\text{Nm}$$

und mit $A_f(t_2) = -1,79549\,\text{Nm}$ folgt die Abweichung (2.32)

$$\mathcal{B}_2(t_2) = 1,98773\,\text{Nm} - 3,7154\,\text{Nm} + 1,79549\,\text{Nm} = 0,06782\,\text{Nm}.$$

Diese Abweichung ist 1,83 % von $E_{mr}(0)$.
Für $\nu t_3 = \pi$ erhält man

$$q_2(t_3) = -78,064\,\text{mm}, \quad \dot{q}_2(t_3) = 0, \quad E_{mr}(t_3) = 3,07420\,\text{Nm}$$

und mit $A_f(t_3) = -0,65772\,\text{Nm}$ folgt die Abweichung (2.32)

$$\mathcal{B}_2(t_3) = 3,07420\,\text{Nm} - 3,7154\,\text{Nm} + 0,65772\,\text{Nm} = 0,01652\,\text{Nm}.$$

Diese Abweichung ist 0,44 % von $E_{mr}(0)$.

2.2.4.5 Arbeitssatz

Für die Annahme einer zeitabhängigen Bindung wird die Arbeitssatz (2.27)
für das System überprüft.
Mit den Bezeichnung

$$E_m(t) = \frac{1}{2}(m_1 + m_2)\dot{q}_1^2 + m_2\dot{q}_1\dot{q}_2 + \frac{1}{2}m_2\dot{q}_2^2 + \frac{1}{2}c_1 q_1^2 + \frac{1}{3}\gamma_2 q_2^3$$

für die mechanische Energie des Systems und

$$A_e(t) = \int_0^t F(t) \cdot dq_1 = \int_0^t F(t) \cdot \dot{q}_1 \cdot dt$$

$$= -\frac{1}{2}\hat{F}_1 \hat{u} \sin^2(\nu t) + \frac{1}{3}\hat{F}_2 \hat{u}[1 - 3\cos(\nu t) + 2\cos^3(\nu t)]$$

für *Arbeit der Kraft $F(t)$* ist der *Arbeitssatz $E_m(t) - E_m(0) = A_e(t)$* und
die Abweichung ist

$$\mathcal{B}(t) = E_m(t) - E_m(0) - A_e(t). \tag{2.33}$$

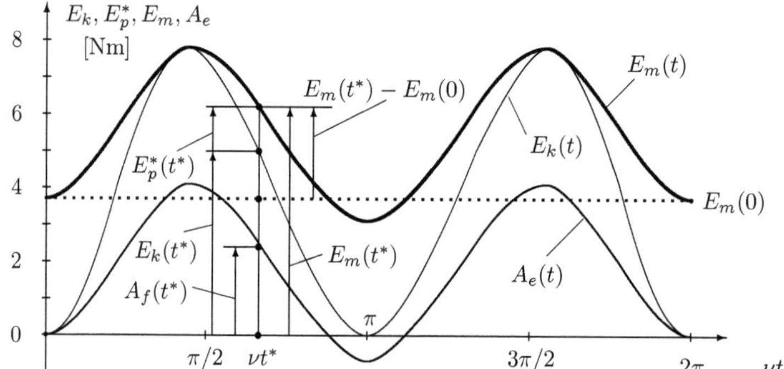

Abbildung 2.15: Kinetische Energie, Potential, mechanische Energie und Arbeit von F

In der Abb. 2.15 sind die periodischen Funktionen $E_k(t)$, $E_p^*(t)$, $E_m(t)$, und
$A_e(t)$ mit der Periode $2\pi/\nu$ im Bereich $\nu t \in [0, 2\pi]$ dargestellt.
Die Kraft $F(t)$ leistet die mechanische Arbeit $A_e(t)$, welche positive und
negative Werte hat, und gleich ist mit der Veränderung der mechanischen
Energie $E_m(t) - E_m(0)$ des Systems.

Aus den Bewegungs- und Geschwindigkeitsgesetzen

$$q_1(t) = \hat{u}\cos(\nu t), \qquad \dot{q}_1 = -\nu\hat{u}\sin(\nu t),$$

$$q_2(t) = \hat{q}_{20} + \hat{q}_{21}\cos(\nu t) + \hat{q}_{22}\cos(2\nu t), \quad \dot{q}_2(t) = -\nu\hat{q}_{21}\sin(\nu t) - 2\nu\hat{q}_{22}\sin(2\nu t)$$

werden für $\nu t = 0$ die folgenden Werte berechnet: $q_1(0) = 60,000$ mm und

$$\dot{q}_1(0) = 0, \quad q_2(0) = 74,710\,\text{mm}, \quad \dot{q}_2(0) = 0, \quad E_m(0) = 3,7154\,\text{Nm}.$$

Für $\nu t_1 = \pi/3$ erhält man $q_1(t_1) = 0,03000$ mm und

$$\dot{q}_1(t_1) = -0,41569\,\text{m/s}, \quad q_2(t_1) = 26,882\,\text{mm}, \quad \dot{q}_2(t_1) = -0,61882\,\text{m/s}$$

und mit $E_m(t_1) = 7,08546\,\text{Nm}$ und $A_e(t_1) = 3,34219\,\text{Nm}$ folgt die Abweichung (2.33)

$$\mathcal{B}(t_1) = 7,08546\,\text{Nm} - 3,7154\,\text{Nm} - 3,34219\,\text{Nm} = 0,02787\,\text{Nm}.$$

Diese Abweichung ist 0,75 % von $E_m(0)$.
Für $\nu t_2 = \pi/2$ erhält man $q_1(t_2) = 0$ und

$$\dot{q}_1(t_2) = -0,48000\,\text{m/s}, \quad q_2(t_2) = -14,523\,\text{mm}, \quad \dot{q}_2(t_2) = -0,61110\,\text{m/s}$$

und mit $E_m(t_2) = 7,80100\,\text{Nm}$ und $A_e(t_2) = 4,01777\,\text{Nm}$ folgt die Abweichung (2.33)

$$\mathcal{B}(t_2) = 7,80110\,\text{Nm} - 3,7154\,\text{Nm} - 4,01777\,\text{Nm} = 0,06783\,\text{Nm}.$$

Diese Abweichung ist 1,83 % von $E_m(0)$.
Für $\nu t_3 = \pi$ erhält man

$$q_1(t_3) = -60,000\,\text{mm}, \quad \dot{q}_1(t_3) = 0, \quad q_2(t_3) = -78,064\,\text{mm}, \quad \dot{q}_2(t_3) = 0$$

und mit $E_m(t_3) = 3,07420\,\text{Nm}$ und $A_e(t_3) = -0,65772\,\text{Nm}$ folgt die Abweichung (2.33)

$$\mathcal{B}(t_3) = 3,07420\,\text{Nm} - 3,7154\,\text{Nm} + 0,65772\,\text{Nm} = 0,01652\,\text{Nm}.$$

Diese Abweichung ist 0,44 % von $E_m(0)$.

2.2.5   Erregung durch harmonische Kraft

Es wird angenommen, dass auf den Rahmen eine *harmonische Kraft* $F = F_0 \cos(\nu t)$ wirkt. Die Bewegungsdifferentialgleichungen sind

$$(m_1 + m_2)\ddot{q}_1 + m_2\ddot{q}_2 - F_0 \cos(\nu t) = 0, \qquad m_2\ddot{q}_1 + m_2\ddot{q}_2 + c_e q_2 + \gamma_2 q_2^2 = 0.$$

Aus der ersten dieser Gleichungen wird $\ddot{q}_1$ ausgedrückt und in die zweite Gleichung eingesetzt,

$$\ddot{q}_1 = -\frac{m_2}{m_1 + m_2}\ddot{q}_2 + \frac{F_0}{m_1 + m_2}\cos(\nu t) \quad \text{und mit} \quad m_e = \frac{m_1 m_2}{m_1 + m_2}$$

$$\rightarrow \quad m_e\ddot{q}_2 + c_e q_2 + \gamma_2 q_2^2 + \frac{m_2 F_0}{m_1 + m_2}\cos(\nu t) = 0. \qquad (2.34)$$

Diese Bewegungsdifferentialgleichung unterscheidet sich von der Gleichung (2.28)

$$m_2\ddot{q}_2 + c_e q_2 + \gamma_2 q_2^2 - m_2\nu^2\hat{u}\cos(\nu t) = 0,$$

die für den Fall der Erregung durch eine zeitabhängige Bindung entspricht, durch den Koeffizienten m_e der Beschleunigung $\ddot{q}_2$, für welchen hier $m_e < m_2$ gilt. Mit den angenommenen nummerischen Werten erhält man $m_e = 6,000$ kg $< m_2 = 10$ kg.

Das hat Auswirkungen auf den Wert der Eigenkreisfrequenz und somit auf die Berechnung der Näherungslösungen $q_2(t)$ und $q_1(t)$.

Um die *Relativbewegungen* $q_2 = \mathbf{q_2}(t)$ für den hier betrachteten Fall der Erregung durch eine harmonische Kraft, die auf den Rahmen wirkt, mit der kinematischen Erregung zu vergleichen, wird die Amplitude F_0 der Erregerkraft so gewählt, damit mit $m_1 = 15$ kg, $m_2 = 10$ kg, $\nu = \nu_0 = 8$ rad/s und $\hat{u} = 0,060$ m die Bedingung

$$\frac{m_2 F_0}{m_1 + m_2} = -m_2\nu^2\hat{u}$$

erfüllt ist. Das führt auf $F_0 = -(m_1 + m_2)\nu^2\hat{u}$.

Für die angenommenen nummerischen Werte erhält man $F_0 = -96,000$ N. Wie bei der kinematischen Erregun (Abschnitt 2.2.4) wird mit der *Galerkin'schen Methode* die *Näherungslösung*

$$\mathbf{q_2}(t) = \hat{\mathbf{q}}_{20} + \hat{\mathbf{q}}_{21} \cos(\nu t) + \hat{\mathbf{q}}_{22} \cos(2\nu t)$$

für die Bewegungsdifferentialgleichung (2.34) berechnet.

2.2.6 Vergleich der Bewegungsgesetze

Für die Erregung durch eine harmonische Kraft erhält man die Amplituden

$$\hat{\mathbf{q}}_{20} = -3,265\,\text{mm}, \qquad \hat{\mathbf{q}}_{21} = 48,050\,\text{mm}, \qquad \hat{\mathbf{q}}_{22} = 9,593\,\text{mm},$$

die sich von den Werten $\hat{q}_{20}$=-8,100 mm, $\hat{q}_{21}$=76,387 mm und $\hat{q}_{22}$=6,423 mm für die kinematischen Erregung unterscheiden.

Wenn diese neuen Werte der Amplituden in die Galerkin'schen Gleichungen eingesetzt werden, erhält man die Restbeträge

$$\mathbf{a_0} = -4,111 \cdot 10^{-4}\,\text{N}, \qquad \mathbf{a_1} = 2,059 \cdot 10^{-4}\,\text{N}, \qquad \mathbf{a_2} = 1,786 \cdot 10^{-4}\,\text{N},$$

$$\mathbf{a_3} = 1,4507\,\text{N} \qquad \text{und} \qquad \mathbf{a_4} = 0,1140\,\text{N}.$$

Wenn die Näherungslösung $\mathbf{q_2}$ in die Bewegungsdiffereantialgleichung (2.34) eingesetzt wird, erhält man die *Residuen*

$$\mathcal{R}_2(t) = \mathbf{a_0} + \mathbf{a_1}\cos(\nu t) + \mathbf{a_2}\cos(2\nu t) + \mathbf{a_3}\cos(3\nu t) + \mathbf{a_4}\cos(4\nu t).$$

Für diese Residuen gilt

$$|\mathcal{R}_2(t)| < |\mathbf{a_0}| + |\mathbf{a_1}| + |\mathbf{a_2}| + |\mathbf{a_3}| + |\mathbf{a_4}| = 1,5655\,\text{N}.$$

Im Vergleich zum Wert der verallgemeinerten Kraft zum Zeitpunkt $t = 0$ mit $\mathbf{q_2}(0) = \hat{\mathbf{q}}_{20} + \hat{\mathbf{q}}_{21} + \hat{\mathbf{q}}_{22} = 0,0543$ m, der gleich ist mit $c_e\mathbf{q_2}(0) + \gamma_2\mathbf{q_2}(0)^2 = 73,0978$ N, ist diese Obergrenze der Residuen 2,14 % von diesem Wert.

Das Bewegungsgesetz $q_1 = \mathbf{q_1}(t)$ für Krafterregung folgt durch Integration aus der Gleichung

$$\ddot{\mathbf{q}}_1 = -\frac{m_2}{m_1 + m_2}\ddot{\mathbf{q}}_2 + \frac{F_0}{m_1 + m_2}\cos(\nu t) = \hat{\mathbf{b}}_1\cos(\nu t) + \hat{\mathbf{b}}_2\cos(2\nu t)$$

mit

$$\hat{\mathbf{b}}_1 = \frac{1}{m_1 + m_2}\Big(m_2\nu^2\hat{\mathbf{q}}_{21} + F_0\Big), \qquad \hat{\mathbf{b}}_2 = \frac{4m_2\nu^2}{m_1 + m_2}\hat{\mathbf{q}}_{22}.$$

Mit den angenommenen nummerischen Werten gilt $\hat{\mathbf{b}}_1 = -2,6099$ m/s^2 und $\hat{\mathbf{b}}_2 = 0,9823$ m/s^2.

Durch Integration mit den Anfangsbedingungen $\dot{\mathbf{q}}_1(0) = 0$ und $\mathbf{q}_1(0) = 0$ erhält man

$$\dot{\mathbf{q}}_1 = \frac{1}{\nu}\hat{\mathbf{b}}_1 \sin(\nu t) + \frac{1}{2\nu}\hat{\mathbf{b}}_2 \sin(2\nu t)$$

und

$$\mathbf{q}_1 = -\frac{1}{\nu^2}\hat{\mathbf{b}}_1[1 - \cos(\nu t)] - \frac{1}{4\nu^2}\hat{\mathbf{b}}_2[1 - \cos(2\nu t)].$$

Diese Bewegung hat zwei harmonische Komponenten.

2.2.7 Vergleich der Eigenkreisfrequenzen

Die Eigenkreisfrequenzen des linearisierten Systems für die Erregung durch eine zeitabhängige Bindung und der Erregung durch ein harmonische Kraft werden verglichen.

Die Bewegungsdifferentialgleichungen (2.28) und (2.34) zur Berechnung der Relativbewegung $q_2(t)$ für die Annahme kinematische Erregung bzw. Krafterregung unterscheiden sich durch den Koeffizienten von $\ddot{q}_2$ gleich mit m_2 bzw. $m_e = m_1 m_2/(m_1 + m_2)$.

In der Abbildung 2.16 sind die *Eigenkreisfrequenz* $p^* = \sqrt{c_e/m_2}$=10,834 rad/s für das System mit kinematischer Erregung und die *Eigenkreisfrequenzen* $p = \sqrt{c_e/m_e}$ für das System mit Krafterregung für steigende Werte von m_1/m_2 eingezeichnet.

Für $m_1 = 15$ kg und $m_2 = 10$ kg entsprechen m_1/m_2=1,5 und $p = 13,986$ rad/s.

Dieser Unterschied führt auf unterschiedliche Abhängigkeiten der Amplituden der Relativbewegung von der Erregerkreisfrequenz ν.

Anmerkung

Die kleinen Werte der Residuen in den Bewegungsdifferentialgleichungen sowie die geringen Abweichungen in der Bilanzgleichung und im Arbeitssatz bestätigen die Güte der Näherungslösungen, die mit der Galerkin'schen Methode berechnet wurden.

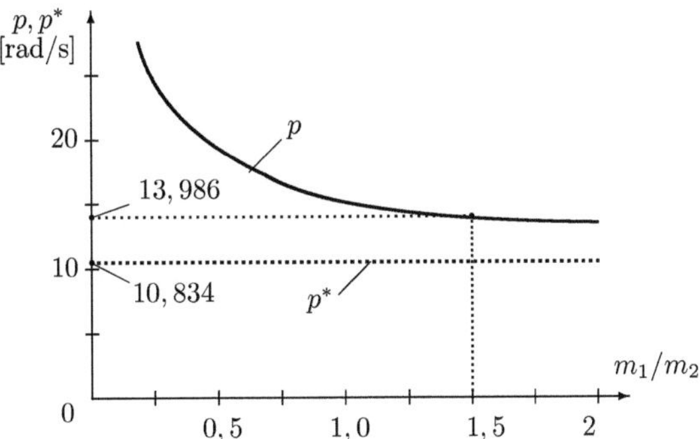

Abbildung 2.16: Eigenkreisfrequenzen p^* für kinematische Erregung und p für Krafterregung in Abhängigkeit von m_1/m_2

Die nichtlineare unsymmetrische Kennlinie hat die folgenden Auswirkungen.

• Eine erzwungene harmonische Führungsbewegung bewirkt eine Relativbewegung mit mehreren harmonischen Komponenten, deren Kreisfrequenzen gleich sind mit geraden Vielfachen der Erregerkreisfrequenz. Auch das Kraftgesetz, welches diese Bewegungen erzeugen würde, hat auch solche harmonische Komponenten.

• Die Erregung durch eine harmonische Kraft erzeugt eine Führungs- und eine Relativbewegung mit mehreren harmonischen Komponenten, deren Kreisfrequenzen gleich sind mit geraden Vielfachen der Erregerkreisfrequenz.

Ergänzende Literaturhinweise

Andronov, A A & Witt, A A & Chaikin, S E 1969, *Theorie der Schwingungen*, Akademie-Verlag, Berlin

Gross, D & Hauger, W& Schnell, W & Schröder, J & Wall W A 2006, *Technische Mechanik, Band 3: Kinetik*, 9. Auflage Springer-Verlag, Berlin-Heidelberg

Kauderer, H 1958 (2013), *Nichtlineare Mechanik*, Springer-Verlag, Berlin-Göttingen-Heidelberg

Klepp, H J 2013, *Technische Mechanik, Kinematik und Kinetik des Massenpunktes*, Pro Business Verlag, Berlin

Klepp, H J 2013, *Technische Mechanik, Kinematik und Kinetik I*, Pro Business Verlag, Berlin

Klepp, H J 2013, *Technische Mechanik, Kinematik und Kinetik II*, Pro Business Verlag, Berlin

Klepp, H J 2014, *Technische Mechanik, Stabilität mechanischer Systeme*, Pro Business Verlag, Berlin

Klepp, H J 2016, *Technische Mechanik, Analytische Methoden*, Pro Business Verlag, Berlin

Klepp, H J 2018, *Technische Mechanik, Aufgaben, Zeitabhängige (rheonome)Bindungen, Strukturstabilität*, Pro Business Verlag, Berlin

Klepp, H J 2019, *Technische Mechanik, Gleichgewichtsbereiche mechanischer Systeme durch Reibung*, tredition Verlag, Hamburg

Klepp, H & Schmidt, G 1993, *Ergänzende Kapitel zur Technischen Mechanik*, Lehrbriefe zum Kurs *Theorie mechanischer Systeme*, FernUniversität in Hagen, Fakultät für Mathenatik und Informatik

Klotter, K *Technische Schwingungslehre*, 1988,

    1. Band Einfache Schwinger, Teil A: Lineare Schwingungen, 1980,
Teil B: Nichtlineare Schwingungen, 1981,
*2. Band: Schwinger von mehreren Freiheitsgraden
(Mehrläufige Schwinger)*, Springer-Verlag, Berlin

Malkin, J G 1959, *Theorie der Stabilität einer Bewegung*, Oldenbourg
Verlag, München

Index

absolute Beschleunigung 6

absolute Bewegung 1, 5

absolute Geschwindigkeit 6

Abweichungen in der Bilanzgleichung
  für die Relativbewegung 8, 45,
    47, 64, 66, 88, 111, 168, 189,
    204, 213
  für das System 4, 46, 47, 65, 66,
    116, 169, 191, 204, 213

Arbeit
  der Dämpfungskraft 60, 84, 108
  der eingeprägten Kraft 61, 84,
    89, 113, 191, 212
  der Reaktionskräfte 3
  der Trägheitskraft Führungsbe-
    wegung 60, 107, 189, 209
  des Dämpfungsmomentes 134,
    152, 165
  des eingeprägten Momentes 134,
    152, 169
  des Momentes der Trägkeitskräfte
    Führungsbewegung 165

Arbeitssatz 4, 26, 34, 38, 62, 77, 90,
    101, 114, 124, 135, 143, 153,
    159, 170, 184, 191, 212

Bewegungsdifferentialgleichungen 14,
    30, 52, 98, 141, 179, 199, 203

Bilanzgleichung 3, 34, 44, 77, 84, 87,
    101, 124, 142, 150, 159, 184,
    204, 210

Bilanzgleichung für die Relativbewe-
    gung 7, 33, 43, 60, 77, 101,
    124, 132, 142, 147, 159, 161,
    166, 184, 189, 204, 209

Coriolisbeschleunigung 6

Corioliskraft 7

Eigenkreisfrequenzen 28, 49, 70, 78,
    102, 160, 195, 216

eingeprägte Kräfte 2

Erhaltungsgesetz 20, 25, 37, 132, 150

Erregung
  dynamische 11
  kinematische 9

Federkennlinie 181, 201

Führungsbeschleunigung 6

Führungsgeschwindigkeit 6

Galerkin'sche Gleichungen 185, 206

Galerkin'sche Methode 193, 214

Gesetz der Führungsbewegung 19,34,
    41, 69, 93, 117, 133, 173

Gesetz der Relativbewegung 19, 23,
    35, 40, 57, 68, 80, 93, 103,
    117, 122, 129, 146, 173, 185,
    193, 205, 215

Gesetz der zeitabhängigen Bindung
    19, 34, 45, 79, 125, 185, 205

Impulssatz 2
Impulssatz in der d'Alembert'schen
        Form 2
Impulssatz in der d'Alembert'schen
        Form für Relativbewegungen
        7, 14, 29, 51, 74, 97, 178
Inertialsystem 1
kinetische Gleichung der zeitabhängi-
        gen Bindung 9
Kraftgesetz 19, 36, 57, 80, 104, 188,
        208
Lagrange'sche Gleichungen zweiter Art
        9, 31, 53, 75, 98, 121, 138,
        156, 179, 197, 199
linearisierte Federkennlinie 182, 202
Massenpunkt 2
Momentengesetz 131, 146, 149, 163
Newton'sches Gesetz 2
Näherungsdifferentialgleichung 182, 203
Näherungskennlinie 182, 202
Reaktionskräfte 2
Relativbewegung 5
Relativbeschleunigung 6
Relativgeschwindigkeit 6
Residuen 2, 7, 64, 65, 88, 92, 116,
        187, 194, 195, 207, 209
Resonanzkurven 71, 83, 94, 105, 106,
        118, 162, 174
Trägheitssystem 1
Translationsbewegung 2
Trägheitskraft 2
    der Führungsbewegung 7
    der Relativbewegung 7